W0269735

Bau und Eigenschaften der organischen Naturstoffe

Einführung in die organische Rohstofflehre

Von

Dr. Josef Hölzl und Prof. Dr. **Engelbert Bancher**

Institut für Botanik, technische Mikroskopie und organische Rohstofflehre
an der Technischen Hochschule in Wien

Mit 55 Textabbildungen und 5 Tafeln

1965

Springer-Verlag

Wien · New York

ISBN-13: 978-3-7091-8126-3   e-ISBN-13: 978-3-7091-8125-6
DOI: 10.1007/978-3-7091-8125-6

Alle Rechte, insbesondere das der Übersetzung
in fremde Sprachen, vorbehalten

Ohne schriftliche Genehmigung des Verlages
ist es auch nicht gestattet, dieses Buch oder Teile daraus
auf photomechanischem Wege (Photokopie, Mikrokopie)
oder sonstwie zu vervielfältigen

© 1965 by Springer-Verlag/Wien

Softcover reprint of the hardcover 1st edition 1965

Titel-Nr. 9140

Dem Andenken
des Altmeisters der pflanzlichen Rohstofflehre
Julius Ritter von Wiesner (1838—1917)
und
des Mitbegründers der technischen Mikroskopie
Franz Ritter von Höhnel (1852—1920)
gewidmet

Zum Geleit

Seit urdenklichen Zeiten nutzt der Mensch organische Naturstoffe pflanzlichen und tierischen Ursprungs. Ihre Eignung für die verschiedensten Zwecke fand er durch Erproben und Vergleichen und gab seine Erfahrungen von Generation zu Generation weiter. Das Beste blieb und konnte seinen Platz durch Jahrtausende behaupten. Die mit den Fortschritten der Wissenschaft einsetzenden näheren chemischen und technischen Prüfungen konnten im Wesen die Ergebnisse langjähriger praktischer Erfahrung nur bestätigen.

Eine wesentliche Frage, die sich dabei dem Forscher schon frühzeitig aufdrängte, mußte aber lange offenbleiben, nämlich die nach Ursache und Urgrund des oft so unterschiedlichen Verhaltens morphologisch oder chemisch weitgehend ähnlicher Naturstoffe. Ihre kausale Bearbeitung führte aber alsbald zu der bedeutungsvollen Erkenntnis, daß nicht die chemische Zusammensetzung eines Stoffes allein für seine Eigenschaften im weitesten Sinne verantwortlich ist, sondern vor allem auch seine Struktur.

Die mit Hilfe subtiler Methoden bei den organischen Naturstoffen einsetzende Strukturforschung eröffnete neue und tiefe Einblicke in deren feines und feinstes Strukturgefüge; gleichzeitig ergaben sich daraus wertvolle Zusammenhänge zwischen Struktur und Funktion im Organismus. Die sich daraus ableitenden Eigenschaften entsprechen verständlicherweise jedoch nicht immer den besonderen Wünschen des Menschen. Die Kenntnis von Struktur und Chemismus setzt ihn aber nunmehr in die Lage, manche Naturstoffe durch zielbewußte Eingriffe seinen besonderen Bedürfnissen anzupassen.

Eine moderne Betrachtung der uns zur Verfügung stehenden organischen Naturstoffe erfordert daher zwingend deren betonte Ausrichtung auch auf die submikroskopischen Bereiche. Manche Parallelen mit synthetischen Produkten werden dabei offenbar und schaffen so eine gerade für den Techniker wertvolle Verbindung zwischen Natur- und Kunststoffen. Dabei werden wir aber gleichzeitig inne, daß die Natur durch vielfältige Kombinationen von Stoffen und Strukturen in ihren Produkten von Menschenhand kaum jemals zu überbietende Meisterwerke geschaffen hat.

Es ist das große Verdienst der Verfasser, an die organische Rohstofflehre erstmalig im Zusammenhang von der Seite der Feinstruktur her herangetreten zu sein. Dies stellt sie nicht nur auf eine den Erfordernissen der Zeit entsprechende neue Grundlage, sondern eröffnet ihr gleichzeitig auch manche wertvolle Ausblicke für die Zukunft.

W i e n , am 25. April 1964

Prof. Dr. **J. Kisser**

Ich kann nicht genug sagen, was meine sauer erworbene
Kenntnis natürlicher Dinge, die doch der Mensch zuletzt als
Materialien braucht und in seinen Nutzen verwendet, mir
überall hilft ...

GOETHE, Venedig, 5. Oktober 1786

Vorwort

Die wissenschaftlich vertiefte Lehre von den technisch genutzten Rohstoffen aus dem Pflanzen- und Tierreich ist durch volle hundert Jahre an der Technischen Hochschule Wien vertreten. Die Professoren WIESNER und HÖHNEL (vgl. Seite III) trugen als Vertreter dieses Faches Wesentliches zur Begründung und zum Ausbau der pflanzlichen Rohstofflehre bei. Seit 1921 wird unser Fach unter dem Titel „Organische Rohstofflehre und technische Mikroskopie" an der naturwissenschaftlichen Fakultät der Technischen Hochschule Wien gelesen. Der hier vorgelegte kurze Umriß der organischen Rohstofflehre ist daher vor allem für die Studierenden der angewandten naturwissenschaftlichen Disziplinen bestimmt und soll einen Überblick besonders über die natürlichen organischen Rohstoffe verschaffen, ehe die notwendige Spezialisierung den Blick schärft, aber auch einschränkt. Die Stoffabgrenzung erfolgte in der herkömmlichen Weise, wobei die heute tatsächlich noch technisch und weltwirtschaftlich wichtigen Rohstoffe in den Vordergrund gerückt wurden, was auch durch diesbezügliche statistische Angaben untermauert wurde.

Von den bisherigen einschlägigen Lehrbüchern (NEGER 1922, GISTL 1938, ULBRICHT 1952, HILL 1952), denen wir in vieler Hinsicht verpflichtet sind, unterscheidet sich unsere Einführung mehrfach. Bei der gebotenen Kürze und im Interesse einer gestrafften Darstellung mußten viele stoffliche Einzelheiten gestrichen werden; denn es war nicht unsere Absicht, ein Nachschlagbuch, deren es mehrere gute gibt, sondern ein kurzes Lehrbuch für Studierende zu schreiben. Die Technologie der Rohstoffgewinnung (vgl. z. B. ERDMANN-KÖNIG 1921, GRÜNSTEIDL et al. 1959) sowie pflanzenbauliche Angaben mußten auf das Notwendigste beschränkt werden. Auch die mikroskopische Diagnostik und Untersuchung muß anderen Darstellungen vorbehalten bleiben (vgl. z. B. MOELLER-GRIEBEL 1928, E. SCHMIDT 1941, GASSNER 1951, A. HERZOG 1953). Hier wurde das Hauptgewicht darauf gelegt, die pflanzlichen Rohstoffe von ihrer Funktion im Pflanzenkörper oder in der Zelle her und ihren damit zusammenhängenden Strukturen und Eigenschaften zu betrachten. Dabei galt es, den Anschluß der traditionellen Rohstofflehre an die in den letzten Jahrzehnten so sehr geförderte Strukturforschung im mikroskopischen, submikroskopischen und amikroskopischen Bereich zu suchen (Strukturlehre).

Es liegt in der Natur der Sache, daß manches nur angedeutet und daher vielleicht die Gefahr simplifizierender Mißverständnisse nicht ganz gebannt werden konnte. Es sei daher ausdrücklich auf die am Schluß jedes Abschnittes angeführte Auswahl der neueren zusammenfassenden Literatur hingewiesen. Auf die Angabe der Literatur vor 1945 und von Einzelarbeiten haben wir bis auf wenige Ausnahmen verzichtet, da die meisten Titel in den zitierten Werken wiederholt angeführt werden. Nicht unerwähnt soll bleiben, daß WIESNERs „Rohstoffe des Pflanzenreichs", jenes unentbehrliche Standardwerk (zuletzt in 4. Auflage in 2 Bänden bei W. Engelmann in Leipzig 1927/28), erfreulicherweise einer Neuauflage bzw. einer Neubearbeitung entgegensieht (5. Aufl. Hrg. v. C. v. REGEL, Weinheim: J. Cramer, 4 Lieferungen 1962 und 1965).

Die Textabbildungen — es handelt sich um lauter wohlgelungene Zeichnungen des Herrn Akad. Malers G. KONECNY — sollen jene Stellen verdeutlichen, die mit Worten nur umständlich nähergebracht werden können. Einige Photographien von Stärkesorten, Holzschnitten und Fasern sollen die betreffenden Abschnitte lebendiger gestalten. Dagegen glauben wir in Anbetracht der Gestehungskosten auf Darstellungen von Rohstoffen, Pflanzenteilen usw. um so eher verzichten zu können, als den Studierenden ohnehin Schausammlungen zugänglich sind, durch die im Verein mit den mikroskopischen Übungen allein ein anschauliches Bild der Dinge gewonnen werden kann. Sehr instruktive Zeichnungen von tropischen und subtropischen Nutzpflanzen finden sich bei ESDORN (1961) und schöne Photographien bei CAMPESE (1937/38).

Änderungsvorschläge sowie Anregungen jeglicher Art werden die Autoren gerne und mit Interesse entgegennehmen. Zu besonderem Dank verpflichtet sind wir Herrn Hochschulprofessor Dr. Josef KISSER von der Hochschule für Bodenkultur in Wien für die freundliche Durchsicht des Manuskripts und zahlreiche Verbesserungs- und Ergänzungsratschläge, die zur Abrundung des Ganzen Wesentliches beitrugen. Den Herren Dipl.-Ing. Dr. H. SCHERZ und Dr. techn. J. WASHÜTTL danken wir für die Unterstützung beim Lesen der Korrekturen.

W i e n , im Juni 1965

E. Bancher und **J. Hölzl**

Inhaltsverzeichnis

1. Protoplasma und Eiweiß

Die kleinste *Einheit* des Lebens ist die *Zelle*. Sie ist der Grundbaustein aller Organismen und setzt sich aus Stoffen zusammen, die sie ihrer Umgebung entnimmt. Nur ein Teil der aufgenommenen Stoffe wird dabei den Zellstrukturen einverleibt. Ein anderer Teil wird abgebaut, sozusagen verbrannt, und liefert dadurch die zur Synthese neuer Moleküle benötigten Energien, doch sind die in der lebenden Zelle ablaufenden chemischen Vorgänge außerordentlich kompliziert.

Der chemische Grundvorgang, von dem sich letzten Endes alle organischen Substanzen direkt oder indirekt ableiten, ist die Kohlensäureassimilation, welche in den Zellen der grünen Blätter abläuft (Abb. 1). Hiebei wird unter Verwendung der eingestrahlten Sonnenenergie aus der Kohlensäure der Luft und dem Bodenwasser mit seinen gelösten Nährsalzen Glucose erzeugt, von der aus Wege zu den übrigen Pflanzenstoffen führen (Photosynthese) (vgl. S. 30).

Den eigentlichen Träger der Lebensäußerungen in der Zelle nennen wir seit Hugo v. MOHL (1845) *Protoplasma*. Nur das Protoplasma mit seinen Organellen erzeugt und erhält sich ständig selbst, wobei es in einem weitverzweigten Stoff- und Energiewechsel die ungeheure Mannigfaltigkeit der organischen Substanzen s. str. hervorbringt (Abb. 2).

Das Protoplasma der lebenstätigen Zellen gibt sich im Lichtmikroskop als eine meist schleimig-flüssige, manchmal auch verfestigte Substanz zu erkennen, die häufig in strömender Bewegung begriffen ist, wie an kleinen und kleinsten mitgeschleppten Teilchen verschiedener Natur erkannt werden kann. Das Protoplasma können wir als ein organisiertes „Gemisch" zahlreicher organischer und anorganischer Stoffe auffassen, die in wässeriger Phase teils gelöst, teils in kolloidähnlicher Dispersion vorliegen. Wenn wir von den besonders gebauten Grenzschichten absehen, so besteht eine höchst eigentümliche Eigenschaft des Protoplasmas darin, daß es *hydrophile* und *lipophile* Eigenschaften zeigt, indem wir sowohl eine zusammenhängende Wasserphase als auch eine zusammenhängende Lipoidphase im Protoplasma anzunehmen berechtigt sind. Das Wasser macht mit 60 bis 90% die Hauptmasse des lebenden Protoplasmas aus, während der Hauptanteil der Trockensubstanz zu etwa 30 bis 50% aus Proteinen besteht; neben 2 bis 3% Lipoiden entfällt der Rest auf Kohlenhydrate, Fette, anorganische Salze und zahlreiche andere von Fall zu Fall wechselnde Verbindungen.

Eiweiß oder *Protein*, ein von BERZELIUS 1840 geprägtes Wort (πρωτεύω ich stehe an erster Stelle), ist der wesentlichste Bestandteil des Protoplasmas, denn *ohne Eiweiß gibt es kein Leben*, aber vorläufig auch kein Eiweiß ohne Leben.

Eine derartige kolloidale Proteinlösung entspricht einem *Sol,* doch können die Proteine, gleich den Kolloiden, wenn sie in ausreichender Konzentration vorliegen, in den *Gel*zustand übergehen, indem sie unter Ausbildung sogenannter „Haftpunkte" vernetzen und ein lockeres Gerüstwerk von Proteinmolekülen bilden. Grundsätzlich können sowohl *lineare* (fibrilläre) als auch *globuläre* (Sphäro)proteine diesen Zustand erreichen, doch ist die Neigung zum Übergang in den Gelzustand bei langgestreckten Makromolekülen naturgemäß größer.

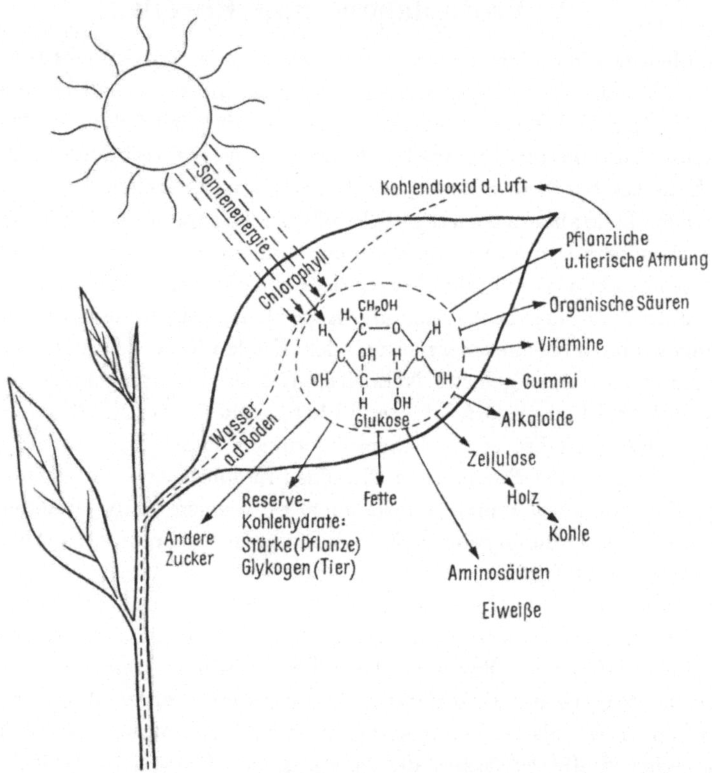

Abb. 1. Die Photosynthese als Grundvorgang bei der Bildung von Pflanzenstoffen (nach A. W. GALSTON).

So ist auch das Grundzytoplasma und die Matrix der verschiedenen Zellorganellen (vgl. S. 12) ein viskoses kolloidales System, dessen physikalische Eigenschaften sehr stark von der Umgebung, also vom pH, der Temperatur, der Salzkonzentration usw. abhängen.

1.1. Makromoleküle

Die Proteine sind Musterbeispiele für *makromolekulare Substanzen,* wie sie für viele Stoffe biologischer Herkunft so außerordentlich charakteristisch sind.

Diese Makromoleküle, obwohl nur aus einer zahlenmäßig eng begrenzten Gruppe verschiedener, meist relativ einfacher molekularer Bausteine aufgebaut, ermöglichen sowohl durch wechselnde Anzahl der Bausteine im Makromolekül (Molekulargewicht) als auch durch Änderung ihrer Aufeinanderfolge (Sequenz) eine praktisch unbegrenzte Zahl von Kombinationen; dadurch sind die Organismen in der Lage, mit relativ geringem Aufwand an Material und Energie sich neben den allgemeinen Produkten des Primär- und Sekundärstoffwechsels durch Bildung einer großen Anzahl artspezifischer Substanzen die spezifischen

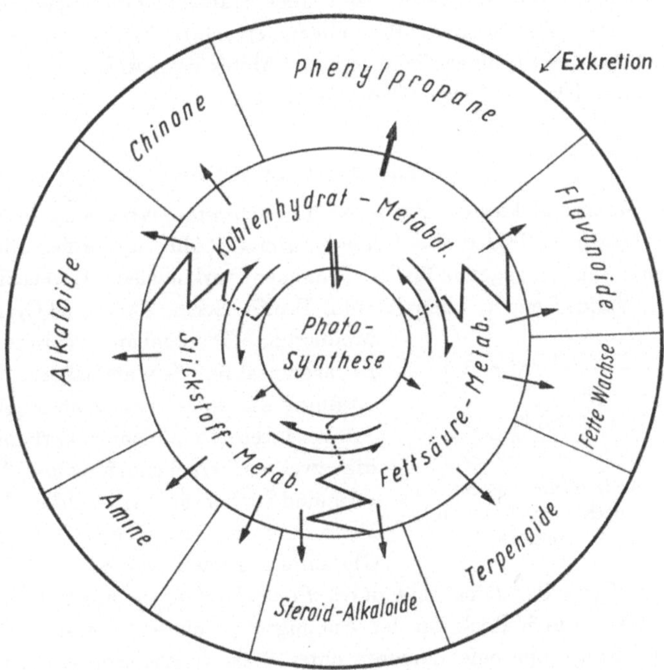

Abb. 2. Stoffwechselschema der Pflanze (nach P. SITTE).

stofflichen Grundlagen für jedes äußerlich erkennbare, charakteristische Merkmal zu beschaffen.

Kettenförmige Makromoleküle sind aber auch die Voraussetzung zur Ausbildung der für den mechanisch stark beanspruchten Vegetationskörper der höheren Pflanze so wichtigen *Gerüstsubstanzen*, da sie sich sehr leicht zu langgestreckten, fibrillären Elementen oder zu netzartigen Geweben umformen lassen (Zellulose). Bei der Synthese von Makromolekülen wird durch die Zusammenlagerung zahlreicher Molekülbausteine (Polymerisation bzw. Polykondensation) die Anzahl der vorhandenen Einzelmoleküle stark verringert; die Bildung von Makromolekülen bietet daher die Möglichkeit, große Substanzmengen in eine osmotisch unwirksame Form überzuführen und zu speichern (Stärke), denn der osmotische Wert einer Lösung hängt nicht von der Gewichtsmenge eines gelösten Stoffes, sondern von der Anzahl der gelösten Teilchen ab. Wir können daher die Fähigkeit zur Ausbildung von Makromolekülen als eine unabdingbare Notwendigkeit für alle Lebenserscheinungen annehmen; die wichtigsten Typen von Makromolekülen, mit denen wir uns in diesem Zusammenhang beschäftigen werden, sind: Proteine, die Nukleinsäuren und die Kohlenhydrate.

Fast alle makromolekularen Naturstoffe sind zusammengesetzte Verbindungen, worunter man solche versteht, die sich hydrolytisch spalten lassen. Die Polysaccharide (Stärke, Zellulose) sind über Halbacetalbindungen, die Proteine (Polypeptide) über Säureamidbindungen verknüpft; Esterbindungen finden sich in den Fetten und Lipiden (kein so hohes Molekulargewicht) sowie in den hochmolekularen Nukleinsäuren (Phosphorsäureester).

1.2. Faserproteine

Die Makromoleküle der Proteine sind aus *Aminosäuren* aufgebaut. Ungefähr 20 Aminosäuren bilden die Grundbausteine (Abb. 3), wobei die folgenden 18 Aminosäuren regelmäßig in Proteinen vorkommen: Glycocoll (Glycin), Alanin, Valin, Leucin, Phenylalanin, Prolin, Serin, Threonin, Cystein, Cystin, Methionin, Tryptophan, Tyrosin, Histidin, Asparaginsäure, Glutaminsäure, Lysin und Arginin; die zwei letztgenannten sind basische Aminosäuren (Diaminomonokarbonsäuren) und die zwei vorhergehenden saure Aminosäuren (Aminodikarbonsäuren), welche aber meist in Form von Säureamiden als Asparagin und Glutamin auftreten (vgl. S. 27).

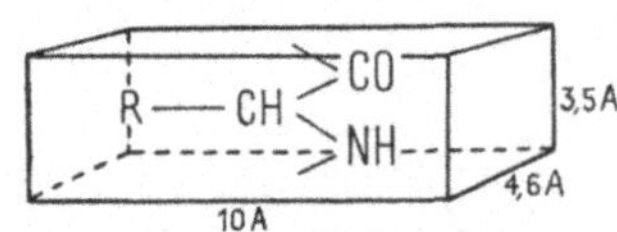

Abb. 3. Aminosäurebaustein der Proteine (nach FREY-WYSSLING). R = Seitenkette.

Diese Grundbausteine sind durch *Peptidbindungen* miteinander verknüpft, die man sich durch Reaktion der Aminogruppe eines Aminosäuremoleküls mit der Carboxylgruppe eines anderen unter Wasserabspaltung entstanden denken kann. Sind

$$\text{Aminosäure} + \text{Aminosäure} \rightleftharpoons \text{Dipeptid}$$

auf diese Weise zwei Aminosäuren miteinander verbunden, so entsteht ein Dipeptid, bei drei ein Tripeptid usw. Sind viele Aminosäuren miteinander verknüpft, so handelt es sich um ein Polypeptid. Dieses leitet zu den Proteinen über, die aus mehreren hundert Aminosäuren aufgebaut sind.

Die Bedeutung der Aminosäuren erschöpft sich aber nicht allein darin, Proteinbausteine zu sein, denn im Stoffwechsel können sie in mannigfaltiger Weise verändert werden und wichtige Vorstufen für andere Pflanzenstoffe bilden. Wie schon im Namen ausgedrückt, besitzen die Aminosäuren zwei charakteristische funktionelle Gruppen: Die *Aminogruppe* —NH₂ und die *Carboxylgruppe* —COOH. In den Aminosäuren, die uns als Eiweißbausteine zunächst interessieren, steht die Aminogruppe stets in α-Stellung zur Carboxylgruppe. Die etwa 20 verschiedenen Aminosäuren, die regelmäßig in Proteinen gefunden werden, unterscheiden sich durch die Art des Restes Ⓡ (vgl. Formelbild). Diese Grundbausteine treten in charakteristischer Reihenfolge zu langen *fadenförmigen Polypeptidketten* zusammen (Abb. 4). Eine Polypeptidkette besteht somit aus einer Hauptkette, die in ständiger Wiederholung eine Anordnung von 2 C- und einem N-Atom zeigt

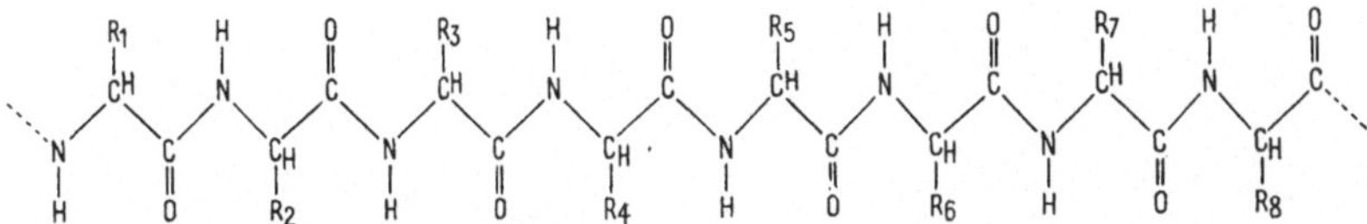

Abb. 4. Primärstruktur der Polypeptidkette (Aminosäuresequenz). R₁ bis Rₓ = Aminosäurereste bzw. Seitenketten.

und gewissermaßen das „Rückgrat" (back bone) darstellt, aus dem die Seitenketten, die Reste Ⓡ der einzelnen Aminosäuren, hervorragen. Diese sind bei jeder Aminosäure anders und können Träger saurer oder basischer Gruppen bzw. negativer oder positiver elektrischer Ladungen sein.

Grundsätzlich können wir lineare (fibrilläre) Proteinmoleküle von langgestreckter und globuläre (Sphäroproteine) von zusammengefalteter, mehr oder weniger kugeliger Gestalt unterscheiden. Der Aufbau der Proteine ist zunächst verhältnismäßig einfach, indem die Kondensation der zahlreichen Aminosäuren durch Peptidbindung erfolgt. Das Strukturproblem eines Proteins läßt sich nun in der Hauptsache auf die Frage zurückführen, in welcher *Reihenfolge* oder *Sequenz* die Aminosäuren aufeinanderfolgen. Diese für jedes Protein charakteristische Aminosäuresequenz kann nur sehr schwierig mit chemischen Methoden aufgeklärt werden und kennzeichnet die *Primärstruktur,* womit aber die Aufgabe der Proteinchemie noch nicht gelöst erscheint. Man kann sich leicht vorstellen, daß eine so lange Kette von Atomen, wie sie entsteht, wenn mehrere hundert Aminosäuren zu einem Molekül vereinigt werden, in verschiedener Weise im Raum angeordnet sein kann — z. B. als gestreckte Kette oder als ungeordneter Knäuel oder auch als geordnete Schraube; diese Art von Gestaltung bezeichnet man als *Sekundärstruktur.* Es sind aber nur wenige Arten der Sekundärstruktur tatsächlich verwirklicht, indem die Poly-

peptidkette bzw. die Proteinfadenmoleküle in ganz charakteristischer Weise gefaltet oder gewunden sind. Bei entsprechender Aneinanderlagerung solcher
Moleküle können mit Hilfe von Röntgeninterferenzen bestimmte Identitäts-
perioden festgestellt werden. Die auf solche Weise auffindbaren Sekundär-
strukturen entstehen hauptsächlich durch sogenannte *Wasserstoffbindungen,*
welche sich zwischen geeigneten Molekülgruppen bilden (L. PAULING). Allerdings sind Wasserstoffbrücken, die keine echten chemischen Valenzen absättigen,
nur schwache Bindungen. Im Proteinmolekül tritt der am Stickstoff gebundene
$\diagdown \text{NH} \cdots\cdots \text{O} = \text{C} \diagup$ Wasserstoff mit einem Sauerstoff in Wechselwirkung. Da
das Proteinmolekül sehr groß ist, können sehr viele
derartige Wasserstoffbrücken entstehen, deren Bindungskräfte sich summieren.
Dadurch werden mehrere Proteinmoleküle in charakteristischer *Faltblattstruktur*

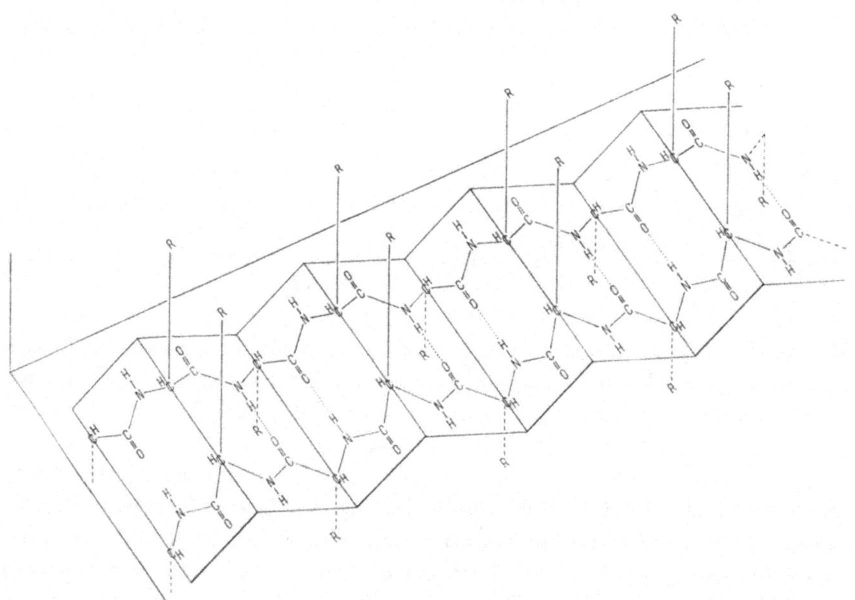

Abb. 5. Faltblattstruktur der Proteine (nach KARLSON).

zusammengehalten (Abb. 5), wodurch die Seitenketten mehr Raum erhalten
und nahezu senkrecht abstehen.

Es treten aber auch die Wasserstoffatome mit den Sauerstoffatomen ein
und desselben Moleküls in Wechselwirkung und sättigen sich also innerhalb
eines Moleküls ab. (Abb. 6, links.) Dabei entsteht eine sogenannte *Helix*
(= *Schraube*), indem nunmehr die Proteinkette schraubenförmig gewunden
erscheint. In der typischen Proteinschraube, der α-Helix, kommen 3,7 Aminosäuren auf eine Windung (Abb. 6, links), wobei von Windung zu Windung

ein CO einem NH in passendem Abstand gegenübersteht. Zwischen den einzelnen Windungen bilden sich daher Wasserstoffbrücken aus und geben der α-Helix ihre Stabilität. (Abb. 6, links.)

Die α-Schraube geht auch mit ihresgleichen Bindungen ein. Auch hiebei handelt es sich nicht um Hauptvalenzen, sondern um Bindungsarten, die der Wasserstoffbindung ähnlich sind (Nebenvalenzen). Dabei entstehen Schrauben

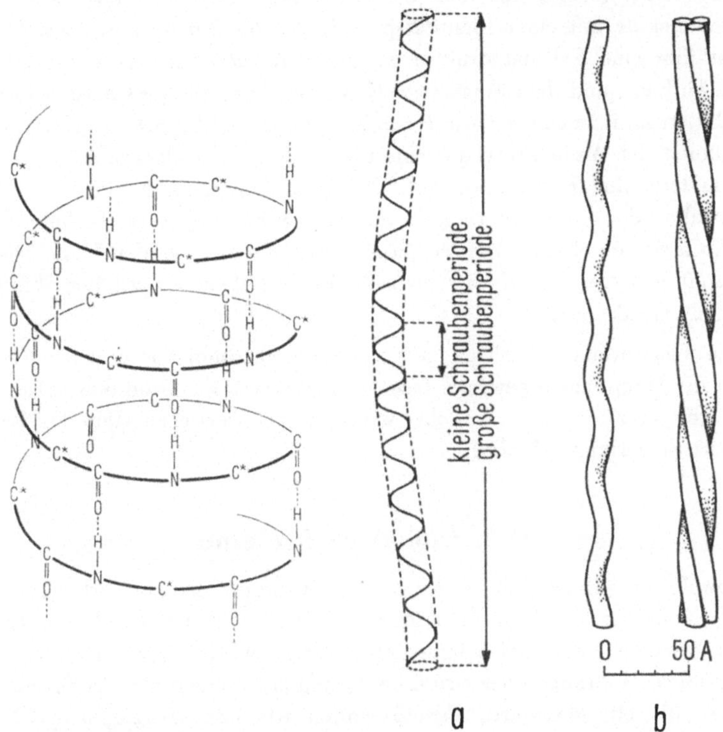

Abb. 6. Schraubenbau (Sekundärstruktur) fibrillärer α-Proteine (nach PAULING und COREY).
Links: Wasserstoff- und Sauerstoffmoleküle sättigen sich innerhalb eines Moleküls ab, und es entsteht dabei die sogenannte Helix (= Schraube).
Rechts: a) α-Schraube mit Kleinperiode 5,44 Å und Großperiode 68 Å.
    b) Verzwirnung der Großschraube (Schraube zweiter Ordnung, links) zu einem Kabel (rechts).

höherer Ordnung, insbesondere können drei oder auch mehrere α-Schrauben sich gegenseitig umwindend zu einer Schraube zweiter Ordnung zusammentreten (Abb. 6 rechts b). Die Faserproteine bilden meist noch parakristalline Molekülverbände (Micellen, Mikrofibrillen, vgl. S. 137), wobei diese Überstrukturen sinngemäß als *Tertiärstrukturen* bezeichnet werden. Faserproteine reagieren leichter miteinander, da sie lange und relativ wenig gewundene Ketten aufweisen.

Die Sekundär- und Tertiärstrukturen der Proteine können nicht mit chemischen, sondern nur mit physikalischen oder physikochemischen Methoden, insbesondere durch Röntgenbeugung und -interferenzen, Röntgen-Fourrieranalysen und Elektronenmikroskopie, aufgeklärt werden. Wir wissen heute, daß diese Strukturen für die biologische Funktion der Eiweiße von großer Bedeutung sind.

Das *Seidenfibroin,* aus dem die echte Seide besteht, weist fadenförmige Makromoleküle mit einer Identitätsperiode 6,5 bis 7,0 Å[1] auf. Nach PAULING kommt ihm eine Faltblattstruktur zu. Beim *Keratin,* das u. a. die tierischen Haare aufbaut, und dem Muskeleiweiß *Myosin* kann die gestreckte β-Form mit Faltblattstruktur in eine α-Form (Identitätsperiode 5,1 bis 5,4 Å) mit schraubiger Anordnung der Aminosäurebausteine übergehen. Beim Übergang der β- in die α-Form tritt eine Kontraktion auf, die durch Übergang in die noch flachere γ-Schraube oder durch überlagerte zusätzliche Faltungen (z. B. beim Myosin und *Kollagen* der Sehnen) noch beträchtlich verstärkt werden kann. Die Kontraktilität gewisser Eiweiße ist physiologisch gesehen von größter Wichtigkeit (Muskelkontraktion).

Die Faserproteine besitzen ausgezeichnete mechanische Eigenschaften und bilden die Hauptmasse gewisser faserförmiger tierischer Produkte (Seide) oder faserförmiger Zellen bzw. Gewebe, wie z. B. der tierischen Haut (Leder) und der tierischen Haare (Wolle).

1.3. Globuläre Proteine

Sowohl im pflanzlichen und tierischen Protoplasma als auch im Reserveeiweiß haben wir uns die Protein-Makromoleküle von annähernd kugelförmiger Gestalt vorzustellen. Die Tertiärstruktur der globulären Proteine kommt durch eigentümliche Faltungen der schraubenförmigen Polypeptidketten zustande. Als Beispiel für ein globuläres Eiweiß wollen wir das *Myoglobin* (= Muskelhämoglobin) anführen, dessen makromolekularer Aufbau schon weitgehend aufgeklärt ist. Eine Polypeptidkette aus 151 Aminosäuren (α-Schraube) ist in acht ungleich lange, annähernd gerade Stücke gefaltet, so daß ein kugel- oder polyederförmiges Makromolekül entsteht. Der rote Blutfarbstoff, das *Hämoglobin,* besteht aller Wahrscheinlichkeit nach aus vier gleichen oder doch sehr ähnlichen Makromolekülen, die durch die Fe-hältige Hämgruppe tetraedrisch zu einer neuen, noch größeren „Kugel" zusammengehalten werden. Andere noch wesentlich größere globuläre Eiweiß-Makromoleküle scheinen aus ähnlichen Untereinheiten nach Art eines regulären oder semiregulären Polyeders zusammengesetzt zu sein.

---

[1] Å = 1 Ångström = $^1/_{10\,000\,000}$ mm.

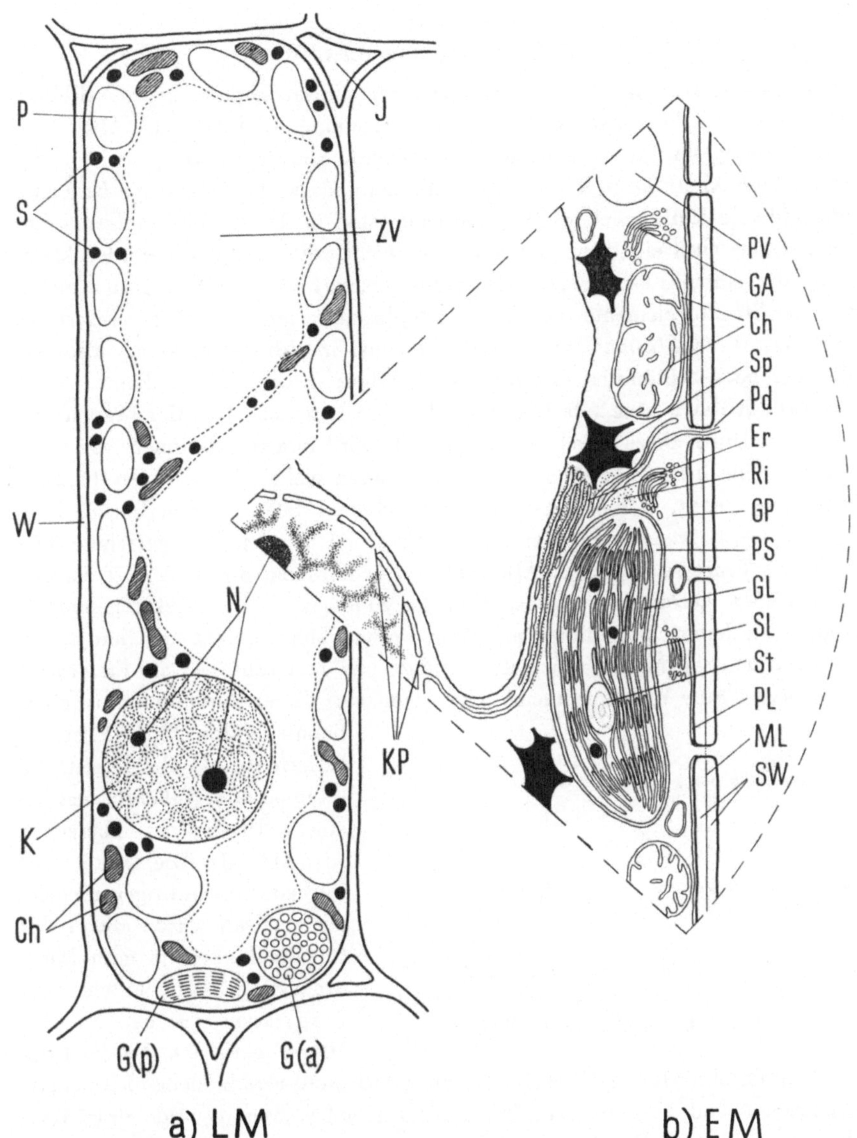

Abb. 7. **Schema der Pflanzenzelle.** a) lichtmikroskopisch: Ch=Chondriosomen, G (p) = Chloroplasten mit Grana in Seitenansicht, G (a) = dasselbe in Aufsicht, J=Interzellularraum, K=Chromatingerüst des Zellkerns, N=Nukleolen, P=Plastiden bzw. Chloroplasten, S=Sphärosomen, W=Zellwand, ZV=Zentralvakuole; b) elektronenmikroskopisch: N=Nukleolus, KP=Kernmembran mit Poren, PV=Plasmavakuole, GA=Golgi-Apparat, Ch=tubuläres Chondriosom, SP=Sphärosom, Pd=Plasmodesme mit ER-Lamelle, ER=Endoplasmatisches Retikulum, Ri=Ribosomen, GP=Grundzytoplasma, PS=Plastiden- bzw. Chloroplastenstroma, Gl=Granalamelle, Sl=Stromalamelle, St=Stärkekorn, Pl=Plasmalemma, Ml=Mittellamelle der Zellwand, SW=Sekundäre Zellwand.

1.3.1. Protoplasmaeiweiß

Globuläre Eiweißpartikel können elektronenmikroskopisch bereits sichtbar gemacht werden, und zwar vor allem als sogenannte *Ribosomen* (s. Abb. 12); es sind dies globuläre makromolekulare Gebilde aus Ribonukleoproteiden, die einen Ribonukleinsäure-(RNS-)Kern enthalten und bei der *Proteinsynthese* eine entscheidende Rolle spielen. Die Ribosomen sind in das *Grundzytoplasma* eingebettet, das auch elektronenmikroskopisch nicht weiter aufgelöst werden kann. Besondere submikroskopische, bereits aus vielen Eiweißmolekülen zusammengesetzte Strukturelemente des Grundzytoplasmas sind die Membransysteme (Abb. 7). Diese *Plasmamembranen*[1] sind meist in sich geschlossene, also von Bläschen oder Schläuchen abzuleitende Gebilde; solche Formen können auch nachträglich durch eine Art Blähung oder Quellung aus den Membranen neu entstehen. Durch diese membranösen Gebilde wird immer eine innere von einer äußeren, eine intra- von einer extramembranösen mehr oder weniger flüssigen Phase abgetrennt. Wir haben Grund anzunehmen, daß in diesen Phasen bzw. an den sie begrenzenden Membranen verschiedene räumlich getrennte biochemische Prozesse ablaufen. Allen diesen Membranen, die in Abb. 7 als einfache Linien gezeichnet wurden, aber in günstigen Fällen elektronenmikroskopisch in feine Doppellinien aufgelöst werden können, legt man am besten das DANIELLische Membranmodell zugrunde und bezeichnet sie als *Elementarmembranen*. Eine Elementarmembran besteht nach dieser Vorstellung aus einer bimolekularen Lipid(Phosphatid)schicht, die beiderseits an ihren polaren Außenflächen von einem Proteinfilm überzogen ist (Abb. 8). Die Dicke einer solchen dreischichtigen Elementarmembran wurde mit großer Regelmäßigkeit je nach Membransystem (vgl. unten) und Präparation zu ca. 7,5 bis 10 nm[2] gefunden. Die im Prinzip einander ähnlichen, in Einzelheiten aber doch wohl verschiedenen Elementarmembranen sind also die Bauelemente der membranösen Gebilde des Protoplasmas und seiner Organellen.

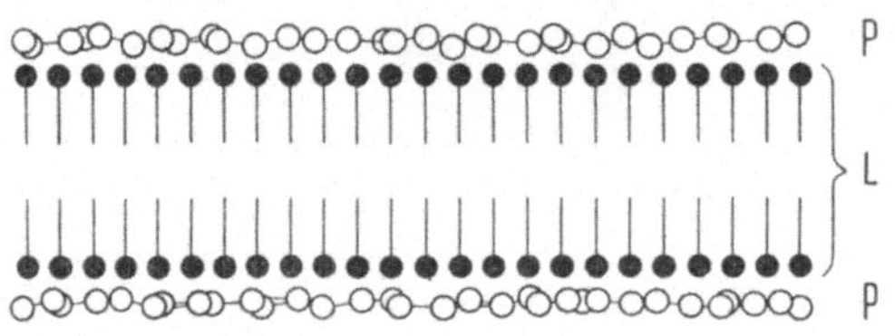

Abb. 8. Daniellisches Membranmodell (nach P. SITTE). P=Proteinfilme, L=bimolekularer Phophatidfilm (Strukturlipide).

Membranöse Strukturen sind auch im Grundzytoplasma elektronenmikroskopisch nachgewiesen worden. Dieses sogenannte *Endoplasmatische Retikulum*

---

[1] Nach SITTE (1961) soll in der EM-Betrachtung des Protoplasmas zwischen Membranen und Lamellen unterschieden werden; als *Membranen* gelten in sich geschlossene jeweils einen gewissen Bereich ringsum abgrenzende Häute, während als *Lamellen* alle jene flachen Strukturen bezeichnet werden, die (wie Papierblätter) freie Ränder haben und daher keinen Raum umschließen (SITTE 1961, S. 183).

[2] nm (Nanometer) = 0,000 001 mm.

(ER) oder *Endomembransystem* steht möglicherweise mit dem *Plasmalemma,* einer der Protoplasma nach außen gegen die Zellwand abgrenzenden Membran und manchmal mit der perforierten Zell*kernmembran* (= Zellkernhaut), die den Zellkern vom Protoplasma absondert, in direkter Verbindung. Das ER scheint auch die *Plasmodesmen,* die von Zelle zu Zelle ziehenden plasmatischen Verbindungsbrücken zu begleiten. In physiologisch aktiven z. B. wachsenden und eiweißbildenden Zellen ist das ER besonders deutlich in Form ganzer Lamellenpakete (sogenanntes *Ergastoplasma*) entwickelt, wobei an den plasmaseitigen Oberflächen der Membranen Ribosomen aufgereiht sind. So stellt das ER ein stofflich und morphologisch hoch differenziertes Gebilde zwischen Zellkern, Protoplasma und Zellwand dar. Seine physiologische Funktion ist noch nicht restlos geklärt, doch scheint eine Beteiligung an der Proteinsynthese und vielleicht an der Zellwandbildung sehr wahrscheinlich.

Andere elektronenmikroskopische sehr gut charakterisierte Membranpakete sind die sogenannten *Golgikörper* (Dictyosomen). Sie schnüren Bläschen ab und stellen wahrscheinlich Orte bestimmter Stoffsynthesen und Stoffabgaben dar; mit anderen Worten, sie werden mit bestimmten Sekretionsleistungen (Drüsenzellensekret, Schleim, Zellwandsubstanz) in Zusammenhang gebracht.

Halten wir uns noch vor Augen, daß diese unendlich feinen und zarten Gebilde in ständigem Auf-, Ab- und Umbau, in ununterbrochener Bewegung begriffen sind und berücksichtigen wir, daß wahrscheinlich auch hier mit lokalisiertem Vorkommen kontraktiler Eiweiße gerechnet werden darf, so erscheint uns auch die ebenso rätselhafte wie eindrucksvolle *Protoplasmaströmung,* die in allen stoffwechselaktiven Tier- und Pflanzenzellen anzutreffen ist, in einem neuen Licht.

In Protoplasten ist Eiweiß gewissermaßen überall gegenwärtig, jedoch vielfach in maskierter Form, d. h. in mehr oder weniger fester Bindung an andere Stoffe, z. B. an Fette als *Lipoproteide*[1] (vgl. S. 103), an Nukleinsäuren als *Nukleoproteide* (Ribosomen, Zellkern), als *Enzymeiweiß* in chemischer Bindung mit einer *prosthetischen* Gruppe usw. Das Enzymeiweiß stellt auch mengenmäßig einen nicht unbedeutenden Anteil dar. Die für das biologische Stoffwechselgeschehen so überaus charakteristischen Enzyme werden als *biologische Katalysatoren* bezeichnet und die prosthetische Gruppe nicht unpassend mit einem nur für einen bestimmten Reaktionsschritt passenden Schlüssel oder einer Zange verglichen, wobei dem Eiweiß die Rolle der drehenden oder werkenden Hand zukommt. Da ein und dasselbe Enzym in Abhängigkeit von den energetischen, mengenmäßigen, ferner vom pH u. a. Gegebenheiten sowohl aufbauend wie abbauend wirken kann, so vermag jene „Werkzeug-Hand" zu- oder aufzusperren, zu verbinden oder zu sprengen. Hiezu kommt noch, daß viele Enzyme nicht nur statistisch auf verschiedene intra- oder extramembranöse

---

[1] *Proteine = einfache* Eiweißkörper, bestehen nur aus Aminosäuren;
Proteide = zusammengesetzte Eiweißkörper, sind mit einer eiweißfremden Komponente (prosthetische Gruppe etc.) gekoppelt.

Phasen verteilt, sondern wahrscheinlich in bestimmten Mustern an den Membranen aufgereiht sind. Man denkt sich so die biochemischen Reaktionsschritte ins Räumliche transponiert, wobei die Richtung, in der die biochemischen Prozesse oder Zyklen ablaufen, weitgehend durch die energetischen Stufenfolgen der einzelnen Reaktionsschritte bedingt ist. Wenn wir uns hier auch auf noch sehr hypothetischen Boden begeben haben, so wird dadurch doch einigermaßen verständlich, wie es möglich ist, daß auf kleinstem Raum so viele und heterogene chemische Prozesse ablaufen können, und dies nicht nur ohne gegenseitige Störung, sondern sogar in einem harmonischen Zusammenspiel.

In das Grundzytoplasma mit seinen noch unvollkommen bekannten Ultrastrukturen sind z. T. zahlreiche auch lichtoptisch wohlbekannte *Organellen* eingelagert (Abb. 7), an deren Aufbau und charakteristischer Innenstruktur ebenfalls Proteinmembranen (Elementarmembranen) wesentlich beteiligt sind. Hier gilt es zunächst die meist rundlichen *Plastiden* zu erwähnen, welche in den grünen Teilen der Pflanze als Chlorophyllkörner (*Chloroplasten*) vorliegen. Sie enthalten sehr ausgeprägte Membranpakete, wobei zwischen den durchlaufenden *Stromalamellen* kleinere scheibenförmige *Granalamellen* in geldrollenartiger Anordnung eingeschoben sind (vgl. Abb. 7). In ihnen ist, wie die lichtmikroskopische Untersuchung der Grana zeigt, das Chlorophyll hauptsächlich lokalisiert. Auch submikroskopische Lipidtröpfchen, sogenannte *Globuli,* können meist in den Plastiden nachgewiesen werden (vgl. Abb. 7 b). Eine andere wohlbekannte Organellenpopulation sind die kleinen, oft länglichen biskotten- oder schlauchförmigen *Chondriosomen.* Durch Einstülpungen der Innenlamellen ist ihre submikroskopische Struktur charakteristisch lamellär, bei Pflanzenzellen meist lockerer, sakkulär bis tubulär. Sie sind Orte oxydativen Abbaues, somit die *Atmungszentren* der Zelle, wo u. a. die für die chemischen Umsetzungen und die Synthese von Makromolekülen so wichtigen energiereichen Verbindungen, besonders *Adenosintriphosphat* (ATP)[1], gebildet werden. Die ATP-Produktion durch oxydative Phosphorylierung von Adenosindiphosphat (ADP) läuft hier in der intramembranösen Phase, d. i. in dem äußeren Chondrioplasma, ab, da die hierfür benötigten Enzyme der „Atmungskette", d. s. vor allem Riboflavine und Cytochrome, in den Membranen wahrscheinlich in Form ganz bestimmter Muster lokalisiert sind. Der eigentliche Zuckerabbau nach dem Zitronensäure- (Krebs-) zyklus erfolgt dagegen im inneren Chondrioplasma, wo sich die Enzyme des Krebszyklus befinden.

ATP findet sich in allen Pflanzen, Mikroorganismen und Tieren und ist überall der erste und wichtigste *Speicher* für die bei *Oxydationsreaktionen* erhaltene *Energie.* Die energiereichen Bindungen der ATP-Phosphatgruppen sind direkt oder indirekt die Antriebskraft für alle Lebensvorgänge, die auf Zufuhr von Energie angewiesen sind.

Der größte und auch am längsten bekannte im Plasma liegende Zellbestand-

---

[1] Bezüglich der Formel von Adenin vgl. S. 88, Adenosin ist Adenin + Ribose.

teil ist der *Zellkern*, welcher bekanntlich bei der *Zellteilung* und *Vererbung* eine führende Rolle spielt. Aber auch als sogenannter „Ruhekern" (besser: Interphasenkern) nimmt er, wie schon die zahlreichen Poren der Kernmembran anzeigen, am Leben der Zelle aktiven Anteil, indem dauernd von ihm stoffliche, *dirigierende Impulse auf das Protoplasma* ausgehen; ferner nimmt er auch an der Eiweißsynthese aktiven Anteil. Die Proteine sind das chemische Meisterstück der Zelle und so kunstvoll aufgebaut, daß sie und damit das Leben schlechthin nur unter „milden Bedingungen", im sogenannten physiologischen Bereich (Normaldruck, Normaltemperatur, pH 3 bis 10 usw.) existieren können. Demnach muß auch ihre Entstehung, wie die Biogenese aller organischen Substanzen, langsam, schrittweise und an bestimmte Zellstrukturen gebunden ablaufen.

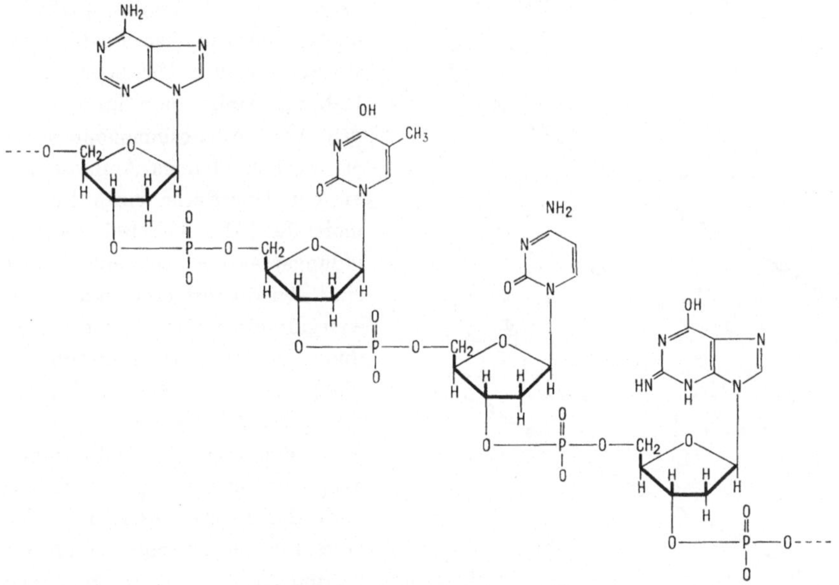

Abb. 9. Desoxyribonukleinsäure-Kette.

Die Biosynthese von Proteinen kann nur unter Teilnahme von Nukleinsäuren erfolgen, welche sehr wesentlich die Steuerung der komplizierten Aufbauvorgänge übernehmen. Man unterscheidet *Desoxyribonukleinsäure* (DNS), die praktisch nur im Zellkern vorkommt und das eigentliche genetische Material darstellt, und *Ribonukleinsäure* (RNS), die viel verbreiteter im Protoplasma und seinen Organellen auftreten kann. Es handelt sich bei den Nukleinsäuren um lange Fadenmoleküle (Molekulargew. 6 bis 10 Millionen) aus furanoidem Zucker (Ribose, Desoxyribose) und Phosphat in Diesterbindung, mit N-Basen als Seitenketten (Abb. 9). Das Wesentliche an den Nukleinsäuren sind die am Zucker hängenden N-Basen, von denen je 2 paarweise sterisch zueinanderpassen und *Basenpaare* bilden. Es kommen jeweils nur 2 Basenpaare vor, und zwar Cytosin-Guanin, Thymin-Adenin bei DNS und Cytosin-Guanin, Adenin-Uracil bei RNS. Für die DNS ist nun folgende *Sekundärstruktur* gesichert: 2 Nukleinsäurefäden winden sich *schraubenförmig* umeinander, wobei die beiden Basenpaare wie Leitersprossen die zwei Schraubenmoleküle verbinden (Abb. 10). Ein ähnlicher Bauplan wird für die RNS angenommen.

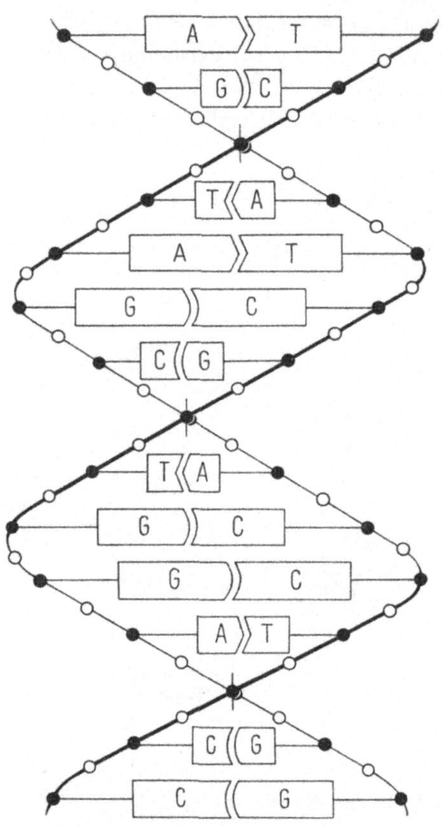

Abb. 10. DNS-Doppelschraube (Sekundärstruktur). Basenpaare als sterische Komplemente angedeutet.
● = Desoxyribose   C - G = Cytosin - Guanin
○ = Phosphorsäure   T - A = Thymin - Adenin

Die Proteinsynthese beginnt nun, wie es auch sonst bei Biosynthesen zu geschehen pflegt, mit der Aktivierung der Ausgangssubstanz, d. h. mit der Hebung der Aminosäuren auf ein höheres Energieniveau, von dem aus die Synthese exergon, also freiwillig, gewissermaßen „bergab", enzymatisch gesteuert verläuft. Die energetische Hebung erfolgt hier durch Anfügen von Adenosinmonophosphat an die betreffenden Aminosäuren an der Oberfläche eines Enzymmoleküls (Abb. 11). Bei einer Beladungsreaktion entsteht immer ein Zwischenprodukt mit einer energiereichen Phosphorsäure-Bindung, das nun als Baustein für die Synthese von Makromolekülen dient. Im ATP ist nicht nur die dritte der angelagerten Phosphatgruppen energiereich, sondern auch die zweite (Abb. 11). Die erste Phosphatgruppe, die an das C-Atom 5 der Ribose gebunden ist, enthält dagegen keine zusätzliche Energie. ATP kann seine gespeicherte Energie daher in zwei Stufen abgeben. Meist erfolgt die Energiebeladung durch Abspaltung bzw. Anlagerung von einem, seltener von zwei energiereichen Phosphatresten. Es kann aber, wie im vorliegenden Fall, die energetische Hebung auch durch Anlagerung von Adenosinmonophosphat erfolgen.

Die auf diese Weise energetisch gehobene oder *aktivierte* Aminosäure wird in spezifischer Weise auf gelöste Ribonukleinsäure (sogenannte *Transfer*-RNS) niedrigen Polymerisationsgrades (DP ~ 80)[1] überführt, und aus diesem Komplex werden in den Ribosomen des Ergastoplasmas (vgl. oben) die *zell-* und *arteigenen* Proteine aufgebaut. Besonders ausgeprägt ist das Ergasto·plasma in den Zellen bestimmter Drüsen, z. B. im Pankreas (Bauchspeichel-drüse).

Die an den Aminosäuren hängende Transfer-RNS ermöglicht erst durch einen Triple-Code (vgl. Abb. 12) die richtige Aneinanderreihung der Amino-

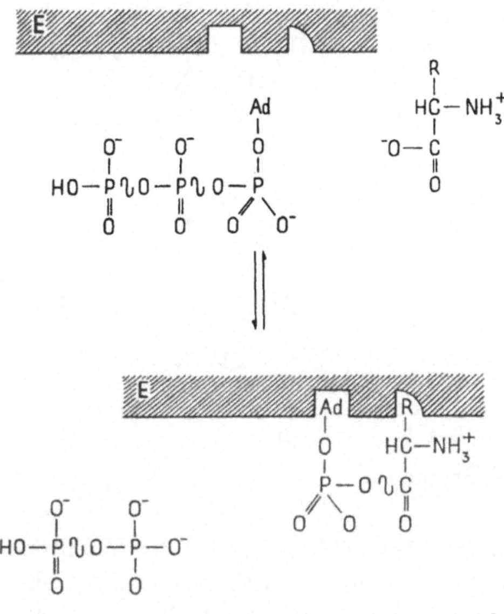

Abb. 11. Aktivierung von Aminosäuren (nach HOAGLAND). E=Eiweiß (Apoenzym), Ad=Adenosin, R=Seitenkette, ~ =Hochenergie-bindung.

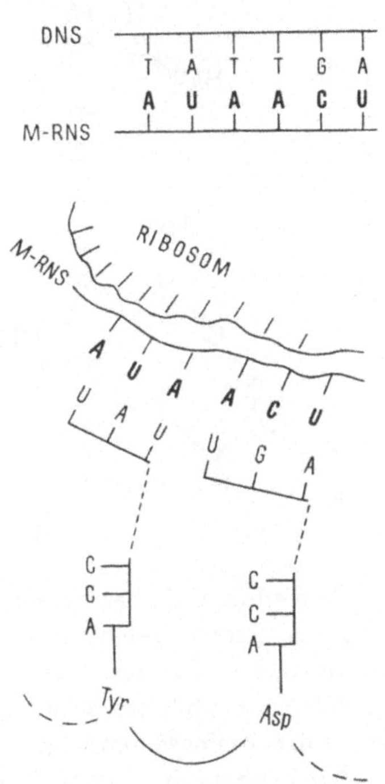

Abb. 12. Steuerung der Proteinsynthese durch DNS und RNS (nach G. SCHRAMM). DNS=Desoxyribonukleinsäure. M-RNS=Messenger-(=Botenstoff-)Ribonukleinsäure.

A=Adenin   C=Cytosin
U=Uracil   G=Guanin
T=Thymin
A=Adenin
komplementäre Basenpaare

Tyr=Tyrosin
Asp=Asparaginsäure
Aminosäuren

säuren zu Polypeptiden an Hand der als *Informationsüberträger* wirkenden Riboso-men-RNS = Messenger (=Boten)-RNS. *Die Nukleinsäuren* (RNS und DNS) besitzen nämlich in Form bestimmter Purine und Pyrimidine (vgl. S. 88) sterisch sehr genau aufeinander abgestimmte Basenpaare (vgl. Formelbild), die bei entsprechender Reihung wie eine Matrize auf die Folie passen und die richtige Verknüpfung der aktivierten Aminosäuren etwa so vermitteln, wie es

---

[1] DP = Durchschnittlicher Polymerisationsgrad.

Abb. 12 andeutet. Die Eiweißsynthese geht dabei letzten Endes von der DNS des Zellkerns (genetisches Material) als erblich fixiertem Informationsträger aus und führt auf diese Weise zu spezifischen Eiweißen bzw. Enzymgarnituren, die, wieder an höheren Strukturen geordnet, erst das vielfältig verschlungene Lebensgeschehen der Zelle ermöglichen.

Die 2 Basenpaare der Ribonukleinsäure (RNS)

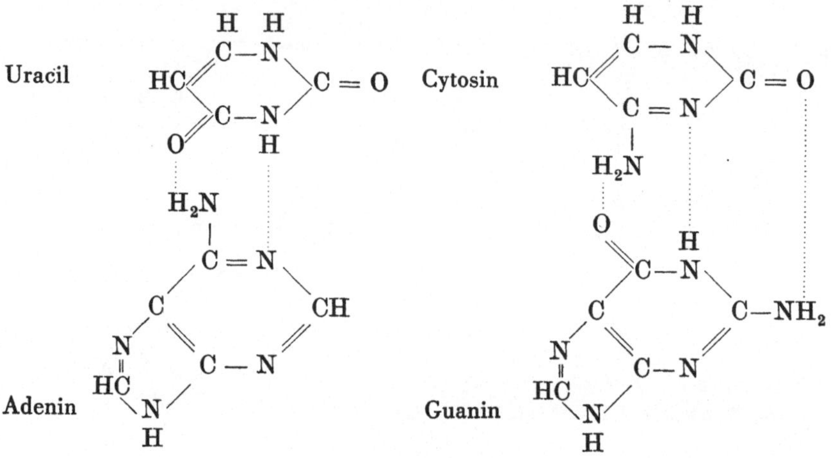

$$\text{Uracil} \qquad \text{Cytosin}$$
$$\text{Adenin} \qquad \text{Guanin}$$
$$\cdots\cdots \text{H-Brücken}$$

Wesentlich einfacher gestaltet sich der Eiweißabbau, der bei der Mobilisierung der Reserveeiweiße eine große Rolle spielt. Es sind hauptsächlich die proteolytischen Enzyme, von denen einige unter geeigneten Bedingungen die Eiweiße in Peptide zerlegen, die dann von anderen proteolytischen Enzymen bis zu den Aminosäuren abgebaut werden.

Wir möchten diese kurze Erörterung über die Protoplasmaeiweiße nicht abschließen, ohne auf einen Umstand besonders hinzuweisen, der uns noch öfter auffallen wird. Es ist das *bewundernswerte Form-* und *Strukturprinzip*, das den lebenden Organismus über alle Größenordnungen seiner Strukturen vom Molekül, Makromolekül, submikroskopischen und mikroskopischen Bereich bis herauf zur sichtbaren Pflanzen- und Tiergestalt als ein wesentliches Kennzeichen beherrscht. SCHOPENHAUER hat das Leben kurz charakterisiert: als Beharren der Form im ständigen Wechsel der Substanz.

Wie wir gesehen haben, sind die verschiedensten Proteine im Protoplasma und seinen Organellen insbesondere auch in den Plastiden vorhanden. Dunkelgrüne Pflanzen, welche reich an Chloroplasten sind, weisen daher in den *Blättern* viel Plastiden*eiweiß* auf. Hierauf beruht der Nährwert von Spinat, Salat und Grüngemüse aller Art. In nachstehender Tabelle einige Werte für verschiedene Blattypen.

Trockengewicht und N-Gehalt von Blättern

Pflanze	Trockengewicht (% des Frischgewichtes)	N (% des Trockengewichtes)	% N extrahierbar
Kohl	9,7	4,47	85,5
Tabak	9,5	4,35	93,5
Brennessel	21,8	3,75	41,5
Weizen	11,6	4,46	92
Knäuelgras	27,0	2,49	69

Das *Rohprotein* (N $\times$ 6,25) [1] beträgt also etwa 10 bis 25% des Trockengewichtes, aber nur 1 bis 2% des Frischgewichtes. Der Proteingehalt der Pflanzen ist also eigentlich recht gering, aber von wesentlicher Bedeutung für die Pflanzenfresser, insbesondere auch Nutztiere, die ausschließlich auf das Pflanzeneiweiß angewiesen sind. Es gibt allerdings auch Pflanzenorgane mit sehr viel höherem Proteingehalt, nämlich solche, die dem Keimling als erste Nahrungsquelle dienen.

1.3.2. Reserveeiweiß

Besonders das Nährgewebe (*Endosperm*) oder die Keimblätter[2] der Samen sind reich an Reserveeiweiß; die große Bedeutung, die sie als Nahrungs- und Futtermittel besitzen, hat ihre Erforschung sehr gefördert.

Gewisse Reserveeiweiße haben die Fähigkeit, auszukristallisieren. Ein gut bekanntes und leicht zugängliches Beispiel sind die unter der Schale gelegenen Zellen der Kartoffelknolle, wo im Plasma würfelförmige *Eiweißkristalle* vorkommen. Es ist auch schon gelungen, höchst eindrucksvolle elektronenmikroskopische Abbildungen von Eiweißkristallen zu bekommen, wo die globulären Makromoleküle und ihre streng kristallographische Gitterordnung deutlich zu erkennen sind. Meist tritt das hexagonale oder das kubische System auf, was ebenfalls auf „kugelige" Eiweißmoleküle schließen läßt; es handelt sich bei diesen Makromolekülen nicht um Kugeln im strengen Sinne, sondern vielmehr um reguläre oder halbreguläre Polyeder, zu denen sich Untereinheiten (*Svedberg*einheiten) in regelmäßiger Weise anordnen. Als Beispiel für die Morphologie einer solchen Untereinheit (Svedbergeinheit) kann das Myoglobinmolekül dienen (vgl. S. 8).

In der folgenden Tabelle einige physikochemische Angaben zu pflanzlichen Proteinen aus Samen.

---

[1] Das pflanzliche (Reserve-)Eiweiß hat einen durchschnittlichen N-Gehalt von 16%, daher 16 $\times$ 6,25 = 100. In der Berechnung des „Rohproteins" gehen auch die freien Aminosäuren und Amine ein.

[2] Die Samen speichern ihre Nährstoffe entweder im Endosperm, das bei der Befruchtung entsteht und den sich entwickelnden Embryo umhüllt, oder im Embryo selbst, besonders in den verdickten Keimblättern.

	Mol. Gew. $\cdot 10^{-3}$	Svedbg. Einh.	Molekül Durchm. Å	Dissymmetrie Faktor	Kristall-System
Albumine:					
Ricin (Ricinus)	77	4	—	1,2	—
Prolamine:					
Gliadin (Weizen)	27,5	—	—	1,6	—
Zein (Mais)	35,2	2	43,5	—	—
Globuline:					
Amandin					
(Pfirsich)	330	16	87	1,21	—
Edestin (Hanf)	310	16	87	1,21	kubisch
Excelsin					
(Paranuß)	350	18	—	—	hexagon.
Tabaksamen	361	18	—	—	kubisch
Virus:					
Bushy stunt	1300—2400	—	290	—	kubisch

Ergänzend müssen wir noch anführen, daß seit langem eine aus der ·Praxis der Eiweißdarstellung abgeleitete Einteilung der (pflanzlichen) Eiweißstoffe in wasserlösliche *Albumine,* in salzlösliche *Globuline* und in alkohollösliche *Prolamine* in Gebrauch ist. Diese manchmal verfließenden Unterschiede beruhen auf Gestalt und Größe der Kugelmoleküle und den Ladungsverhältnissen an ihrer Oberfläche. Eiweiße haben dank der freien dissoziationsfähigen Amino- und Carboxylgruppen in den Seitenketten bzw. auf der Moleküloberfläche *amphotere* Eigenschaften, d. h. sie besitzen in alkalischer Lösung eine negative, in saurer Lösung eine positive Überschußladung; dort, wo sich beide die Waage halten, im *isoelektrischen Punkt* (IEP), wird Quellung und Löslichkeit verringert, die Kristallisation und Komplexbildung aber erleichtert. Für Ricin wurde der IEP bei 5,4, für Edestin bei 5,5 bis 6,0 und für Tomaten-Bushy-stunt-Virus zu 4,11 bestimmt.

Die Albumine und Prolamine haben kleinere Moleküle aus ein bis vier Svedbergeinheiten, die Samenglobuline bestehen, soweit bekannt, aus 16 bis 18 Svedbergeinheiten. Die entsprechenden Moleküldurchmesser betragen ca. 50 bis 90 Å, während bei manchen sehr viel größeren Virusmolekülen Durchmesser bis zu 200 Å und darüber gemessen wurden. Durch langsame Fällung oder Dialyse rein dargestellte Eiweiße liegen als weißes, eventuell mikrokristallines Pulver vor; meist handelt es sich noch um Eiweißgemische, wie man z. B. papierelektrophoretisch leicht nachweisen kann. Die große Empfindlichkeit auf physikochemische Milieuänderungen erfordert besonders vorsichtiges Arbeiten.

Größere Mengen hydrophiler Albumine und Globuline werden meist in den Zellsaft abgeschieden, wo sie z. B. bei der Kartoffel mit Alkohol leicht nachgewiesen werden können. Im *Nährgewebe* von Samen bilden sich zahlreiche proteinreiche Teilvakuolen, die beim Reifen und Austrocknen der Samen eingedickt und schließlich zu den wohlbekannten *Aleuronkörnern* werden, die nicht selten im Inneren noch einen Eiweißkristall enthalten.

Bei den *Cerealien* sind die Aleuronkörner auf eine oder mehrere periphere Zellschichten beschränkt (Abb. 13 und nachstehende Tabelle).

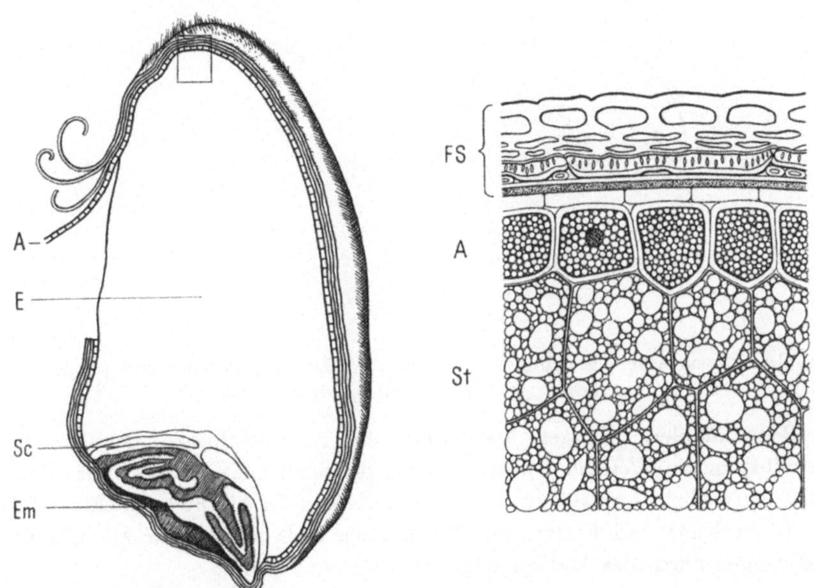

Abb. 13. Links: Längsschnitt durch das Weizenkorn (nach J. Pace) in Lupenvergrößerung. A=Aleuronschicht, E=Endosperm, Sc=Scutellum, Em=Embryo.
Rechts: Querschnitt in lichtmokroskopischer Vergrößerung. FS=Fruchtsamenschale, A=Aleuronschicht, St=Stärkeendosperm.

N-Gehalt verschiedener Teile des Weizenkorns (Sorte Vilmoren 27)

	Kornanteil %	N-Gehalt %
ganzes Korn	—	1,40
Perikarp u. Samenschale	8,0	0,70
Aleuronschicht	7,0	3,15
Embryo	0,94	5,33
Scutellum	1,5	4,27
Endosperm außen 150 μ tief	12,5	2,20
300 μ tief	12,5	1,40
innen 600 μ tief	57,5	1,00

Den meisten N enthält der plasmareiche Keimling und das Enzymzentrum, das Scutellum. Auch das Endosperm, der Mehlkern, enthält das für die Backeigenschaften des Mehls so wichtige *Klebereiweiß* (Glutenine, Prolamine). Das genauere Studium hat gezeigt, daß die eigentlichen *Haftproteine* durch Lipoproteide und reine Fettschichten von dem ebenfalls lipoproteidhältigen sogenannten *Zwickelproteinen* getrennt sind (Abb. 14); dabei lassen sich unschwer die Zwickelproteine als Protoplasmareste und die Haftproteine als Plastidenreste erkennen, die von entmischten Lipoiden getrennt werden. Für gute Backqualität sind in erster Linie die verschiedenen Lipoproteide maßgebend!

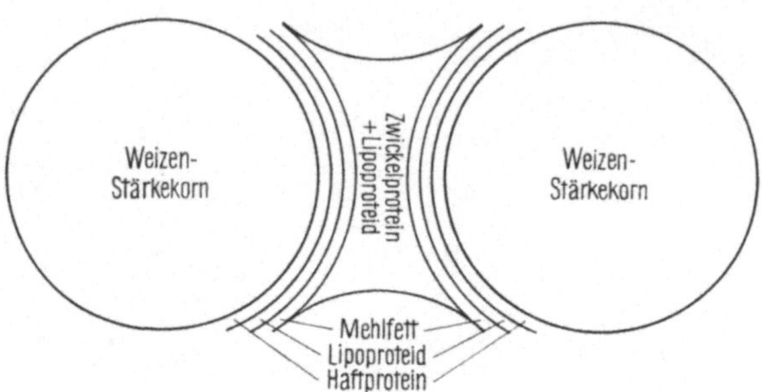

Abb. 14 Schematische Darstellung von Haft- und Zwickelproteinen und fetten Hüllschichten im Weizenmehl (nach K. HESS).

Beim Mahlen gelangen bekanntlich die Aleuronschicht, Scutellum und Keimling in die *Kleie* oder in den *Schrot*, die dann auch ein wertvolles Kraftfutter darstellen. Aus 100 kg Weizen erhält man 75 bis 80 kg Mehl und 15 bis 18 kg Kleie und Futtermehl. Bei Roggen fällt mehr Kleie an. Die Veränderungen durch das Mahlen zeigt die folgende Tabelle:

	Wasser	Eiweiß	Fett	Stärke	Rohfaser	Asche
Weizenkorn	13,37	10,69	1,98	80,41	1,90	2,09
Feines Mehl	12,56	8,38	0,83	87,26	Spuren	0,47
Mittleres Mehl	12,48	8,94	1,15	85,87	Spuren	0,56
Grobes Mehl	11,72	14,34	3,51	75,90	1,02	2,23
Kleie	11,55	13,38	3,96	63,97	9,08	6,89

Beträgt schon im Getreidekorn in der eiweißreichen Aleuronschicht der Rohproteingehalt (N × 6,25) rund 20 bis 30%, so werden diese Werte in den *Keimblättern* von gewissen *Hülsenfrucht*samen nicht nur erreicht, sondern noch überschritten:

	Rohprotein %	Biolog. Wertigkeit %
Linsen	24,9	—
Pferdebohnen	31,5	—
Speisebohnen	31,5	34
Grüne Erbsen	25,9	—
Gelblupinen	49,2	53
Sojabohnen	38,0	67

Besonders eiweißreich sind die in Amerika und Asien vielgebauten Sojabohnen und die Süßlupinen, ein deutsches Züchtungsprodukt der letzten
30 Jahre; der Anbau gewisser Hülsenfrüchte geht in letzter Zeit — ein Zeichen
wirtschaftlicher Prosperität — stark zurück.

Hülsenfruchtanbau in Westdeutschland und Österreich

	Anbaufläche in 1000 ha			Ernteertrag in 1000 t		
	1935/38	1950/54	1955	1935/38	1950/54	1955
Westdeutschland:						
Süßlupinen	5	5	1	8	7	1
Speiseerbsen	14	10	6	24	16	12
Speisebohnen	2	2	2	3	4	3
Österreich:	1943/53	1954	1959	1943/53	1954	1959
Speiseerbsen	1,2	0,4	0,6	1,6	0,7	1,0
Speisebohnen	2,0	1,2	0,6	2,6	1,9	1,0

Der Rohproteingehalt von saftigen Pflanzenteilen (Blättern, Knollen,
Wurzeln, Früchten) ist, wie schon erwähnt, wesentlich geringer:

	Rohprotein %
Kartoffeln	2
Möhren	1,18
Radieschen	1,23
Zwiebeln	1,30—2,68
Knoblauch	6,76
Blumenkohl	2,48
Blaukraut	1,67
Kopfsalat	1,42
Äpfel	0,41
Birnen	0,41

Nichtsdestoweniger ist gerade die *Kartoffel* wegen des großen Verbrauches,
besonders in Notzeiten, ein wichtiger Eiweißlieferant; auch besitzt das Kartoffeleiweiß eine relativ hohe *biologische Wertigkeit*. Diese hängt wesentlich vom
Vorhandensein der acht (bzw. zehn) sogenannten *exogenen* oder *essentiellen*
Aminosäuren ab. Mit der täglichen Nahrung werden durch das unterschiedliche
Angebot an Nahrungseiweiß auch die darin enthaltenen Aminosäuren in unter-
schiedlicher Menge angeboten. Nicht alle Aminosäuren sind lebenswichtig, denn
eine ganze Reihe kann vom tierischen Organismus selbst aufgebaut werden.
Andere hingegen müssen, da der Organismus zu ihrer Synthese nicht befähigt
ist, regelmäßig in genügender Menge und in einem bestimmten Mengenverhältnis mit der Nahrung dem Körper zugeführt werden. Diese letzteren faßt man
unter der Bezeichnung „essentielle" (unentbehrliche) Aminosäuren zusammen.
Der menschliche Organismus benötigt die tägliche Zufuhr einer bestimmen
Mindestmenge jeder lebenswichtigen Aminosäure, so daß der biologische Wert

eines Proteins im wesentlichen durch diejenige essentielle Aminosäure begrenzt wird, die in der geringsten Konzentration in ihm enthalten ist. Also auch im Eiweißstoffwechsel gilt das *Gesetz des Minimums* als ein Grundsatz von allgemein biologischer Bedeutung. Der Mindestbedarf an essentiellen Aminosäuren beträgt in g/Tag: Tryptophan 0,25, Lysin 0,80, Phenylalanin 1,10, Threonin 0,50, Valin 0,80, Methionin 1,10, Leucin 1,10, Isoleucin 0,70, doch wird empfohlen, die doppelte Menge tatsächlich zuzuführen. Ferner muß durch genügende Stickstoffzufuhr und Vorhandensein von Kohlenstoffverbindungen die Bildung aller übrigen Aminosäuren gesichert sein.

Die zehn[1] essentiellen Aminosäuren

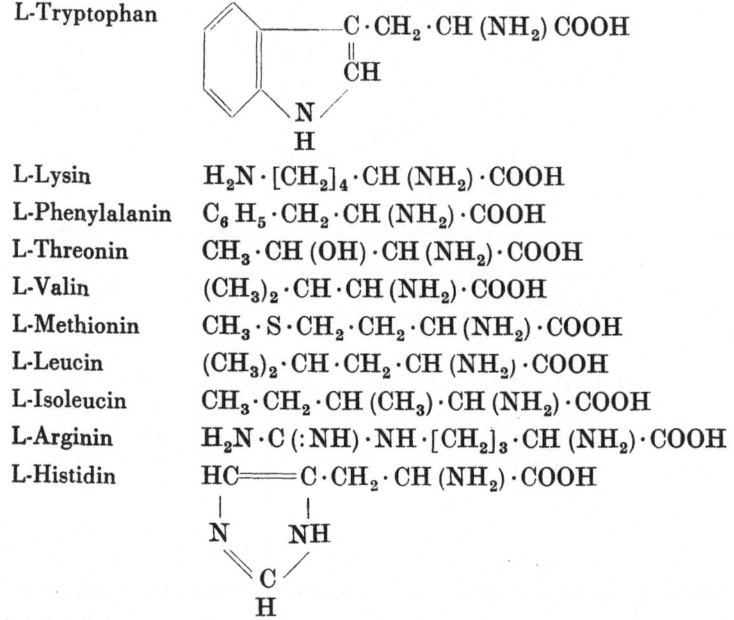

Im Kartoffeleiweiß kommen diese Aminosäuren verhältnismäßig ausgeglichen vor, so daß sich die biologische Wertigkeit durch Berechnung oder Versuch zu 60 bis 75% ergibt, wenn dem Reineiweiß aus dem Hühnerei (bei dem diese Aminosäuren im günstigsten Verhältnis zueinander stehen) eine solche von 100% zuerkannt wird. Bei den meisten anderen pflanzlichen Proteinen liegt dieser Wert niedriger (vgl. S. 20), da von der einen oder anderen Aminosäure zu wenig oder zu viel vorhanden ist, ein Übelstand, der aber durch Verabreichung von geeigneter Mischkost (Mischfutter) weitgehend behoben werden kann. Der Bestimmung des Aminosäurebestandes, der bio-

---

[1] Nur der jugendliche Organismus benötigt beim Wachstum auch noch Arginin und Histidin, dem erwachsenen hingegen genügen acht essentielle Aminosäuren.

logischen Wertigkeit und der Züchtung von Pflanzen mit viel und hochwertigem Eiweiß kommt auch insofern weltweite Bedeutung zu, als auch heute noch rund ¾ der Weltbevölkerung gezwungen sind, sich fast ausschließlich vegetarisch zu ernähren.

Reich an Eiweiß sind ferner die *Speisepilze* (30 bis 40% Rohprotein, das N-hältige Chitin der Zellwände ist allerdings unverdaulich), gewisse *Algen* mit 20 bis 40% Rohprotein und die sogenannten *Eiweißhefen,* welche bis zu 75% N-Substanzen enthalten können. Hefeeiweiß ist wichtig für die Herstellung eiweißreicher Nahrungs- und Stärkungsmittel, denen Hefeextrakte zugesetzt werden. Mit Hilfe gewisser Hefearten ist es sogar möglich, aus zuckerhältigen industriellen Abfallösungen (Sulfitablaugen, Vorhydrolysaten von Zellstoff- und Zellwollfabriken) Hefeeiweiß zu gewinnen.

Es gibt auch außerordentlich giftiges Eiweiß. So enthält z. B. der Ricinussamen das Albumin Ricin, das die Eiweißstoffe des Blutserums sofort zur Gerinnung bringt. Schon drei Ricinus-Samen, roh genossen, können einen Menschen töten.

1.3.3. Viruseiweiß

Noch eine andere Art von Eiweißstoffen verdankt ihre Bedeutung dem Schaden, den sie stiftet. Wir meinen das ebenso tierische wie pflanzliche Organismen befallende infektiöse Prinzip, welches man als *Viren* bezeichnet. Es handelt sich um wohldefinierte Nukleoproteide, welche in artverwandten Plasmen die Fähigkeit zur Selbstreproduktion besitzen, wenn ihnen die dazu nötigen stofflichen und energetischen Voraussetzungen von lebenden Zellen mit vollständiger Enzymausstattung geboten werden. Viren selbst sind zum Unterschied von Bakterien keine Lebewesen, sie setzen vielmehr solche voraus.

Schon bei der normalen Biosynthese der Proteine haben wir auf die Rolle der Nukleinsäuren hingewiesen, die nun bei den Viren geradezu mit einer Matrize verglichen werden, um die herum das spezifische Viruseiweiß entsteht. Das lawinenartige Anwachsen von Viruseiweiß bringt zumindest empfindliche Unordnung in das wohlausgewogene Stoffwechselgeschehen der Zelle oder führt gar zu ihrem Tod.

Nicht selten bilden die Viren charakteristische (Eiweiß-)Kristalle; aus kugeligen Makromolekülen, die sich wieder aus Untereinheiten zusammensetzen, entstehen kubische oder plättchenförmige Kristalle und aus kurzstäbigen Teilen in linearer Aggregation Kristallnadeln oder parakristalline Eiweißspindeln. Am besten bekannt ist das *Tabakmosaikvirus* (TMV), das sich bei einem Molekulargewicht von 40,000.000 aus ca. 22.000 Untereinheiten (Svedbergeinheiten) zusammensetzt. Es ist auch schon gelungen, die Aminosäuresequenz der 158 Aminosäuren zu bestimmen, die eine solche Svedbergeinheit vom Molekulargewicht 18.000 aufbauen.

Zusammenfassende Literatur zu 1.

BANCHER, E., und K. HÖFLER, Protoplasma und Zelle. Grundlagen der allg. Vital-chemie, Bd. VI. Wien: Urban und Schwarzenberg, 1959.

Bericht über die dritte internationale Tagung der CIQ. „Pflanzeneiweiß und Nahrungs-qualität." Qualitas plantarium et materiae vegetabiles *6*, 1—177 (1960).

FREY-WYSSLING, A., Die submikroskopische Struktur des Cytoplasmas. Protoplas-matologia II/A 2. Wien: Springer-Verlag, 1955.

FREY-WYSSLING, A., Submikroskopische Cytologie. Schleiden — Vorlesung. Nova acta Leopoldina. Abhandlungen der Deutschen Akademie der Naturforscher Leopoldina NF *22*, Nr. 147 (1960).

KARLSON, P., Kurzes Lehrbuch der Biochemie für Mediziner und Naturwissenschaftler. 4. Aufl. Stuttgart: Georg-Thieme-Verlag, 1964.

KNIGHT, A., Chemistry of viruses. Protoplasmatologia IV/2. Wien: Springer-Verlag, 1963.

NULTSCH, W., Allgemeine Botanik. Kurzes Lehrbuch für Mediziner und Naturwissen-schaftler. Stuttgart: Georg-Thieme-Verlag, 1964.

The Living Cell. Scientific American *205*, Nr. 3 (September 1961).

SCHRAMM, G., Biochemische Grundlagen des Lebens. Naturwissenschaftliche Rundschau *16*, 89—96 (1963).

SCHUPHAN, W., Zur Qualität der Nahrungspflanzen. München-Bonn-Wien: BLV-Ver-lagsges., 1961.

SITTE, P., Die submikroskopische Organisation der Pflanzenzelle. Ber. Deutsch. Bot. Ges. *74*, 177—206 (1961).

STAUDINGER, H., und Magda STAUDINGER, Die makromolekulare Chemie und ihre Bedeutung für die Protoplasmaforschung. Protoplasmatologia I/1. Wien: Springer-Verlag, 1954.

WYCKOFF, R. G., The World of the Electron Microscope. New Haven, Connecticut: Yales Univ. Press, 1957.

BUTLER, J. A. V., Vom Haushalt der Zelle. Braunschweig: Fr. Vieweg u. Sohn, 1958.

2. Vakuoläre Kohlenhydrate

Die pflanzliche Zelle unterscheidet sich von der tierischen zunächst durch zwei auffallende Eigentümlichkeiten: In der erwachsenen Pflanzenzelle finden sich immer eine *Zentralvakuole* oder mehrere mit wäßriger Lösung erfüllte *Zellsafträume,* die infolge der osmotisch wirksamen Substanzen einen zentri-fugalen Druck (10 bis 100 atm) ausüben, dem die Zellwand, der andere charakteristische Bestandteil der Pflanzenzelle, entgegenwirkt.

Der *Zellsaft* ist wohl als wäßriges Entmischungsprodukt des Protoplasmas aufzufassen (Abb. 15), doch wird auch eine sekretorische Mitwirkung bestimm-ter submikroskopischer Membran-Bläschensysteme in Betracht gezogen. Der Zellsaft ist eine Lösung kleinmolekularer hydrophiler Stoffe, die eine *osmotische* wasseranziehende *Wirkung* ausüben. Da das lebende Protoplasma und vor allem seine Grenzschichten für Ionen (dissoziierte Säuren und Salze) und Zucker (und andere hydrophile Anelektrolyte) praktisch undurchlässig, für Wasser aber gut durchlässig, somit *semipermeabel* sind, so wächst mit der Vergrößerung der Zelle die Vakuole rasch heran und wird zum Sammelbecken für hydrophile Reserve- und Abfallstoffe. In den Zellsäften sind sowohl Stoffe verschiedener physiologischer Funktion (Reservestoffe, Osmoregulatoren) als auch Stoffwechselendprodukte (Flavonoide, Gerbstoffe, Oxalate) gelöst. Ca. 90% der osmotisch wirksamen Vakuolenstoffe bestehen aus organischen Säuren und ihren Salzen sowie aus Zuckern, also Kohlenhydraten. Diese Bezeichnung leitet sich davon ab, daß viele ihrer Vertreter formal aus Kohlenstoff und Wasser im Verhältnis 1 : 1 bestehen.

Die *Kohlenhydrate* sind eine große Naturstoffklasse, die mengenmäßig unter den auf der Erde vorkommenden organischen Substanzen den größten Anteil stellt. Die Mannigfaltigkeit der organischen Verbindungen ist dadurch bedingt, daß sich die Kohlenstoffatome mit besonderer Leichtigkeit und Vielfalt aneinander binden. Da der Kohlenstoff *vierwertig* ist, ergeben sich zahlreiche Ver-

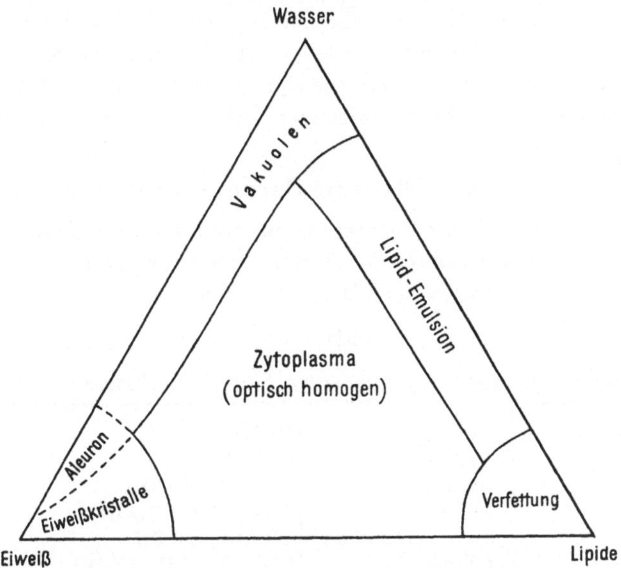

Abb. 15. Entmischungsdiagramm des Protoplasmas (nach FREY-WYSSLING).

zweigungsmöglichkeiten, was eine große Zahl von verschiedenen Kohlenstoffskeletten ermöglicht. Werden die übrigen Valenzen des Kohlenstoffs mit Wasserstoff abgesättigt, so resultieren die *Kohlenwasserstoffe*, die — systematisch gesehen — die Grundkörper für alle organischen Verbindungen darstellen. Eine weitere Mannigfaltigkeit der organischen Verbindungen kommt durch das Eintreten funktioneller Gruppen in die Kohlenwasserstoffe zustande. Je nachdem, ob ein oder mehrere Wasserstoffatome ersetzt werden, unterscheiden wir:

einwertige Funktionen — OH (Hydroxylgruppe) — NH$_2$ (Aminogruppe)

zweiwertige Funktionen C = O (Carbonylgruppe), = NH (Iminogruppe)

dreiwertige Funktionen $C \underset{\diagdown OH}{=\!\!=\!\! O}$ (Carboxylgruppe)

Die chemischen Reaktionen der verschiedenen Kohlenhydrate sind zumeist Reaktionen der funktionellen Gruppen; von eben dieser Funktion rührt ihre Bezeichnung her.

Die Mannigfaltigkeit der organischen Verbindung im allgemeinen und der Kohlenhydrate im besonderen wird noch gesteigert durch das Vorkommen *isomerer* Verbindungen. Darunter versteht man Verbindungen, die bei gleicher Summenformel verschiedene Struktur und daher auch verschiedene chemische und physikochemische Eigenschaften aufweisen. Man muß daher oft nicht nur die Summenformel einer Verbindung, sondern auch die Anordnung der einzelnen Atomgruppen im Molekül (Strukturformel) zur Kenntnis nehmen.

Die Kohlenhydrate sind vorwiegend pflanzlichen Ursprungs und unter den Nahrungsstoffen — Proteinen, Fetten und Kohlenhydraten — der Menge nach die wichtigsten, da sie einen Hauptbestandteil der Nahrung vieler Tiere (Pflanzenfresser!) und des Menschen darstellen. Meist werden die Kohlenhydrate im Körper zum Zwecke der Energiegewinnung abgebaut. Jedoch liefern sie häufig auch das für den Aufbau wichtiger Stoffe notwendige C-Gerüst.

2.1. Niedere Carbonsäuren

Die *Mono-, Di-* und *Tricarbonsäuren* mit ein bis sechs C-Atomen gehören zu den verbreitetsten Inhaltsstoffen der grünen Pflanzen und besitzen als funktionelle Gruppe die *Carboxylgruppe* $C = O$

$$\diagdown OH$$

Die häufigsten niederen aliphatischen Säuren in Pflanzen sind:

Monocarbonsäuren	Ameisensäure	$H \cdot COOH$
	Essigsäure	$CH_3 \cdot COOH$
	Propionsäure	$CH_3 \cdot CH_2 \cdot COOH$
	Milchsäure	$CH_3 \cdot CHOH \cdot COOH$
	Brenztraubensäure	$CH_3 \cdot CO \cdot COOH$
	n-Buttersäure	$CH_3 \cdot CH_2 \cdot CH_2 \cdot COOH$
	Valeriansäure	$CH_3 \cdot (CH_2)_3 : COOH$
Dicarbonsäuren	Oxalsäure	$HOOC \cdot COOH$
	Bernsteinsäure	$HOOC \cdot CH_2 \cdot CH_2 \cdot COOH$
	Fumarsäure	$HOOC \cdot CH = CH \cdot COOH$
	Äpfelsäure	$HOOC \cdot CH_2 \cdot CHOH \cdot COOH$
	Oxalessigsäure	$HOOC \cdot CH_2 \cdot CO \cdot COOH$
	Weinsäure	$HOOC \cdot CHOH \cdot CHOH \cdot COOH$
Tricarbonsäuren	Citronensäure	$HOOC \cdot CH_2 \cdot C(OH) \cdot CH_2 \cdot COOH$ $\overset{\bullet}{C}OOH$
	Isocitronensäure	$HOOC \cdot CH_2 \cdot CH \cdot CHOH \cdot COOH$ $\overset{\bullet}{C}OOH$
ferner:	Galacturonsäure	$HOOC \cdot (CHOH)_4 \cdot CHO$
	Ascorbinsäure	$CH_2OH \cdot CHOH \cdot CH \cdot C(OH) = C(OH) \ CO$ $\vdash\!\!-\!\!-\!\!-\!\!-\ O\ -\!\!-\!\!-\!\!-\!\!\dashv$

Dabei handelt es sich überwiegend um Zwischenglieder des oxydativen Zuckerabbaues. Der Säurestoffwechsel ist als ausgesprochenes Übergangsgebiet zu betrachten, als eine Art „Rangierbahnhof", von dem aus bekannte Geleise mindestens zum Eiweißumsatz (Aminosäuren! vgl. S. 31), wahrscheinlich aber noch zu anderen Stoffwechselsphären führen. Besonderes Interesse verdient in diesem Zusammenhang die Essigsäure, welche in aktivierter Form den Baustein der aliphatischen Fettsäuren, der Phenylpropane und der (Poly)terpene darstellt (vgl. S. 61, 116).

Di- und Tricarbonsäuren und ihre (sauren) Salze bedingen — Salzpflanzen ausgenommen — die *saure Reaktion* und die *gute Pufferung* des Zellsaftes. Die hohe Dissoziationskonstante der Oxalsäure $(6,5 \cdot 10^{-2})$ würde sogar einen $p_H = 1,3$ ermöglichen (n/10 HCl hat pH $= 2$). Tatsächlich kommen Zellsäfte mit $p_H = 2$ vor.

Schon die Trivialnamen mancher dieser Säuren (vgl. Tabelle) deuten auf ihr reichliches Vorkommen in bestimmten Pflanzen. Sehr verbreitet im Pflanzenreich ist das in Form mannigfaltiger Kristalle und Kristallaggregate vorkommende *Ca-Oxalat*. Oxalsäure als lösliches K-Salz (Kleesalz) findet sich reichlich im Spinat (*Spinacea oleracea*), im Sauerklee (*Oxalis acetosella*), im Sauerampfer (*Rumex acetosa*, 1,11%) und im Rhabarberstengel (*Rheum rhabarbarum* 0,22%).

In der heimischen Flora kann man geradezu zwischen *Oxalsäure-* und *Äpfelsäurepflanzen* unterscheiden[1], während im Mittelmeergebiet die *Zitronensäurepflanzen* vorherrschen; unreife Zitronen enthalten 6 bis 7% Zitronensäure. In den meisten Obstsäften spielt Äpfel- und Zitronensäure die Hauptrolle.

Weinstein, das schwer lösliche saure K-Tatrat, fällt als Nebenprodukt bei der Weinbereitung an.

Im übrigen werden heute die *Carbonsäuren* auf chemischem Weg, wie z. B. die Oxalsäure durch Schmelzen von Zellulose mit Ätznatron, oder mikrobiell, wie z. B. die Essigsäure durch Vergärung von Alkohol mit *Bacterium aceti*, gewonnen. Überhaupt sind die flüchtigen einbasischen Säuren (Ameisen-, Essig-, Propion- und Buttersäure) ebenso wie die Milchsäure in erster Linie als Stoffwechselprodukte von Bakterien und seltener von Pilzen bekannt; dies findet z. B. in der chemischen Melasseverwertung ausgedehnte Anwendung (vgl. S. 34).

Ergänzend sei bemerkt, daß im Zellsaft immer auch Aminosäuren, insbesondere Glutamin- und Asparaginsäure bzw. ihre Halbamide Glutamin und Asparagin, vorkommen.

---

[1] Nach ILJIN (1941) enthalten die Äpfelsäurepflanzen meist auch Zitronensäure, aber keine Oxalsäure, während die Oxalsäurepflanzen gar keine oder nur in Spuren Äpfel- und Zitronensäure enthalten; die meisten auf Kalkböden lebenden Pflanzen sind Äpfelsäure-, viele kalkmeidende Oxalsäurepflanzen.

2.2. Zucker

Ungleich bedeutender als Rohstoff und hochwertiges Nahrungsmittel sind die im Zellsaft gelösten Kohlenhydrate: die Zucker. Sie gehören zu den *einfachen* Kohlenhydraten, denn an ihre verschieden langen Kohlenstoffskelette sind nur Wasserstoff und Sauerstoff gebunden.

Die Zucker können in *Ketten-* oder in *Ringform* vorkommen. In wässeriger Lösung ist das Gleichgewicht fast völlig in Richtung zur Ringstruktur verschoben, so daß sie im wesentlichen als *furanoider* (1,4)-Zucker oder *pyranoider* (1,5)-Zucker vorliegen

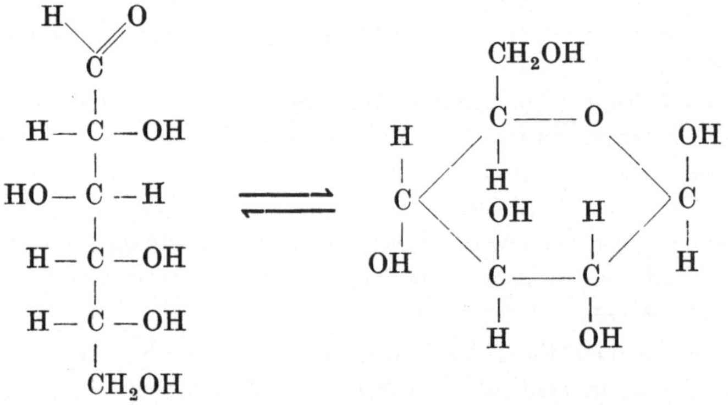

Kettenform   Ringform

D-Glucose

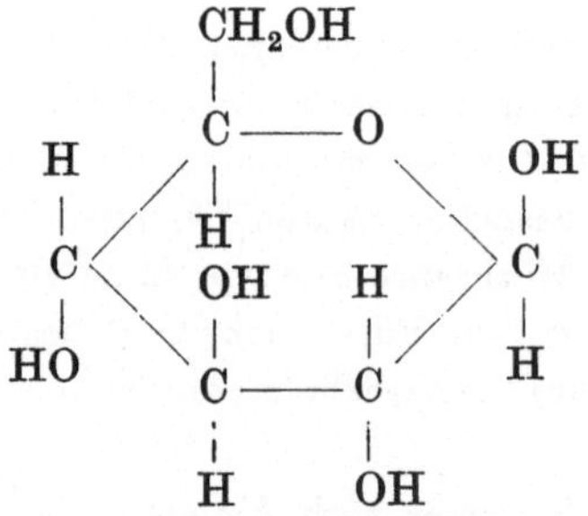

pyranoide Form   furanoide Form
(Glukose)   (Fructose)

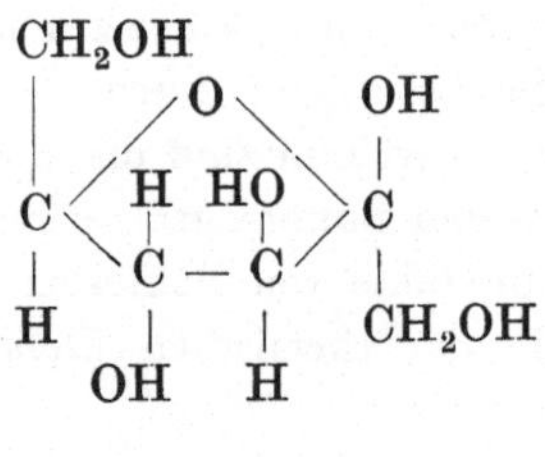

Je nach der Zahl der Kohlenstoffatome im Zucker unterscheiden wir *Triosen* (C_3), *Tetrosen* (C_4), *Pentosen* (C_5), *Hexosen* (C_6) usw.

$$
\begin{array}{llll}
\text{H}-\text{C}=\text{O} & \text{H}-\text{C}=\text{O} & \text{H}-\text{C}=\text{O} & \text{H}-\text{C}=\text{O} \\
\;\;\;\;\mid & \;\;\;\;\mid & \;\;\;\;\mid & \;\;\;\;\mid \\
\text{H}-\text{C}-\text{OH} & \text{H}-\text{C}-\text{OH} & \text{H}-\text{C}-\text{OH} & \text{H}-\text{C}-\text{OH} \\
\;\;\;\;\mid & \;\;\;\;\mid & \;\;\;\;\mid & \;\;\;\;\mid \\
\text{CH}_2\text{OH} & \text{H}-\text{C}-\text{OH} & \text{H}-\text{C}-\text{OH} & \text{HO}-\text{C}-\text{H} \\
 & \;\;\;\;\mid & \;\;\;\;\mid & \;\;\;\;\mid \\
 & \text{CH}_2\text{O} & \text{H}-\text{C}-\text{OH} & \text{H}-\text{C}-\text{OH} \\
 & & \;\;\;\;\mid & \;\;\;\;\mid \\
 & & \text{CH}_2\text{OH} & \text{H}-\text{C}-\text{OH} \\
 & & & \;\;\;\;\mid \\
 & & & \text{CH}_2\text{O}
\end{array}
$$

Triose	Tetrose	Pentose	Hexose
(Glycerinaldehyd)	(Erythrose)	(Ribose)	(Glucose)

Die *funktionelle* Gruppe der Zucker ist die *Carbonylgruppe* ($> \text{C}=\text{O}$), **und** je nach ihrer Stellung im Zuckermolekül unterscheiden wir *Aldosen* (z. B. Glucose) und *Ketosen* (z. B. Fructose); tatsächlich verhalten sich die Zucker in mancher Hinsicht wie Aldehyde bzw. Ketone, doch können mit den Ringformeln manche Reaktionen besser interpretiert werden.

Gerade auch bei den Zuckern kennt man wegen des Vorhandenseins asymmetrischer Kohlenstoffatome eine Reihe von Isomeren; bei den Tetrosen sind es nach der verschiedenen Anordnung der OH-Gruppen nur zwei, nämlich *Threose* und *Erythrose*. Viel mehr gibt es dagegen bei den Hexosen, die alle die gleiche Summenformel $\text{C}_6\text{H}_{12}\text{O}_6$ aufweisen.

$$
\begin{array}{ll}
\;\;\;\;\;\;\text{C}\!\!<^{\textstyle \text{O}}_{\textstyle \text{H}} & \text{H}_2\text{C}-\text{OH} \\
\;\;\;\;\;\;\mid & \;\;\;\;\mid \\
\text{H}-\text{C}-\text{OH} & \;\;\;\;\text{C}=\text{O} \\
\;\;\;\;\;\;\mid & \;\;\;\;\mid \\
\text{HO}-\text{C}-\text{H} & \text{HO}-\text{C}-\text{H} \\
\;\;\;\;\;\;\mid & \;\;\;\;\mid \\
\text{H}-\text{C}-\text{OH} & \text{H}-\text{C}-\text{OH} \\
\;\;\;\;\;\;\mid & \;\;\;\;\mid \\
\text{H}-\text{C}-\text{OH} & \text{H}-\text{C}-\text{OH} \\
\;\;\;\;\;\;\mid & \;\;\;\;\mid \\
\text{H}_2\text{C}-\text{OH} & \text{H}_2\text{C}-\text{OH} \\
\text{D-Glucose} & \text{D-Fructose}
\end{array}
$$

Auch die einfachen Zucker können, wie die Aminosäuren, zu längeren Verbindungen (Makromolekülen) zusammengefügt werden. Einen einfachen Zucker nennt man *Monosaccharid;* bei Verknüpfung von zwei Monosacchariden spricht man von einem *Disaccharid,*

$$
\begin{array}{ll}
\text{H}\;\;\;\;\;\text{O} & \text{H}\;\;\;\;\;\text{O} \\
\;\;\diagdown\;\diagup & \;\;\diagdown\;\diagup \\
\;\;\;\;\text{C} & \;\;\;\;\text{C} \\
\;\;\;\;\mid & \;\;\;\;\mid \\
\text{HO}-\text{C}-\text{H} & \text{H}-\text{C}-\text{OH} \\
\;\;\;\;\mid & \;\;\;\;\mid \\
\text{H}-\text{C}-\text{OH} & \text{H}-\text{C}-\text{OH} \\
\;\;\;\;\mid & \;\;\;\;\mid \\
\text{CH}_2\text{OH} & \text{CH}_2\text{OH} \\
\text{Threose} & \text{Erythrose}
\end{array}
$$

und schließen sich drei Zuckermoleküle zusammen, so entsteht ein *Trisaccharid.* *Polysaccharide* setzen sich aus vielen Zuckermolekülen zusammen und finden sich in der Pflanze hauptsächlich als Zellulose und Stärke, im tierischen Organismus als Glycogen.

Die Zucker sind in den Pflanzen ebenso verbreitet wie die Säuren, treten aber nur vereinzelt in solchen Konzentrationen auf, daß sie als Quelle technischer Gewinnung im Großen dienen können. Praktisch kommen hiefür nur zwei Pflanzen in Betracht, das *Zuckerrohr* und die *Zuckerrübe*. Zum Unterschied von Säuren ist der Mensch beim (Rohr)zucker gänzlich auf diese beiden Pflanzen als Bezugsquelle angewiesen. Als Rohstoffe kommen von den zahlreichen, den Chemikern bekannten Zuckern nur wenige in Frage, und auch unter diesen überwiegt der Rohrzucker bei weitem.

1. *Traubenzucker* = D-Glucose, eine reduzierende Aldohexose, reichlich in süßen Früchten, im Nektar, daher auch im Honig u. v. a.
2. *Fruchtzucker* = D-Fructose, eine Ketohexose, dasselbe Vorkommen.
3. *Rohrzucker* = Saccharose, ein Disaccharid aus 1. und 2. besonders im Zuckerrohr und in der Zuckerrübe.

$$CH_2OH \qquad\qquad OH \quad H$$
$$H_2OHC$$
$$H \qquad O \quad H \qquad\qquad\qquad CH_2OH$$
$$H \qquad\qquad H \quad OH$$
$$OH \quad H \qquad\qquad\qquad H$$
$$HO \qquad\qquad O \qquad\qquad\qquad O$$
$$H \quad OH$$

4. *Invertzucker*, ein äquimolares hydrolytisch aus Rohrzucker entstandenes Gemisch von 1. und 2., besonders im Honig.
5. *Malzzucker* = Maltose, ein Disaccharid aus zwei Molekülen Glucose, entsteht bei der enzymatischen Hydrolyse der Stärke in keimenden Samen.

Zucker ist das Produkt der *Kohlensäureassimilation*. Die Summenformel dieses Vorganges, $6\ CO_2 + 6\ H_2O + 675\ Cal \longrightarrow C_6H_{12}O_6 + 6\ O_2$, zeigt uns, daß die Zuckersynthese aus Kohlensäure und Wasser ein stark *endogener*, d. h. energieverbrauchender Vorgang ist. Die hiezu nötige Energie liefert bekanntlich die Sonne, wobei unter Mitwirkung des Chlorophylls in den lamellären Grana der Chloroplasten (vgl. Abb. 4) zunächst die sogenannte *Lichtreaktion* abläuft. Diese führt noch nicht zur Bildung von Kohlenhydrat, sondern besteht einzig und allein in der Bindung der Sonnenenergie 1. durch Bildung von ATP aus ADP (*photosynthetische Phosphorylierung*) und 2. durch photochemische Wasserspaltung. Die beiden Reaktionen oder Reaktionsmöglichkeiten, die mit dem unglaublich hohen Wirkungskoeffizienten von ca. 75% arbeiten, in eine Gleichung zusammengefaßt:

$$4\ H_2O + 2\ X + 2\ H_3PO_4 + 2\ ADP \xrightarrow{\text{Licht}} 2\ XH + 2\ ATP + O_2 + 2\ H_2O.$$

Der bei der *photochemischen Wasserabspaltung* freiwerdende Wasserstoff wird von einem noch nicht genau bekannten Diphosphorpyridiumnukleotid (X) als *Akzeptor* aufgenommen. *Nukleotide*, so bezeichnet, weil sie als Bausteine der Nukleinsäuren zu gelten haben, sind Verbindungen einer Purin- oder Pyrimidinbase mit dem C_5-Zucker Ribose und Phosphat. Der am Akzeptor sitzende Wasserstoff wird nun in der *Dunkelreaktion*, die in der extramembranösen Phase, dem Chloroplastenstroma, abläuft, dazu benützt, um unter Mithilfe des gebildeten ATP das CO_2 auf das Kohlenhydratniveau zu *reduzieren*. Vereinfacht angeschrieben:

$$CO_2 + 2\,XH \longrightarrow (CH_2O) + H_2O + 2\,X.$$

Die Reduktion von CO_2 erfolgt aber nicht auf einmal, sondern stufenweise enzymatisch gesteuert, indem es zunächst wahrscheinlich in den phosphorylierten C_5-Zucker Ribulose-1,5-Diphosphat eingebaut wird, das sogleich in 2 Moleküle *3-Phosphoglycerinsäure* (PGS) aufspaltet. Diese C_3-Körper sind die *ersten*

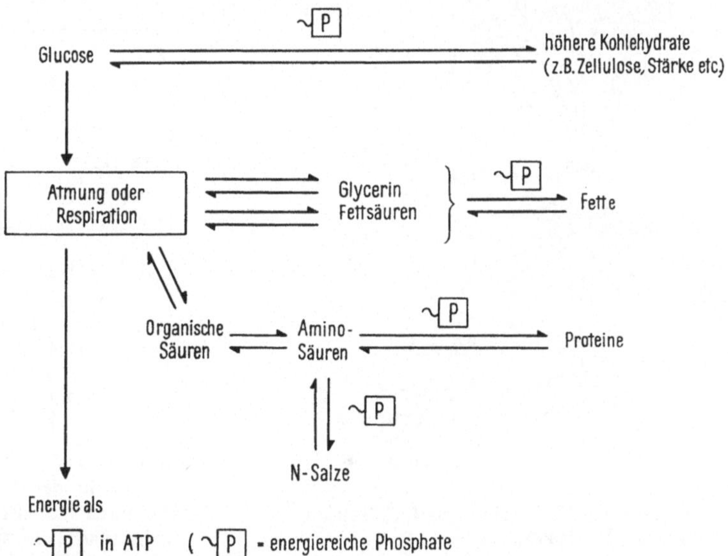

Abb. 16. Schema der pflanzlichen Glucoseverwertung (nach W. H. MÜLLER).

stationären Photosyntheseprodukte, die bisher nachgewiesen werden konnten. Über Glycerinaldehyd-3-phosphat (3-Phosphoglycerinsäure) werden nun die C_3-Körper zu C_6-Körpern, insbesondere Glucose-1,6-Diphosphat, vereinigt, womit die Bildung von *Monosacchariden* eingeleitet wird. Von hier führt der Weg über aktivierte bzw. phosphorylierte Formen zu *Di-* und *Polysacchariden* (Rohrzucker, Stärke, Zellulose).

Glucose ist aber nicht nur die *Ausgangssubstanz* für die höheren Kohlenhydrate, sondern auch für die beiden anderen Produkte des Grundstoffwechsels: die Fette und Proteine (Abb. 16), welche ganz oder zum Teil aus Zwischenprodukten des oxydativen Zuckerabbaues (Zuckerveratmung, vgl. S. 60) aufgebaut werden. Glucose ist darüber hinaus auch noch der wichtigste Energielieferant für die Lebensvorgänge der Zelle, denn bei der Zuckerveratmung wird die in der CO_2-Assimilation festgelegte Sonnenenergie zu einem großen Teil in chemische Energie umgewandelt, als deren Träger hauptsächlich die energiereichen Phosphate — gewissermaßen der Treibstoff der Zelle — fungieren (vgl. S. 12).

2.2.1. Zuckerrübe

Die Zuckerrübe ist ein Abkömmling der altbekannten Runkelrübe *Beta vulgaris*, die beide auf die Meerstrandrübe *Beta maritima* als Stammpflanze zurückgehen. Entdeckt wurde der Rohrzucker in der Runkelrübe von dem Berliner Apotheker MARKGRAF (1747), aber erst seinem Schüler ACHARD gelang

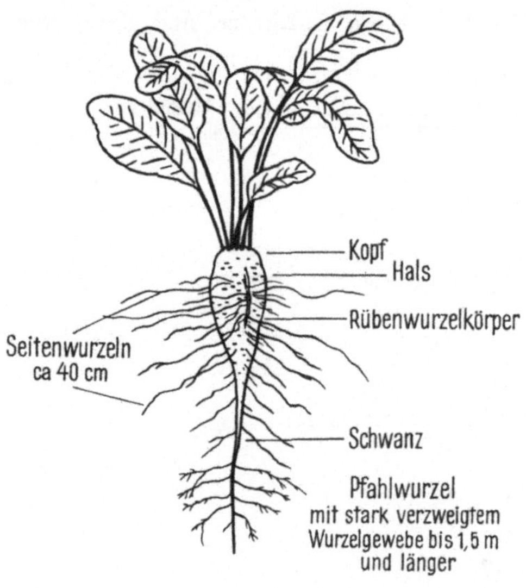

Abb. 17. Skizze einer Zuckerrübe (nach F. SCHNEIDER u. H. P. HOFFMANN-WALBECK).

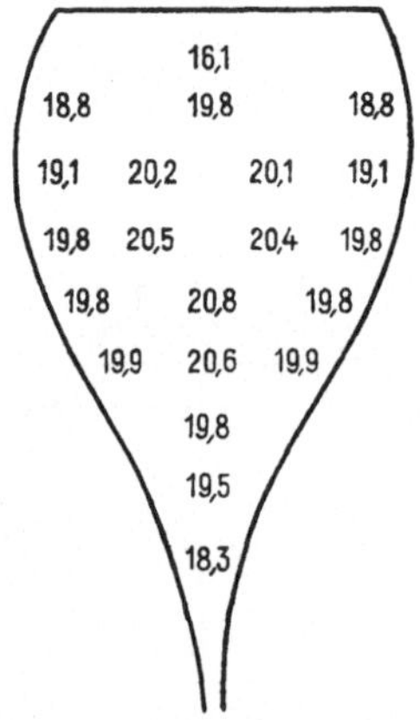

Abb. 18. Verteilung des Zuckers in der Rübe in Prozenten des Frischgewichts (nach H. LÜDECKE).

es 1802, aus einer schon zuckerreicheren Kulturform zum erstenmal fabriksmäßig Zucker zu gewinnen. Seine Zuckerausbeute betrug ca. 5%, während sie heute dank einer mehr als hundertjährigen züchterischen Arbeit bei 18 bis 25% liegt. Im Rübenkörper, einem verdickten der Aufnahme von Reservestoffen dienenden Teil der Wurzel (Abb. 17), findet sich das zuckerhältige Parenchymgewebe, in das mehrere Gefäßbündelringe eingebettet sind; die ausgewachsene Rübe wiegt 0,7 bis 1 kg.

Im Blattparenchym überwiegen noch die Monosaccharide, welche gegen das Konzentrationsgefälle zu den Blattnerven bewegt werden. Aus den Nerven und Blattstengeln, wo schon die Saccharose vorherrscht, gelangt der Zucker in die Rübe, in der er gespeichert wird und bis zur Ernte in den Zellsäften des Parenchyms und Phloems bis zu 20% des Frischgewichts erreichen kann (Abb. 18).

Der Übergang von Glucose zu Saccharose ist nicht so einfach, da die Verkettung von Glucose mit Fructose zu Saccharose ein stark endergoner, also energieverbrauchender Vorgang ist. In mehreren Phosphorylierungsschritten muß die Glucose auf ein so hohes Energieniveau gehoben werden, daß die *Saccharosebildung* energetisch möglich wird, gewissermaßen „bergab" (vgl. S. 14) verläuft; pro Mol Glucose sind 2 Mol *Uridintriphosphat* (UTP) nötig, um den erforderlichen Baustein für die Saccharose-Synthese, das sehr energiereiche *Glucose-Uridindiphosphat,* zu bekommen.

Dieser Vorgang findet im Phloem, und zwar in den sehr chondriosomenreichen Geleitzellen statt, während der Transport der Saccharose in den Siebröhren in Form einer langsamen Massenströmung vonstatten geht.

In nachstehender Tabelle eine summarische Übersicht der Inhaltsstoffe von Rübe und Blatt, bezogen auf Frischgewicht.

	Rübe (in %)	Blatt (in %)
Trockensubstanz	23,6	13,85
Saccharose	16,5	—
Rohprotein	1,05	2,41
Rohfett	0,12	0,19
Rohfaser	1,16	0,78
N-freie Extraktstoffe (außer Saccharose)	2,92	6,88
Asche	0,75	2,75

Der Zucker liegt im Zellsaft der Rübe zu 99% als Saccharose und nur zu 1% als reduzierender Zucker vor. Die süßende Kraft des Rohrzuckers ist höher als die aller übrigen Zucker.

Die *Technologie* der *Zuckergewinnung* ist heute unter ständiger Wechselwirkung mit biologischen und chemischen Forschungen hochentwickelt. Allgemein wird das sogenannte (warme) *Diffusionsverfahren* angewendet, bei dem die geschnitzelten Rüben mit Wasser von 70 bis 80° C weitgehend im Gegenstromprinzip ausgelaugt werden. Durch die Wärme werden die Zellen abgetötet, so daß der Zellsaft auch aus den beim Schnitzeln unverletzt gebliebenen Zellen ausdiffundieren kann, wobei allerdings auch unerwünschte Zellwand- und Protoplasmabestandteile in Lösung gehen. Dasselbe Quantum Warmwasser wird zum Auslaugen von getrennten Portionen Rübenschnitzeln verwendet, bis die Konzentration des Zellsaftes nahezu erreicht ist. Das Frischwasser wird also den ausgelaugten Rübenschnitzeln zugeleitet (Wasserseite der Batterie), während der Rohsaft das frischgefüllte Gefäß verläßt (Rohsaft oder Frischschnitzelseite der Batterie). Es werden nämlich ganze Reihen von Auslauggefäßen, sogenannte Diffusionsbatterien, verwendet, aus denen einerseits die ausgelaugten Schnitzeln, ein wertvolles Viehfutter, und andererseits der an der Luft rasch nachdunkelnde *Rohsaft* gewonnen wird.

Der anschließend durch Behandlung mit Kalk und Aktivkohle von Eiweiß, Pektinen und anderen Begleitstoffen gereinigte Saft wird der Verdampfungsstation zugeleitet. Durch Eindampfen im Vakuum scheidet sich der *Rohzucker* in (monoklinen) Kristallen aus, der von der dunkelgefärbten Mutterlauge, der *Melasse*, abzentrifugiert wird. Der gelbliche Rohzucker wird dann noch durch Raffination zu *Weißzucker* gereinigt.

Nur etwa 87 bis 89% des Rohsaftzuckers können kristallin gewonnen werden, der Rest verbleibt in der Melasse. Er kann auf mikrobiellem oder rein chemischem Weg zur Bereitung einer ganzen Reihe von Alkoholen und niederen Carbonsäuren Verwendung finden. Überhaupt findet von der Zuckerrübe nachgerade alles (Blätter ——> Grünfutter und Silage; Rübenschnitzel ——> Trockenfutter oder Silage; Scheideschlamm ——> Dünger) eine nützliche Verwendung, so daß sie zu den wertvollsten Feldfrüchten der gemäßigten Zone gehört.

Mit einem Hektarertrag von 31 t übertrifft sie alle anderen heimischen Nutzpflanzen und wird ihrerseits nur mehr von dem Zuckerrohr mit 30 bis 90 t/ha übertroffen. Die Rübenzuckerproduktion hat in den letzten Jahren stark zugenommen:

Zuckerproduktion aus Zuckerrüben in 1000 t

	1948—52	1957	1960
Österreich	716	1 655	1 906
West-Deutschland	5 812	10 042	12 860
Ost-Deutschland	5 309	6 190	6 837
UdSSR	17 500	39 700	57 728
USA	9 762	13 744	14 897
Welt	85 340	135 650	185 140

Gegen die mächtige Konkurrenz des Zuckerrohres konnte sich die Rübenzuckerindustrie freilich oft nur durch Zollschutz halten. Derzeit stellt sie immerhin rund ⅓ der Weltproduktion an Zucker.[1] Noch vor hundert Jahren war Zucker ein Luxus, den sich nur wenige leisten konnten, und eigentlich nur in Form des Bienenhonigs (Lebzelten, Nürnberger Lebkuchen) weiter verbreitet. 1835 betrug in Deutschland der Zuckerverbrauch 2 kg/Kopf der Bevölkerung, während er 1951 32,4 und in den USA sogar 47,0 kg/Kopf der Bevölkerung erreichte.

2.2.2. Zuckerrohr

Das Zuckerrohr (*Saccharum officinarum*), als Kulturpflanze wesentlich älter als die Zuckerrübe, ist eine Grasart, deren Wildform gar nicht mehr bekannt ist. Das Zuckerrohr ist eine Tropenpflanze mit hohem Bedarf an Wärme und

---

[1] Interessant ist ein Vergleich zwischen der Erzeugung von Rohrzucker (aus Zuckerrohr) und Rübenzucker (aus Zuckerrübe). 1840 betrug der Anteil an Rohrzucker 95,65% und der von Rübenzucker 4,35%. Verbesserungen hinsichtlich Ausbeute und Herstellung brachten dem Rübenzucker ein Übergewicht, so daß 1901 die entsprechenden Anteile für Rohrzucker 32,4% und für Rübenzucker 67,6% betrugen. Durch Fortschritt in der Züchtung und dem Anbau des Zuckerrohres hat sich das Verhältnis ab 1914 langsam wieder zugunsten des Rohrzuckers verschoben.

Feuchtigkeit. Geerntet werden die bis 3 (5)m hohen und 2 bis 5 cm dicken Stengeln. Die Ernte erfolgt unmittelbar vor dem Blühen, wo das Stengelmark besonders im bodennahen Bereich einen maximalen Zuckergehalt aufweist. In das parenchymatische Stengelmark sind zahlreiche Gefäßbündel eingebettet. Der Zuckergehalt erreicht etwa 12 bis 17% des Stengelgewichtes.

Geerntet wird auch heute meist noch von Hand, indem die Rohrstengel knapp über dem Boden abgehauen werden. Dabei ist es wichtig, daß jede Pflanze auch dekapitiert, d. h. der Wipfel über der Ansatzstelle des obersten Blattes abgeschnitten wird. Hier im Vegetationskegel bildet sich nämlich das Enzym *Invertase*, welches sich sonst rasch über den ganzen Stengel ausbreiten und den Rohrzucker in Glucose und Fructose (Invertzucker) spalten würde. Auch muß der Abtransport und die Verarbeitung raschest vor sich gehen, da sonst Zuckerverluste auftreten, wie z. B. nach viertägiger Lagerung der Saccharosegehalt um 30% abgenommen hat.

Die Gewinnung des Zellsaftes bzw. *Rohsaftes* erfolgt nicht durch Auslaugen (Diffusion), sondern allgemein durch *mechanisches Abpressen*. Die vorgebrochenen Stengel werden durch mehrere Walzenpressen unter Wasserzugabe geführt, wobei bis zu 97,5% der Saccharose aus dem Rohr gewonnen werden können. Die anschließende Saftreinigung, Verdampfung und Raffination geht ähnlich vor sich wie bei der Zuckerrübe, von wo die technologischen Fortschritte übernommen wurden. Die Ausbeute an kristallinem Rohrzucker schwankt je nach Ländern zwischen 6 und 11% des Rohrgewichtes.

Die *Melasse* wird meist über dem ausgepreßten Rohr, an dem die Hefezellen haften, zu Rum (Jamaikarum) vergoren. Das nach dem Pressen zurückgebliebene Zuckerrohr, die sogenannte *Bagasse*, dient den Fabriken meist als Heizmaterial, jedoch neuerdings in zunehmendem Maße auch zur Herstellung von Hartfaserplatten, Pappe und Papier.

Die Haupterzeugungsländer an Zuckerrohr waren (in 1000 t)

	1948/52	1960/61
Indien	53 865	86 410
Kuba	45 920	47 500
Brasilien	32 837	57 187
Mexiko	10 418	17 863
Pakistan	10 119	15 659
Porto Rico	9 947	9 798
Philippinen	7 700	9 560

2.2.3. Andere Zuckerpflanzen

Von viel geringerer und nur lokaler Bedeutung ist die Zuckergewinnung aus einigen anderen Pflanzen.

In USA und Canada wird aus dem Blutungssaft des *Zuckerahorns (Acer sacchariferum)*, der 6 bis 7% Zucker enthält, der sogenannte *Ahornzucker* oder Maple Sugar gewonnen. Hiezu werden im Vorfrühling die Stämme ange-bohrt und der durch ein Abflußrohr abtropfende Saft aufgefangen. Zu dieser Jahreszeit wird der zuckerhältige Saft durch den *Wurzeldruck* nach oben zu den Knospen gepreßt. Der Saftfluß hört mit der Entfaltung der Knospen auf. Ältere Bäume werden durch jährlich wiederholtes Anzapfen nicht geschädigt. Der Ahornsirup und der braune Rohzucker haben einen äußerst angenehmen Geschmack nach Cumarin.

Erzeugung von Maple Sirup und Maple Sugar in den USA

	angezapfte Bäume in 1000	Zucker in t	Sirup in 1000 hl
1950	8090	110	615
1959	5075	46	360

Auch aus dem Stamm oder Blütenkolben verschiedener *Palmen* (*Arenga saccharifera* = Zuckerpalme, *Phoenix silvestris* = Walddattelpalme, *Cocos nucifera* = Kokospalme) kann auf ähnliche Weise zuckerhältiger Saft und durch Eindicken *Palmhonig* und *Palmzucker* gewonnen werden. Der Saftfluß beruht hier nicht auf dem Wurzeldruck, sondern auf lokalem, durch *Wundreiz* hervorgerufenen *Blutungsdruck* im lebenden Parenchym. Meist wird aber der Saft von den Eingeborenen zu alkoholischen Getränken vergoren; so ist z. B. Pulque, das Nationalgetränk der Mexikaner, vergorener Saft von *Agave mexicana* und *Agave atrovirens*.

Nur noch zur Siruperzeugung wird die *Zuckerhirse* oder *Durrha*, eine zucker-reiche Varietät der Mohrenhirse (*Sorghum vulgare*), herangezogen. Das unter Umständen bis 8 m hohe Gras enthält wie das Zuckerrohr im Mark der Sten-gel 5 bis 18 % Rohzucker. Die Gewinnung von kristallisiertem Zucker ist aber wegen reichlich vorhandener hemmender „Nichtzuckerstoffe" (Säuren, Glucose, Eiweißstoffe) schwierig und erreicht nur wenige Prozente.

Sirupgewinnung aus Zuckerrohr und Sorghum in USA in 1000 hl

1949	294
1954	144

Süßholz, das von einer strauchförmigen südeuropäischen Papilionacee (*Glycyrrhiza glabra*) stammt, verdankt seinen stark süßlichen Geschmack neben Zuckern (Saccharose, Glucose, Mannit) vor allem dem *Glycyrrhizin*, $C_{44}H_{64}O_{19}$; es handelt sich wahrscheinlich um ein Glycosid von saponinartigem Charakter mit einer 3-basischen Triterpensäure als Genin[1], die genauere Konstitution ist aber noch unbekannt. Der *Lakritzensaft* ist ein Süßholzextrakt.

2.3. Polyosen

Nicht nur Disaccharide, sondern auch gewisse Oligo- und lösliche Poly-saccharide werden in den Zellsäften angetroffen. Sie befinden sich meist in

---

[1] Bei den Saponinen bezeichnet man die Aglykone als Genine.

kolloidaler Lösung, doch kommen z. B. in den Schleimvakuolen Übergänge zu Gelzuständen und in den sich verfestigenden Vakuolen gewisser *Borraginoideen* sogar feste Gele vor.

2.3.1. Inulin

Tritt im Zellsaft gewisser *Compositen* und auch in anderen Pflanzenfamilien in leicht abgeänderter Form auf. Es handelt sich um ein kettenförmiges *Fructosan* (ein Polysaccharid aus Fructose) mit einem durchschnittlichen Polymerisationsgrad (DP) bis ca. 20. Mit Alkohol fällt es in Sphärokristallen aus (Wasserentzug).

Inulin findet sich in verschiedenen einheimischen Kulturpflanzen, wie etwa in dem knollig verdickten Wurzelstock des echten *Alant* (*Inula Helenium*) oder den *Dahlien*-Knollen, die bis zu 44% Inulin enthalten. Die verbreitetste einheimische Inulindroge ist aber die *Cichorie* bzw. die Wurzel der *Wegwarte* (*Cichorium intybus*), die mit einem Inulingehalt von 6 bis 7% bekanntlich auch als Kaffee-Ersatz dient.

Die wichtigste inulinhältige Pflanze ist der aus Nordamerika stammende *Topinambur* (*Helianthus tuberosus*) oder Erdbirne, eine Verwandte der Sonnenblume, deren unterirdische Ausläufer sich an den Enden zu kartoffelähnlichen Sproßknollen verdicken. Sie enthalten 10 bis 15% Inulin, besitzen einen süßlichen Geschmack und werden meist als Viehfutter verwendet; sehr wichtig sind sie zur Bereitung von Diabetikerbrot und -gemüse.

2.3.2. Schleime und Polysäuren

Schleime von noch recht problematischer Chemie sind häufig in Vakuolen, z. B. in Orchideenknollen (Salep), in Kakteen und anderen Sukkulenten, enthalten. Manche schleimhältige Pflanzen, wie bestimmte Malven (Eibisch, Käsepappel), sind officinell, d. h. werden in Apotheken vorrätig gehalten. Bei den Pflanzenschleimen handelt es sich um stark verzweigte, ziemlich hochpolymere (DP bis 1000) Polysaccharide aus verschiedenen Hexosen und Pentosen.

Merkwürdige Erscheinungen sind an den Zellsäften gewisser Borraginoiden z. B. an den Blättern vom Bienensaug (*Symphytum officinale*), beobachtet worden, wo schon Vitalfärbung (Änderung der elektrischen Ladungsverhältnisse) oder bloße mechanische Einwirkung eine fast augenblickliche gallertige Verfestigung des Zellsaftes unter Entmischung einer flüssigen Restphase bewirkt. Man vermutet pektinähnliche Polysäuren, welche unter gewissen Bedingungen zur Vernetzung und damit Verfestigung und auch zu Änderungen der Molekülgestalt (reversible Verknäuelung) neigen.

Da aber die Schleime auch als Zellwandbestandteile auftreten, sollen sie zusammen mit den pathogenen Gummiflüssen später noch ausführlicher behandelt werden.

Zusammenfassende Literatur zu 2.

ILJIN, W. S., Über den Anteil der organischen Säuren am Stoffwechsel der Pflanzen. Abhandl. russ. Forschungsges. in Prag *11* (1941), 39—69.

KINZEL, H., Zellsaft-Analysen zum pflanzlichen Calcium- und Säurestoffwechsel und zum Problem der Kalk- und Silikatpflanzen. Protoplasma *57* (1963), 522—555.

MÜLLER, G., Zuckerrohr — Anbau und Düngung, Bochum: Ruhr-Stickstoff AG, 1953.

Technologie des Zuckers, Hrg. v. Verein der Zuckerindustrie, Hannover: Schaper 1955.

3. Plastidische Kohlenhydrate

Die CO_2-Assimilation findet in den grünen Plastiden, den Chloroplasten statt, wobei die Bildung der Kohlenhydrate im Chloroplastenstroma vor sich geht (vgl. S. 12). Die Kohlenhydratsynthese bleibt meist nicht bei den Hexosephosphaten stehen, sondern führt gleich weiter zur Bildung kettenförmiger Makromoleküle von Stärke oder stärkeähnlichen Produkten. Die Stärke tritt in den Pflanzen immer in Form charakteristischer Stärkekörner auf.

3.1. Stärke

Kleine Stärkekörner sind demnach auch das erste im Mikroskop sichtbare Assimilationsprodukt der meisten höheren Pflanzen. Diese sogenannte *Assimilationsstärke*, welche tagsüber in den Chloroplasten entsteht, wird des Nachts wieder zu Zucker abgebaut und in gelöster Form zu den Speicherorten abtransportiert, um dort meist neuerdings in osmotisch inaktiver Form als Stärkekörner deponiert zu werden. Diese *Reservestärke* wird ausschließlich in farblosen Plastiden (Leukoplasten) erzeugt, die auf die Bildung von Stärkekörnern spezialisiert sind und *Amyloplasten* heißen. Ihr submikroskopischer Aufbau ist gegenüber den Chloroplasten (vgl. S. 12) wesentlich vereinfacht. Es finden sich

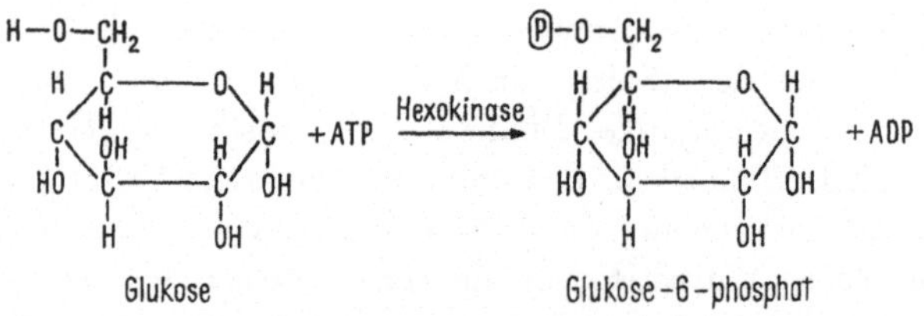

H—O—CH₂   Hexokinase   Ⓟ—O—CH₂

H C——O H   H C——O H

C OH H C +ATP ——→ C OH H C +ADP

HO C——C OH   HO C——C OH

H OH   H OH

Glukose   Glukose-6-phosphat

Abb. 19. Zuckerphosphorylierung.

Tröpfchen oder Bläschen (Globuli) und schlauch- oder taschenartige Einstülpungen der inneren Plastidenmembran (Tubuli, Zisternen), die sich nicht selten an die in Bildung begriffenen Stärkekörner anschmiegen und wahrscheinlich zur Stärkesynthese in Beziehung stehen.

Der erste Schritt zur *Synthese* ist, wenigstens formal, der Zusammentritt von zwei Molekülen Glucose zu einem Molekül Maltose. Dieser Vorgang ist aber stark endergon (energieverbrauchend) und kann von der lebenden Zelle nur nach einer „Beladungsreaktion" mit energiereichem Phosphat durchgeführt werden: Glucose + ATP → Glucose-6-Phosphat + ADP (Abb. 19). Die Stärkesynthese erfolgt aber vom *Glucose-1-Phosphat* aus, welches durch enzymatische Umlagerung entsteht: Gl-6-Ph ——→ Gl-1-Ph. Die Verbindung von Gl-1-Ph zu Maltose und Stärke ist jetzt ein exergoner, allerdings nur schwach „bergab" verlaufender Prozeß, der durch Enzyme vom Typ der Phosphorylasen (P-Enzym) gesteuert wird. Die Synthese von Stärke aus Gl-1-Ph ist auch schon in vitro in Gegenwart von P- und Q-Enzym gelungen. Wie Abb. 20 zeigt, ist das sogenannte P-Enzym vor allem für den Aufbau unverzweigter Ketten (Amylose) aus 20 und mehr Glucosebausteinen verantwortlich. Das Q-Enzym vermag davon Stücke von ca. 20 Glucoseeinheiten abzuspalten und besonders aber verzweigte Ketten (Amylopektin) zu erzeugen. Da diese Vorgänge nur schwach exergon sind, kann schon eine geringe pH-Änderung die Wirksamkeit der Enzyme umkehren. Es kann daher der *Stärkeabbau* auch durch *Phosphorolyse*, d. h. durch Aufnahme von Phosphat und Abspaltung von Glucose-1-Phosphat, erfolgen.

Neuerdings wird auch das besonders energiereiche *Glucose-Uridindiphosphat* (vgl. S. 33, 88) als möglicher Baustein für die Stärkesynthese angesehen, wobei der Zusammenschluß zur Amylosekette durch die „Amylose-Synthetase" katalysiert wird. Daraus erklärt sich auch die nicht selten beobachtete Verwandlung von Saccharose in Stärke und umgekehrt.

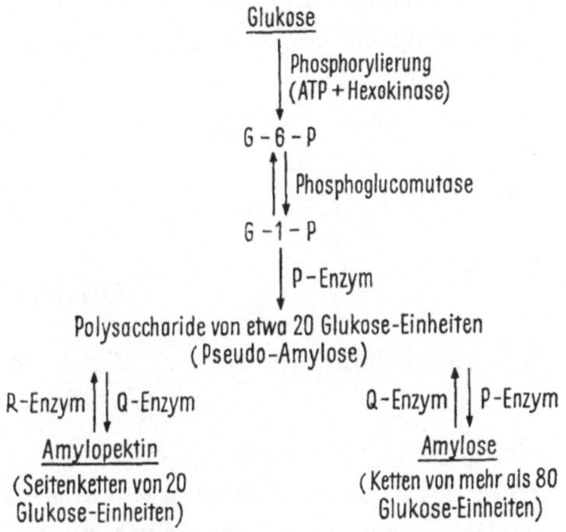

Abb. 20. Der enzymatische Auf- und Abbau von Stärke bzw. Amylose und Amylopektin (nach SCHWÄR).

Die Glucosebausteine werden zu Stärke durch α-*glucosidische* Sauerstoffbrücken zusammengefügt. Von der ebenfalls aus Glucose aufgebauten Zellulose unterscheidet sie sich auf den ersten Blick nur geringfügig dadurch, daß bei der Stärke die Glucosebausteine gleichgerichtet, bei der Zellulose dagegen abwechselnd um 180° gedreht sind. Daraus erklärt sich aber u. a.,

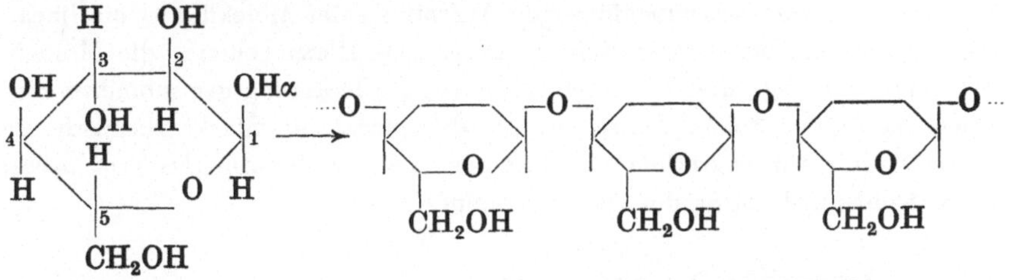

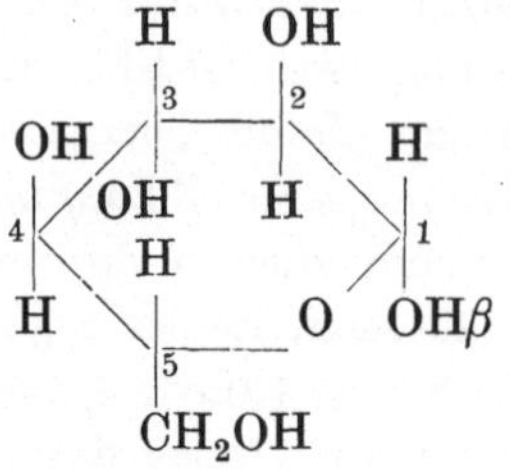

β-D-Glucose 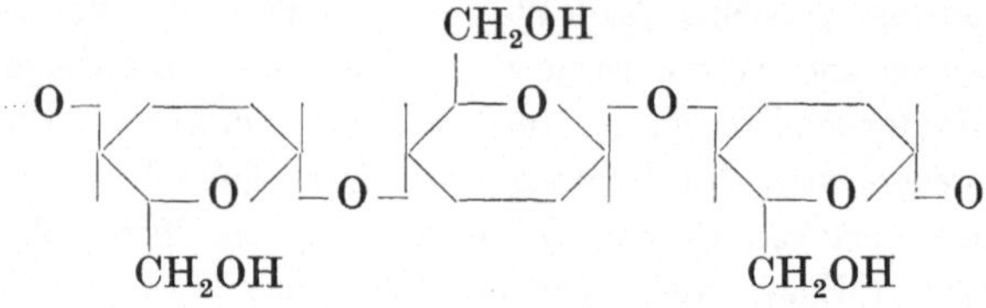   Zellulose (β-glucosidisch)

daß die stärkeabbauenden α-glucosidischen *Amylasen* die Zellulose nicht angreifen. Berücksichtigt man ferner die Valenzwinkel, so erhält der Glucose-Pyranosering die bekannte „Sesselform",

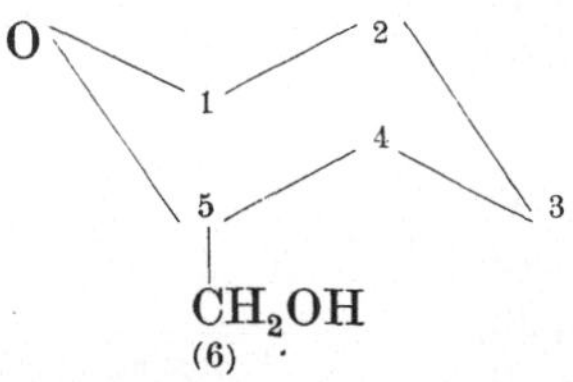

Die wahrscheinliche Sesselform (Chair form C 1)[1] der nativen Amylose und Cellulose

welche sich *β-glucosidisch* zu *gestreckten* Ketten der Zellulose mit einer Periode von 10,3 Å zusammenfügt, während die *α-glucosidische* Bindung *schraubenförmige* Ketten mit anderer Periode ergibt. Tatsächlich hat dies zur Folge, daß die gestreckten Zelluloseketten durch H-Bindungen längsseitig verbunden zu langen monoklinen Kristalliten zusammentreten, die ihrerseits wieder lange Mikrofibrillen, die eigentlichen submikroskopischen Bausteine der Zellwände (vgl. S. 137), aufbauen. So erweist sich die Zellulose als das *Gerüstmaterial* der Pflanze.

Ganz anders verhält es sich mit der Stärke; α-Glucosidbindungen sind ganz allgemein leichter *enzymatisch spaltbar* als β-Glucosidbindungen. Infolge der Verknäuelung oder schraubenförmigen Aufrollung der Moleküle ist die lineare Aggregationstendenz bei der Stärke nur gering. Hiezu kommen die Molekülverzweigungen (vgl. unten), die ebenfalls zur Auflockerung des submikroskopischen Baues der Stärke beitragen. All das macht die Stärke chemisch und enzymatisch leicht angreifbar, wodurch sie eben zu der *Speicherform* pflanzlicher Kohlenhydrate prädestiniert erscheint.

---

[1] Vgl. Literaturverz. HOLLO et al. (1961).

3.1.1. Schraubengitter und Jodfärbung

An *nativen*, feuchten Stärkekörnern der Orchidee *Phajus grandifolius* konnten mit einer Mikroapparatur, wenn auch nur schwach, Röntgenfaserdiagramme erhalten werden. Bei einer Faserperiode von 10,6 Å läßt sich das Diagramm am besten durch eine *hexagonale Zelle* deuten (Abb. 21), die von 18 schraubenförmigen Stärkeketten erfüllt ist. Auf eine Längsperiode von 10,6 Å, d. i. eine Schraubenwindung, kommen drei Glucosemoleküle, so daß die Schraube von oben gesehen △-förmig ist. Die Stärkekristallite sind mehr oder weniger radial ausgerichtet (vgl. unten). Die Stärke ist nur im feuchten Zustand kristallin, da Kristallwasser, und zwar eine $H_2O/1$-Glucose, benötigt wird. Überhaupt ist die Stärke ausgesprochen hydrophil; lipophile Flüssigkeiten vermögen nicht in das Stärkekorn einzudringen.

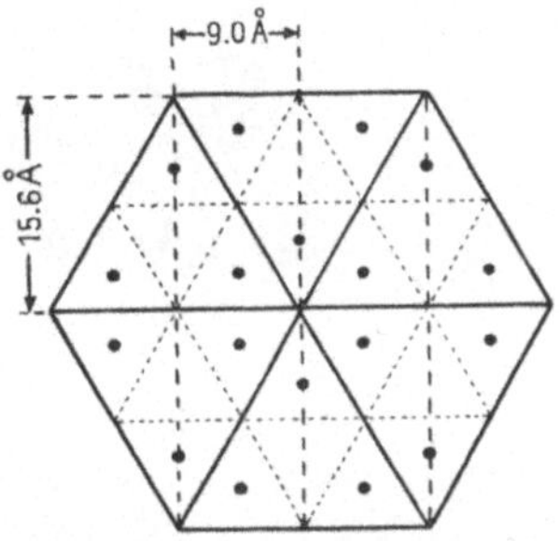

Abb. 21. Wahrscheinliches hexagonales Kristallgitter der nativen Stärke (nach D. R. KREGER). Die schwarzen Punkte bezeichnen die Lage der Schraubenachsen.

Bei der Auflösung in Wasser bildet die *Amylose*, d. i. der unverzweigte Anteil der Stärke, knäuelartige Gebilde, d. h. deformierte Schrauben. Amylose kann aus wäßriger Lösung mit Butanol kristallin ausgefällt werden. Die röntgenographische Untersuchung ergab wieder eine hexagonale bzw. *orthorhombische* Elementarzelle aus Schrauben mit sechs Glucosemolekülen/Umgang mit einem äußeren Durchmesser von ca. 13 Å, einem lichten Durchmesser von 7,5 bis 8 Å und einer Ganghöhe von 7,8 Å (Abb. 22).

Es scheint aber auch noch eine dritte Spiralform mit einer größeren Gliederzahl/Umgang zu geben, die durch Fällung mit verzweigten Alkoholen erhalten wird.

Es muß betont werden, daß die beiden letztgenannten *Spiralformen* sich an der Amylosekette nicht ohne Fremdstoffe einstellen (wie etwa bei den Proteinschrauben allein durch Energiezufuhr), sondern nur durch *Einwirkung* von *Komplexbildnern*, wobei diese als stabartige Füllung fungieren, um die herum die Amylosekette sich schraubenförmig windet. Dabei findet weitgehend eine innere Sättigung der H-Bindungen zwischen den Kettengliedern statt.

Der bekannteste und wichtigste Komplexbildner ist das *Jod*, welches bekanntlich eine intensive Blau- bis Violettfärbung der Stärkekörner und besonders auch gelöster Stärke ergibt. Die Jodfärbung der Stärke ist so lange bekannt wie das Jod selbst. Der *Farbumschlag* des in Wasser bzw. Jodjodkali gelösten Jods nach Blau kommt, wie wir heute wissen, durch „Abstreifen" der Hydratationshüllen der J_2-Moleküle und Reaktion des Jods mit Sauerstoff- bzw. OH-Gruppen unter Bildung von *Linearkomplexen* aus *Jodmolekülen* zustande. Je stärker dabei die äußeren Elektronenhüllen des Jods verändert und die Linearkomplexe verlängert werden, um so deutlicher wird die sich auf einem braunen „Adsorptionshintergrund" über Rotbraun, Rot, Violett nach Blau verändernde Farbe. Am besten sind die Bedingungen für eine intensive *Blaufärbung* im Inneren einer längeren *Amylose*schraube mit DP 60 bis 70 erfüllt. Dabei kommt ein Molekül Jod mit Durchmesser 6,3 Å auf eine Schraubenwindung. An kürzeren Amyloseketten verändert sich die Farbe allmählich nach Violett, und bei den verzweigten *Amylopektin*molekülen (vgl. unten), deren

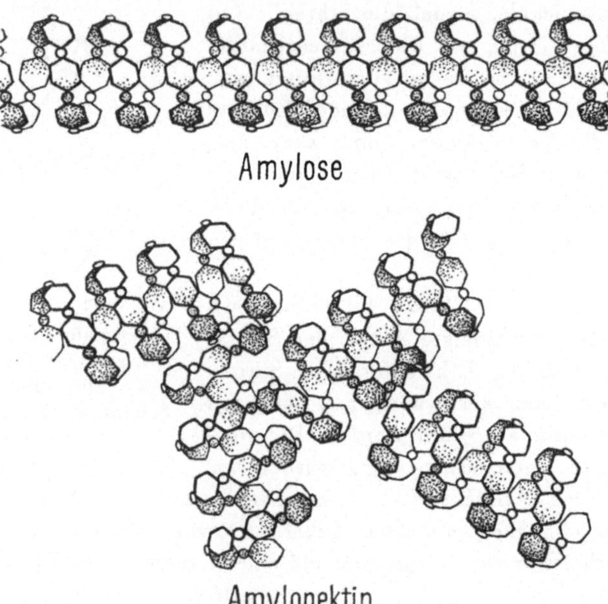

Abb. 22. Schraubenmodell von Amylose und Amylopektin (nach J. BONNER und A. W. GALSTON).

Verzweigungsenden mit ca. 20 Glucosebausteinen wahrscheinlich keine 6er-Schraube mehr bilden, wird die Jodfärbung violett bis *rotviolett*. Hier können nur mehr äußere J_2-OH-Komplexe gebildet werden.

Auch am unverletzten nativen Stärkekorn sind nur violette und erst nach der Verletzung und Verquellung (Verkleisterung) reine blaue Farbtöne zu beobachten. Die native 3er-Schraube, welche wahrscheinlich auch bei den verzweigten Molekülen vorkommt, ermöglicht nur äußere J_2-OH-Komplexe.

3.1.2. Amylose und Amylopektin

Durch verschiedene chemische Methoden (Fraktionierung, Hydrolyse, Endgruppenbestimmung durch Methylierung, Oxydation mit Kaliumperjodat u. a.) ist es gelungen, bei der in Lösung gebrachten Stärke zwischen zwei Hauptfraktionen, der Amylose und dem Amylopektin, zu unterscheiden.

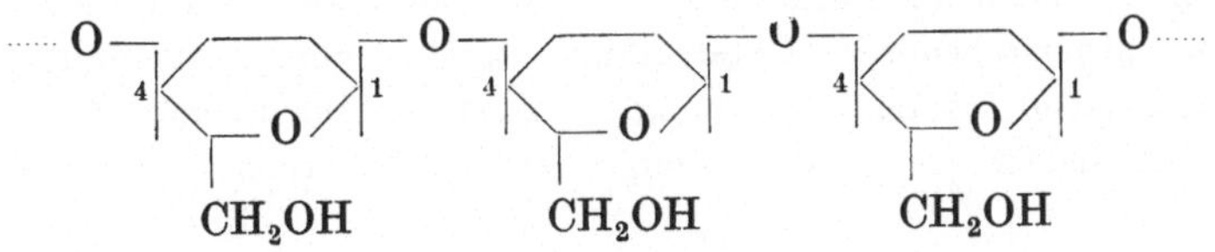

$$O \cdots \quad 4 \quad 1 \quad O \quad 4 \quad 1 \quad O \quad 4 \quad 1 \quad O \cdots$$

$$CH_2OH \qquad CH_2OH \qquad CH_2OH$$

Amylose

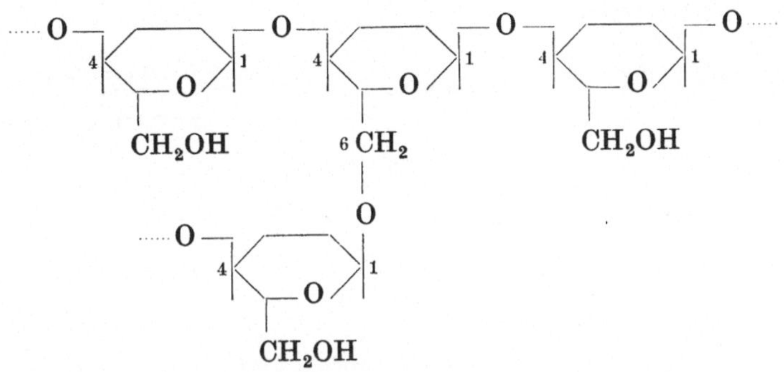

$$O \cdots \quad 4 \quad 1 \quad O \quad 4 \quad 1 \quad O \quad 4 \quad 1 \quad O \cdots$$

$$CH_2OH \qquad 6\,CH_2 \qquad CH_2OH$$

$$O$$

$$O \cdots \quad 4 \quad 1$$

$$CH_2OH$$

Amylopektin

Die *Amylose* besteht aus *unverzweigten Glucoseketten* in α-1,4-Bindung, die durch β-Amylase (Saccharogenamylase) von den nicht reduzierenden Enden her vollständig in *Malzzucker* ($=$ Maltose), ein Disaccharid aus zwei Glucosemolekülen, gespalten wird (Abb. 23). Bei der Quellung (Verkleisterung) des Stärkekorns geht die Amylose unter Zurücklassung zerdehnter Hüllen zuerst in Lösung; sie ergibt rein blaue Jodaddukte und DP-Werte von 60 bis 1000.

Die zunächst zurückbleibenden mit Jod rötlich violett färbenden Hüllen oder Bälge bestehen vorwiegend aus *Amylopektin* mit einem DP von 1000 bis 2000 und noch mehr, dessen Moleküle aber α-1,6-*glucosidisch verzweigt* und untereinander vernetzt sind; β-Amylase führt den Abbau nur bis zu den *Grenzdextrinen* (Abb. 23), die erst von einer anderen Amylase, der α-Amylase (Dextrinogenamylase), von innen her zu Obligosacchariden zerlegt werden. Zum vollständigen Abbau ist wahrscheinlich noch ein weiteres, die 1,6-Bindungen sprengendes Enzym notwendig.

Durchschnittlich kommen 50 bis 80 Abzweigungen pro Amylopektinmolekül vor, doch läßt sich die Anordnung der Abzweigung nicht direkt bestimmen. Es wurden daher verschiedene Molekülmodelle vorgeschlagen (Abb. 24), von denen das von MEYER für gelöstes Amylopektin und das von BADENHUIZEN für natives Amylopektin die größte Wahrscheinlichkeit für sich haben dürften. Das interessante „Bürstenmodell" ist auf Grund chromatographischer Auftrennung der Spaltprodukte unlöslicher hochpolymerer Amylopektine entworfen worden.

Wir treffen hier auf eine grundsätzliche Schwierigkeit der makromolekularen und amikroskopischen Strukturaufklärung der natürlichen Hochpoly-

meren. Diese kommen nämlich meist oder sogar ausschließlich im festen Zustand
vor; ihre physikochemische Untersuchung ist aber nur im flüssigen bzw. im
gelösten Zustand möglich. Auflösung, wenn sie überhaupt möglich ist, verursacht aber immer mehr oder weniger starke Änderungen des natürlichen

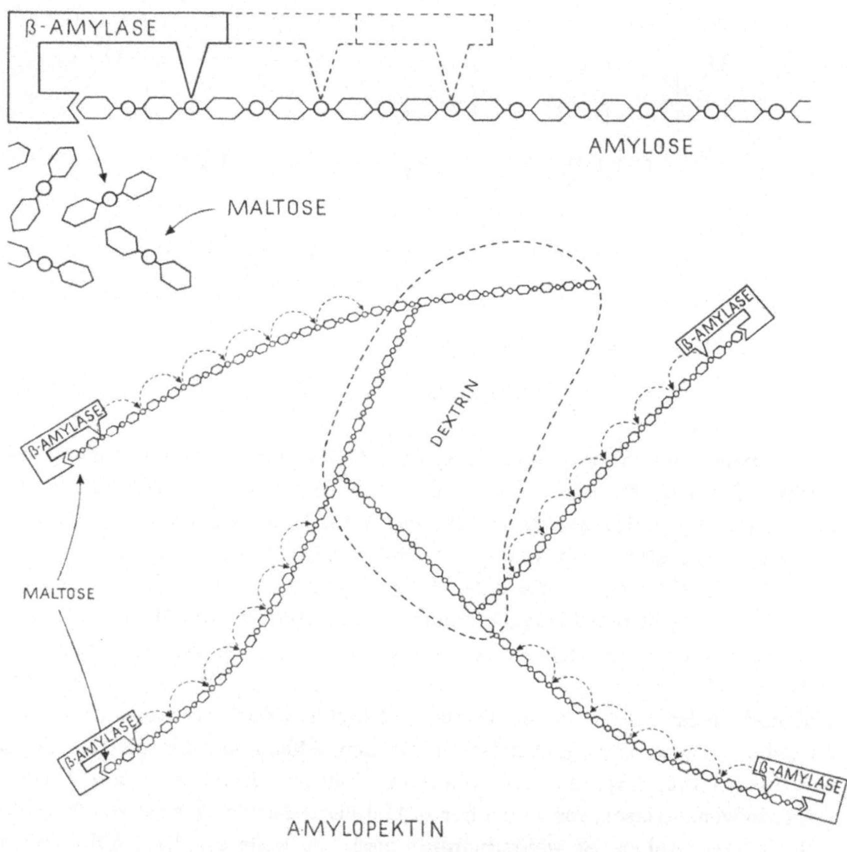

Abb. 23. Schematische Darstellung des Abbaues eines Amylosemoleküls und eines
Amylopektinmoleküls (nach HASSID u. MCCREADY).
Abbau der Amylose durch β-Amylase 100%ig.
Abbau des Amylopektins durch β-Amylase bis zu den Grenzextrinen ca. 50%ig. Abbau-
produkt ist Maltose.

makromolekularen Gefüges (Spaltung von Makromolekülen, Abnahme des DP,
chemische Änderung an bestimmten Stellen usw.). So ist z. B. noch nicht end-
gültig entschieden, ob Amylose und Amylopektin auch im nativen Stärkekorn
als solche vorhanden oder nur ein Kunstprodukt des Lösungsvorganges sind.

Die Amylose macht meist nur 20 bis 30% aus und fehlt den *Wachs-* und *Klebestärken* fast ganz; nur in der runzeligen Gartenerbse herrscht sie mit 66 bis 98% vor.

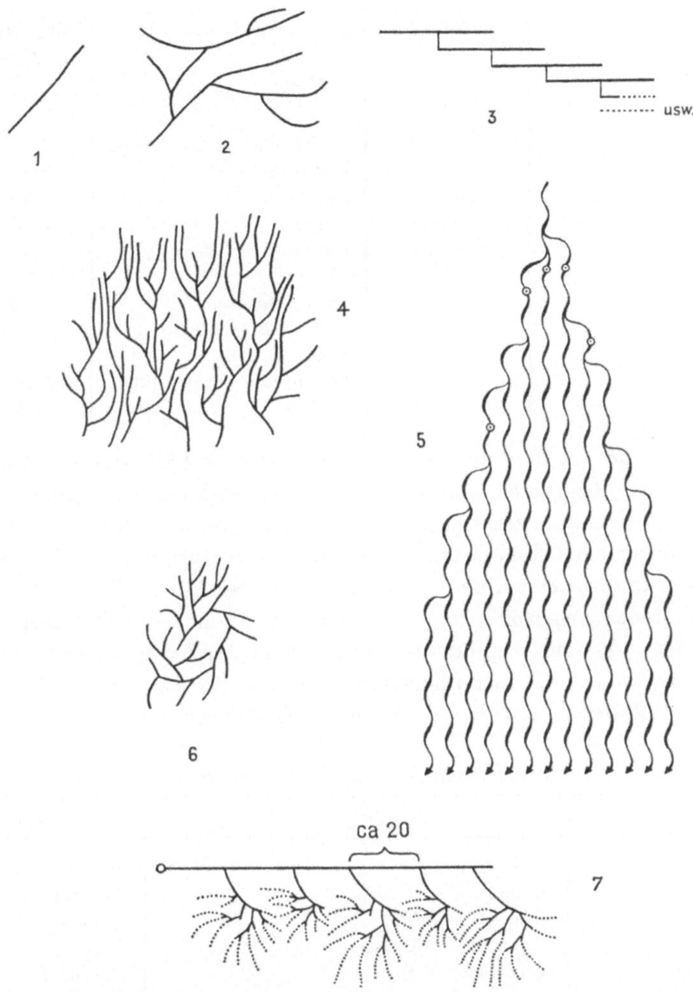

Abb. 24. Molekülmodelle der beiden Stärkekomponenten.
1. Amylose
2. Amylopektin (nach K. H. MEYER)
3. Amylopektin, Schichtmodell (nach HAWORTH)
4. Amylopektin, „kristallines" Modell (nach BADENHUIZEN)
5. Amylopektin, dichotom verzweigtes Modell (nach FREY-WYSSLING)
6. Glycogen (= tierische Stärke)
7. Amylopektin, „Bürstenmodell" (nach M. RICHTER); Hauptkette im Abstand von ca. 20 Glucosebausteinen mit globulär verzweigten Seitenketten; kleinere Verzweigungen mit J₂ rotviolett, größere blauviolett, Hauptkette blau.

Amylosegehalt verschiedener Stärken

Pflanze	Amylose %	Pflanze	Amylose %
Wachsstärken			
Sorghum	0,29—2	gerunzelte Erbse	66—70 (98)
Mais	1—9	Bohnen	30—35
Reis	0—2	Linsen	30
Gerste	7		
Gräser		**Knollen und Wurzeln**	
Mais	24	Kartoffel	21—22,9
Sorghum	21—28	Batate	17,8—20,4
Weizen	24,3—25,1	Tapioca	16,7—19
Gerste	19—22	*Canna*	26—33
Hafer	23—26	*Maranta*	20,5—21
Reis	16—18,5	*Dioscorea alata*	24,8
Panicum miliaceum	27	*Colocasia esculenta*	16—17
Leguminosen		Sago	23,9—26
glatte Erbsen	34—37	*Fagopyrum esculentum*	24,9—28
		Banane	16,8—19

Eine weitere mit dem unterschiedlichen Amylosegehalt zusammenhängende Unterscheidung begründet sich auf die etwas verschiedenen Röntgen-Pulver-diagramme. Man unterscheidet zwischen A- und B- und dem mittleren, dazwischen liegenden C-Röntgendiagramm. Das *B-Röntgenogramm* wird vorzüglich an *amylosereicheren* Stärken (25%) sowie an künstlichen Amylosehäutchen und -fäden angetroffen und kennzeichnet den höheren Ordnungszustand der Amylose — wahrscheinlich die 3er-Schraube im hexagonalen Gitter. Das *A-Röntgenogramm*, das bezeichnenderweise auch an den Wachsstärken mit *reinem Amylopektin* auftritt, zeigt geringere Ordnungszustände an.

Röntgenspektren verschiedener Stärken

A-Spektrum	B-Spektrum	C-Spektrum
Weizen	Kartoffel	Pfeilwurz
Reis	*Canna*	Tapioca
Klebreis	*Phajus grandifol.*	Banane
Mais	Amylose — Mais	Sago
Wachsmais	gerunzelte Erbse	*Curcuma*
Wachsgerste	glatte Erbse	Batate
Hafer	retrogradierte Stärke	Bohne
	synthetische Amylose	Linse

Vorsichtige Jodfärbung an verschiedenen Stärkesorten, vergleichend durchgeführt, läßt auch zwischen einer *Kartoffelstärkegruppe* (Kartoffel, *Maranta*. *Canna*, Batate, *Curcuma*) und einer *Weizenstärkegruppe* (Weizen, Roggen, Gerste, Hafer, Mais, Bohne, Erbse, Banane) unterscheiden. Bei ersterer tritt eine mehr blauviolette, bei letzterer eine etwas schwächere rötlichviolette Fär-

bung auf. Jene wird auf eine Durchfärbung des ganzen Kornes (Amylopektin +
Amylose) in der Kartoffelstärkegruppe zurückgeführt, während bei der Weizenstärkegruppe nur die äußerste Amylopektinhülle tingiert werden soll. Dabei ist
zu beachten, daß die Molekularassoziation der *Gramineen*stärken wesentlich stärker ist, diese also dichter gebaut und dem Jod wahrscheinlich nicht so gut zugänglich sind als die stärker hydratisierten und viel leichter verquellbaren Vertreter der Kartoffelstärkegruppe. Letztere färben sich auch mit basischen Farbstoffen weit besser und intensiver als die Gramineenstärken (vgl. S. 49).

Amylose- bzw. Stärkelösungen sind instabil, sie zeigen, sich selbst über-
lassen, eine Tendenz zur *Retrogradation* und zur Gelbildung. Hierunter versteht
man eine Trübung und allmähliche Verfestigung der ursprünglich klaren
(kolloidalen) Stärkelösung, indem sich *mikrokristalline Bereiche* (Micellen)
bilden, die durch Teile der Fadenmoleküle und insbesondere auch durch die

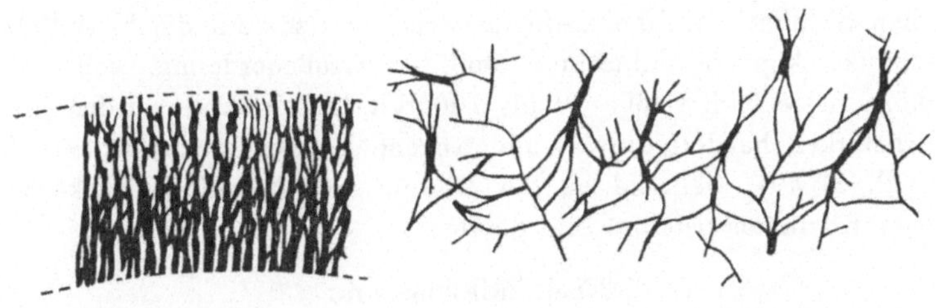

Abb. 25. Schema der Micellarstruktur der Stärke (nach K. H. Meyer). Links: Unge-
quollene Schicht eines Stärkekorns. Rechts. Dasselbe gequollen. Typus: Fransenmicelle.

verzweigten Moleküle des Amylopektins, und zwar durch H-Brückenbildung zusammengehalten werden (Abb. 25). Dabei nehmen mit der Zeit die größeren
Kristallite auf Kosten der kleineren zu (Alterung!). Wir haben hier das typische
Bild der „*Fransenmicelle*" vor uns, welches, an der retrogradierten Stärke er-
arbeitet, auch auf das native Stärkekorn übertragen wurde.

3.1.3. Submikroskopie

Die meisten diesbezüglichen Informationen verdanken wir noch immer der
Polarisationsmikroskopie. Sämtliche Stärkekörner leuchten zwischen gekreuzten
Polarisatoren mehr oder weniger stark auf und sind somit *optisch anisotrop*.
Das in der Richtung der Polarisationsebenen befindliche dunkle Auslöschungskreuz und die bei der Kompensation steigenden Polarisationsfarben zeigen
einen *sphäritischen Aufbau* des Stärkekorns aus radial ausgerichteten positiven
doppelbrechenden Kristalliten an. Die Untersuchung auf Formdoppelbrechung
ergab einen *Stäbchenmischkörper* mit positiver Eigendoppelbrechung = 0,0131,
d. i. nur $^{1}/_{5}$ der vergleichbar gemessenen Eigendoppelbrechung der Zellwand-
Zellulose (0,0657). Verständlich wird diese Tatsache aus der Abweichung der
Glucosemoleküle aus der Radialrichtung durch den Schraubenbau der nativen
Stärke, aus eventueller Verwackelung der Kristallite (Micelle) und aus dem

störenden Einfluß der Molekülverzweigung. Der auf geradliniger Ein- oder Anlagerung von Jodmolekülen beruhende *Joddichroismus*, hell-dunkel, ist an Stärkekörnern nur schwer zu beobachten, ein weiterer Hinweis auf die geringe radiale Ordnung. Deutlich dichroitisch sind dagegen jodgefärbte Amylosekristalle und künstlich gezogene Amylosefäden.

Ein völlig gesichertes Bild der submikroskopischen Struktur des Stärkekorns ist aber aus diesen und den amikroskopischen Befunden noch nicht zu gewinnen. In elektronenmikroskopischen Untersuchungen konnten bisher an Ultradünnschnitten oder Bruchflächen bzw. Bruchstücken von Stärkekörnern nur andeutungsweise radiäre Strukturelemente nachgewiesen werden. Dagegen ist es auf verschiedene Weise gelungen, die *tangentiale Schichtung* auch elektronenmikroskopisch deutlich abzubilden. In den Randpartien der Großkörner von *Gramineen*stärken (Weizen, Roggen, Gerste, Mais) beträgt die Dicke der tangentialen Schichten oft nur $^1/_3$ bis $^1/_{10}\,\mu$, liegt also unter der lichtmikroskopischen Sichtbarkeit. Überraschenderweise besitzt auch die Kartoffelstärke eine submikroskopische Schichtung ähnlicher Größenordnung, wobei an den Stärkekörnern je nach Größe 50 bis 100 Schichten gezählt wurden. Bei den Cerealienstärken handelt es sich um exogene Tageszuwachsschichten (Tagesringe, vgl. S. 49), während an der Bildung der Kartoffelstärkekörner ein endogener Rhythmus beteiligt sein dürfte.

3.1.4. Mikroskopie

Die Mikroskopie der Stärkekörner ist vor allem durch folgende Merkmale gekennzeichnet: durch die *artspezifische* Größe und Form der Körner, durch die mehr oder weniger deutliche tangentiale *Schichtung* und durch die *Doppelbrechung*serscheinungen (vgl. S. 47).

Diese so charakteristischen Eigentümlichkeiten der Stärkekörner sind *genetisch* verankert und nur durch innere Struktureigenheiten der Amyloplasten und spezifische enzymatische Ausstattung erklärlich; hierüber ist aber noch wenig bekannt (vgl. S. 49). Man weiß, daß die enzymatische Stärkesynthese erst in Gang kommt, wenn schon eine gewisse Menge bestimmter Oligosaccharide („primers") vorhanden ist.

Meist bildet jeder *Plastid* nur ein *einfaches* Stärkekorn, manchmal auch zwei oder mehrere, die dann teilweise verwachsen sind. Bei manchen Pflanzen, z. B. bei Hafer und Reis, entstehen in den Amyloplasten zugleich zahlreiche Körner, die, sich gegenseitig abplattend, zusammenstoßen und so aus zahlreichen Kleinkörnern *zusammengesetzte* Großkörner bilden. Die Größe reicht von wenigen μ bis über 100 μ im Durchmesser, wobei kugelrunde, ellipsoidische, linsenförmige und polyedrische Formen überwiegen. Ihre artspezifische Form und Schichtung ermöglicht besonders bei Berücksichtigung sogenannter „Leitelemente", d. s. Fragmente von Samen und Fruchtschalen, Haargebilde oder sonstige charakteristische Gewebereste, eine einwandfreie Identifizierung der betreffenden Stärkeproben bzw. Mehle nach der Pflanzenart und dem Herkommen.

Die für viele Stärkearten so bezeichnende *Schichtung* beruht auf einem periodischen *schalenförmigen* Bau des Stärkekorns. Hellere — nach dem Verhalten der Beckeschen Linie zu urteilen —, optisch dichtere Schichten wechseln mit dunkleren, weniger dichten ab. Da die Schichtung beim Eintrocknen der Körner undeutlich wird oder überhaupt verschwindet, ist sie eine Folgeerscheinung periodisch wechselnden Wassergehaltes im wassergesättigten Stärkekorn.

Stärkekörner der Kartoffelgruppe lassen sich mit dissoziierten basischen Farbstoffen leicht und intensiv färben. Dabei färben sich die dunkleren Schichten viel stärker und positiv metachromatisch; die Färbung unterbleibt bei $CaCl_2$-Zusatz, was auf eine elektroadsorptive Festlegung der Farbkationen an dissoziierte Säurereste hinweist. Als solche kommen *Phosphorsäure* (Amylopektin-Phosphorsäureester) und Fettsäuren (Stärkekomplexbildner) in Frage. Nicht selten tritt dabei eine zonenweise sprunghaft gegen das Kornzentrum zunehmende Färbung in Erscheinung (Großperioden), welche anschaulich auf einen Dichte- bzw. chemischen Gradienten im Korn hinweist.

Die Schichten werden auf den (endogenen) Tagesrhythmus des stoffwechselphysiologischen Geschehens zurückgeführt. Im wesentlichen dürfte es sich also um *Tagesringe*, verursacht durch die wechselnde Konzentration an zugeführten Assimilaten, handeln (vgl. S. 48). Bei unregelmäßiger lichtmikroskopischer Schichtung (Kartoffelstärke) spielen möglicherweise die wechselnde Konkurrenz zwischen den Amyloplasten oder auch andere Faktoren eine Rolle.

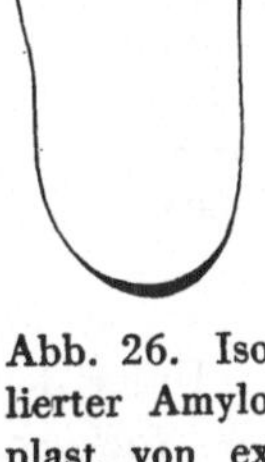

Abb. 26. Isolierter Amyloplast von exzentrisch geschichtetem Stärkekorn (nach A. Meyer).

Das *Wachstum* der Stärkekörner erfolgt durch *Apposition*, wobei man sich vorstellen muß, daß die Anlagerung der Glucosebausteine und die allenfalls kristalline Anordnung der Ketten zugleich entsteht. Exzentrisches Wachstum und Schichtung kommt dadurch zustande, daß an der schneller wachsenden Kornseite der Amyloplast (Globuli, Tubuli, vgl. S. 38) stärker entwickelt ist (Abb. 26). Auch die großen, gewissermaßen fertigen Stärkekörner sind in der lebenden Zelle immer noch von Amyloplasten, die durch geeignete Methoden sichtbar gemacht werden können, umhüllt.

3.2. Stärke liefernde Pflanzen

Die Stärke wird in Samen, Früchten, ferner in Sproßknollen, Wurzeln, Wurzelstöcken, Stämmen u. a. als *Reservestoff* gespeichert. Sie sind die *Hauptquelle* der *Kohlenhydratnahrung* für Mensch und Tier, und damit im engeren Sinne unser „tägliches Brot". Und dieses wird bekanntlich aus dem Mehl, dem mehr oder weniger feinen Mahlprodukt des Mehlkerns (Stärkeendosperms) der Getreidekörner bereitet. Das *Mehl* enthält außer den Stärkekörnern auch noch Zellwandreste (sogenannte Faser), Klebereiweiß (vgl. S. 19) und allen-

falls auch Aleuron in einem vom jeweiligen Ausmahlungsgrad abhängigen
Prozentsatz. Um feinere Mehle zu erhalten, wird das Korn zuerst geschält,
d. h. von seiner Frucht-Samenschale und der Aleuronschicht (vgl. S. 19) befreit,
welche nun als eiweiß- und faserreiche *Kleie* ein wertvolles Kraftfuttermittel
darstellt. Als *Schrot* hingegen bezeichnet man grob gebrochene Körner, geschält
oder ungeschält, die ebenfalls als Futtermittel dienen. Ein ähnliches feineres
Produkt ist der (Weizen)*grieß* aus geschältem Weizen und der Maisgrieß oder
Polenta aus ungeschältem Maiskorn. Von den zahlreichen sonstigen Mahl-
produkten nennen wir nur noch Hafer*flocken,* d. s. geschälte und dann ge-
quetschte Haferkörner und *Graupen* oder *Rollgerstl* aus geschälter und gerun-
deter Gerste.

Die reine von „Faser" und Kleber vollständig befreite Stärke wird in den
Stärkefabriken aus Mehlen, Kartoffeln usw. durch Schlemmprozesse gewonnen
(vgl. S. 54).

Stärkegehalt der Körner, Knollen und Wurzeln genutzter Pflanzen

	Trockene Stärke %		Trockene Stärke %
Mais	55—70	*Sorghum*	etwa 68
Bruchreis	75—82	Bohne	etwa 39
Weizen	50—70	Kartoffel	14—19
Hafer	50—60	Batate	14—21
Gerste	56—66	Pfeilwurz	etwa 27

3.2.1. Cerealien

Unter den verschiedenen Weizensorten ist der weltwirtschaftlich wichtigste
der *Nacktweizen* = gemeiner Weizen (*Triticum vulgare*), eine hexaploide
Kulturform aus der Dinkelreihe, d. h. mit $6 \times 7 = 42$ Chromosomen in den
Körperzellen ($6n = 42$). Die Ährenachse ist zäh und bleibt erhalten, so daß
sich beim Drusch die Körner aus den Spelzen lösen und nackt herausfallen
(Nacktweizen z. U. von den weniger wichtigen bespelzten Weizensorten). Neben
Ertragshöhe, Ertragssicherheit und Standfestigkeit wird hohe Klebergütezahl
als Qualitätszeichen geschätzt.

Mit ihm tritt in den wärmeren Zonen der *Hartweizen* = Glasweizen
(*Triticum durum*), eine tetraploide Form ($4n = 28$) der Emmerreihe erfolgreich in Konkurrenz. Er zeichnet sich durch einen hohen Eiweiß-(Kleber-)Gehalt
aus und eignet sich daher besonders für Teigwaren (Maccaroni, Spaghetti).

Die übrigen Weizensorten der *Dinkel*reihe, wie der Spelzweizen, Spelt und
andere und der *Emmer*reihe, wie Rauhweizen und polnischer Weizen, das
Zweikorn = Emmer usw. und schließlich die primitiven Formen der *Einkorn*-
reihe ($2n = 14$), haben nur mehr lokale Bedeutung. Unter letzteren sind auch
die ältesten schon in Ägypten und von den Pfahlbauern gebauten Sorten, aus
welchen die nacktkörnigen Kulturformen durch alloploide Kreuzungen (Genver-
doppelung) und durch Summierung von Kleinmutationen im Laufe der Jahrtausende hervorgegangen sind. Man kennt bereits die phylogenetische Entwick-

lung des Weizens in ihren Grundzügen und vermag daraus neue züchterische Möglichkeiten abzuleiten, gleichsam in Form einer gelenkten Evolution.

Der *Roggen* = Korn (*Secale cereale*) gedeiht noch in ungünstigeren Lagen und hat namentlich in Mittel- und Nordeuropa größere Bedeutung. Er wird wie der Weizen meist als Winterfrucht, d. h. im Herbst, im Gebirge aber auch als Sommerroggen erst im Frühjahr angebaut. Die Kältewirkung auf die Samen bzw. Keimlinge hat ganz bestimmten stoffwechselphysiologisch fördernden Einfluß, so daß die vegetative Wachstumsphase stark verkürzt wird und die Pflanzen früher blühen und fruchten. Man hat von dieser Erkenntnis schon praktischen Nutzen gezogen, indem das angequollene Saatgut einer mehrwöchigen Kältebehandlung ($+2^0$ bis $+3^0$) vor der Aussaat unterworfen wird (*Vernalisation* = *Jarowisation*). So ist es möglich, die an sich winteranuellen Getreidearten auch als Sommerfrucht mit Aussaat im Frühjahr zu bauen und sie doch noch zu rechtzeitigem Blühen und Fruchten zu bringen.

Weizen und Roggen und auch andere Getreidearten der gemäßigten Zone sind typische *Langtagspflanzen*, d. h. sie können nur außerhalb der Wendekreise, wo während der Wachstumsperiode die Tageslänge mehr als 12 Stunden beträgt, zu Blüte und Frucht gelangen.

Das Roggenmehl ist dunkler und weniger kleberreich; im Mikroskop lassen sich Weizen- und Roggen*mehl* an den *Leitelementen*, insbesondere den Querzellen und Haaren, unterscheiden. Die Stärke besteht hier wie dort aus flachrunden, linsenförmigen Großkörnern und zahlreichen Kleinkörnern (Tafel 1), wobei beim Roggen Übergänge, beim Weizen dagegen keine Übergänge zu beobachten sind. Auch werden die Roggengroßkörner, die öfter eine feine konzentrische Schichtung erkennen lassen, größer (Durchmesser bis 50μ) als beim Weizen (Durchmesser bis 40μ).

Von der *Gerste* (*Hordeum sp.*) sind 2-, 4- und 6zeilige Sorten, nach der Anzahl der Kornzeilen in der Ähre, bekannt. Bei uns werden nur Spelzgersten, wo also die Spelzen mit dem Korn verwachsen sind, angebaut, doch gibt es auch ostasiatische Nacktgersten. Zum Unterschied von Weizen und Roggen ist das Gersten-Aleuron mehrschichtig. Die Gerste findet hauptsächlich für Futterzwecke und als Braugerste für die Malzerzeugung in der Bierbrauerei Verwendung. Die Amylasen der angekeimten Gerste (Malzkeime) verwandeln die Stärke in Malzzucker, der dann alkoholisch vergoren wird. Der echte schottische Whisky (Scotch) wird aus Gerste gebrannt. Gin (Genever) ist Branntwein aus Mais, Roggen und Gerstenmalz mit Wacholderzusatz. Auch die Gerstenstärke besteht aus Groß- und Kleinkörnern mit nur wenig Übergängen (Tafel 1). Die Großkörner überschreiten selten 30μ und sind oft charakteristisch gebuckelt oder nierenförmig. Eine feine zentrische Schichtung ist manchmal in Flächenansicht der linsenförmigen Körner wahrnehmbar. Die Kleinkörner sind oft winzig.

Der *Hafer* (*Avena sativa*) ist ein Rispengras, das in erster Linie als Futtermittel, dann aber auch der menschlichen Ernährung dient (Haferflocken). In der Welterzeugung steht Hafer nach Gerste an dritter Stelle. Die Haferstärke besteht hauptsächlich aus zusammengesetzten Körnern, wobei die Großkörner bis 50 μ Durchmesser erreichen. Sie sind oft in ihre polyedrischen Kleinkörner zerfallen (Tafel 1), wobei ein Großkorn mehrere hundert Kleinkörner ergeben kann. Für die Unterscheidung von Reisstärken sind die rundlichen bis spindelförmigen Einzelkörner wichtig (Tafel 1), die als Füllstärke zwischen den zusammengesetzten Körnern entstehen.

Der *Mais* (*Zea mays*) stammt aus Nordamerika und ist nächst dem Weizen die bedeutendste Nährpflanze. Die Körnererträge sind höher als die der meisten anderen Getreidearten. Aus ungeschältem Mais wird Schrot und Maisgrieß (Polenta) und aus feinem Maismehl wird Maizena (Maisstärke) gewonnen. Die Maisstärke besteht aus charakteristisch polyedrischen Körnern mit sternförmigem Zentralspalt[1] (Tafel 1), wenn sie aus dem Hornendosperm stammen, wo die Körner so dicht lagern, daß sie sich beim Heranwachsen gegenseitig abplatten. Die Stärkekörner aus anderen Kornbereichen, dem Mehlendosperm, haben dagegen mehr unbestimmt rundliche Gestalt.

Der *Reis* (*Oryza sativa*) ist für die wärmeren Zonen und besonders in Ostasien die wichtigste Getreidepflanze. Es gibt sehr viele Sorten mit weißem und auch mit farbigem Endosperm. Der *Sumpf*- oder *Wasser*reis gedeiht nur im fließenden Wasser (Terrassenkultur), während der weniger ertragreiche und wertvolle *Berg*reis auch im Trockenen wächst. Unseren Koch- und Tafelreis ergibt erst das geschälte, d. h. das von der Frucht-Samenschale und vom Keimling befreite Reiskorn. Reisstärke besteht wie Haferstärke aus zusammengesetzten Großkörnern, die meist in viele polyedrische scharfkantige Kleinkörner zerfallen sind (Tafel 1). Auch die Füllkörner haben die gleiche polyedrische Gestalt, so daß feine Reisstärke (Puder) praktisch nur aus kleinen Polyedern (4 bis 6 μ) besteht. Im Reismehl finden sich auch Bruchstücke hoch zusammengesetzter Großkörner.

Nur mehr lokale Bedeutung haben in Europa der früher viel gebaute *Buchweizen* = Heidekorn (*Fagopyrum sagittatum*), der nicht zu den Grasarten, sondern zu den Knöterichgewächsen zählt, und die *Rispenhirse* (*Panicum miliaceum*), eine typische Breipflanze (steirischer Brein, Sterz!). Sie spielt aber in Afrika, in Argentinien und insbesondere in Indien und China noch eine bedeutende Rolle. Nach wärmerem Klima verlangen die *Kolbenhirse* (*Pennisetum spicatum*), die *italienische Hirse* (*Setaria italica*) und insbesondere die *Neger*- oder *Mohrenhirse* (*Sorghum vulgare*), jetzt noch das wichtigste Brotgetreide der Afrikaner. *Sorghum* wird noch viel in den USA, in Indien und in Afrika gebaut.

---

[1] Diese auch für andere Stärkearten (z. B. Bohne) charakteristischen luft- oder wasserdampferfüllten Hohlräume entstehen erst beim Eintrocknen der Stärkekörner. Das Kornzentrum ist nämlich, ganz allgemein, wasserreicher und lockerer gebaut als das übrige Stärkekorn.

Getreideweltproduktion 1960/61 in 1 000 000 t

	Europa	UdSSR	Nord- u. Zentral-	Süd-	Asien	Afrika	Welt
			A m e r i k a				
Weizen	52,6	63,9	51,5	6,6	30,9	5,6	243,7
Gerste	28,5	16,0	14,1	1,4	11,9*	3,1	93,0
Roggen	18,5	16,3	1,1	0,5	0,7	—	37,2
Hafer	18,8	12,0	23,8	1,1	0,7	0,2	60,4
Mais	26,2	18,7	117,5	16,1	11,6*	12,1	224,2
Hirse und Sorghum	0,1	3,2	16,2	1,8	17,6*	14,5	71,6
Reis, ungeschält	1,4	0,2	3,5	7,0	222,8	4,5	239,5

* Ohne China.
Unter „Welt" ist auch ein Schätzwert für China mit inbegriffen.

Getreideproduktion Österreichs und Westdeutschlands von 1959 in 1000 t

	Österreich	Westdeutschland
Winterweizen	567,0	4146,0
Sommerweizen	21,5	376,0
Winterroggen	409,1	3791,0
Sommerroggen	7,6	93,0
Wintergerste	44,3	857,0
Sommergerste	360,9	1986,0
Hafer	311,5	2039,0
Körnermais	145,5	13,2

3.2.2. Hülsenfrüchte und Kartoffel

Die Samen der *Bohne* (*Phaseolus vulgaris*), der *Erbse* (*Pisum sativum*) und der *Linse* (*Lens culinaris*) sowie die für Futterzwecke feldmäßig gebauten *Wicken*, *Lupinen* und *Pferdebohnen* enthalten in erster Linie Stärke, daneben aber auch viel Eiweiß (vgl. S. 20). Diese Reservestoffe finden sich hier in den verdickten *Keimblättern*. Die Stärkekörner der Bohne (und auch der anderen Hülsenfrüchte) sehen — leicht zu merken — ebenfalls bohnenförmig aus. Die Stärkekörner der Bohne sind aber größer (bis 60 μ) als die der Erbse und der Linse, zeigen oft eine deutliche Schichtung und immer einen langen, luft-erfüllten Zentralspalt (Tafel 2). Eine genaue Unterscheidung der Stärkearten der Hülsenfrüchte ist wegen ihres übereinstimmenden Baues oft sehr schwierig. Zur Bestimmung der Herkunftspflanze eignen sich ganz besonders Bruchstücke der Samenschale (Leitelemente, Abb. 27).

Nach dem Getreide ist die *Kartoffel* (*Solanum tuberosum*) mit ihren stärke-reichen *Stengelknollen* die wichtigste einheimische Stärkepflanze. Sie stammt bekanntlich aus den südamerikanischen Anden, wo es noch immer viele Wildformen gibt, die auch züchterisch verwertet werden. Sie ist in zahlreichen Kultursorten verbreitet und stellt, namentlich in Notzeiten, unser wichtigstes Volksnahrungsmittel dar. Die in Europa bis zum 16. Jahrhundert periodisch wiederkehrenden Hungersnöte haben nach der Einführung der Kartoffelkultur aufgehört. Bezüglich des Eiweißgehaltes der Hülsenfrüchte und der Kartoffel vgl. S. 20.

Durchschnittliche Zusammensetzung der Kartoffelknolle:

Wassergehalt	76,3 %	(63,2 —86,9)
Stärkegehalt	17,5 %	(8,0 —24,9)
Rohprotein	2,0 %	(0,69— 4,63)
Rohfett	0,12%	(0,04— 0,96)
Aschegehalt	1,10%	(0,44— 1,87)
Rohfaser	0,71%	(0,17— 3,48)
Gesamtzucker	bis 7,97%	

Die Kartoffel ist auch die *Hauptquelle* der einheimischen industriellen *Stärkeproduktion*. Die Stärkegewinnung erfolgt nach maschineller Zerkleine·

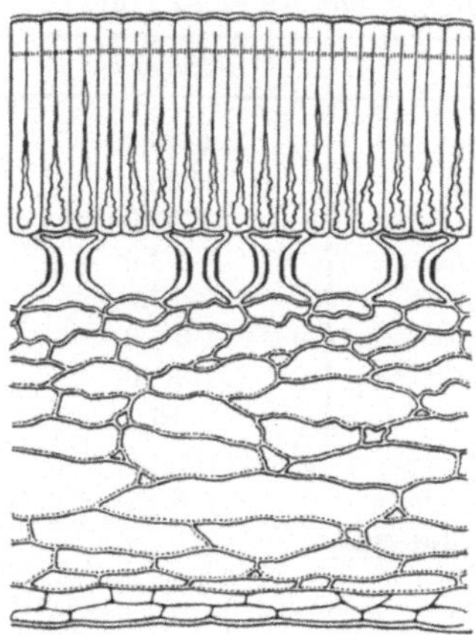

Abb. 27. Querschnitt durch die Samenschale der Erbse (nach GASSNER).
P = Palisadenschicht (= Epidermis)
T = Trägerschicht (= Subepidermis)
Leitelemente
IS = Innere Schicht (Mesophyll und innere Epidermis)

rung des Knollenfleisches, wobei möglichst alle Zellen geöffnet werden sollen, durch Ausschlemmen der Stärkekörner mittels Wasser. Die „Stärkemilch" wird dann durch Trennschleudern von der Pülpe (Zellwände = Faser, Protoplasma, Eiweiß usw.) abgetrennt, durch Fluten und Zentrifugieren noch weiter gereinigt und schließlich eingedickt und getrocknet. Die Kartoffelstärke mit ihren deutlich exzentrisch geschichteten Stärkekörnern, die sogar Durchmesser bis 100 μ erreichen, ist im Mikroskop leicht zu erkennen (Tafel 2). Sie kommt als Stärkemehl, Brocken- und Kristallstärke in den Handel und findet in der Nahrungsmittel-, der pharmazeutischen und kosmetischen Industrie und zur Appretur in der Textilindustrie Verwendung. In den Stärkefabriken wird außerdem noch Stärkesirup, Stärkezucker (Traubenzucker), Dextrin und vor allem Alkohol (Aethanol) bzw. Brennspiritus erzeugt. Zur Alkoholgewinnung wird die Stärke durch Säurehydrolyse oder mittels Malzdiastase in Zucker verwandelt und dann alkoholisch vergoren.

Kartoffelproduktion 1960/61 in 1000 t

Schweiz	1 290	West-Deutschland	24 778
Österreich	3 809	Polen	37 855
ČSSR	5 093	Europa	143 290
England	7 273	UdSSR	84 374
Frankreich	14 894	Welt	284 900
Ost-Deutschland	14 821		

Kartoffelverwertung in West-Deutschland 1959/60 in 1000 t

Erzeugung	22 708	
Futter	10 377	
Saatgut	2 602	
Industrieller Verbrauch	460	
Ernteschwund (8%)	1 817	
Marktverlust (5%)	300	
Nahrungsverbrauch	7 330 = 133 kg/Kopf	
Industrieller Verbrauch	460	
Stärkeherstellung	255*	
Branntweinherstellung	205	Alkohol 215 000 hl
* Industrieverbrauch	65	
Nahrungsverbrauch	15 = 0,3 kg/Kopf	

3.2.3. Tropische Stärkepflanzen

Was die Kartoffel für viele Länder der gemäßigten Zone ist, das sind gewisse Knollenpflanzen für die Tropen. Hier handelt es sich aber zum Unterschied von der Kartoffel um echte *Wurzelknollen.*

Bataten = Süßkartoffel = Sweet Potatoes sind länglich-rötliche, kartoffelähnliche, aber süßlich schmeckende Wurzelknollen, die von einem Windengewächs (*Ipomoea batatas*) stammen. Auch die Kultur und Stärkegewinnung ist ähnlich wie bei der Kartoffel. Die Bataten werden hauptsächlich als Futter verwendet. Die Batatenstärke (= Brasilianisches Arrowroot) besteht aus zwei- bis sechsfach zusammengesetzten Körnern, welche aber meistens in Einzelteile zerfallen. Diese Einzelkörner zeigen glockenförmige (bei zweifach zusammengesetzten Körnern), überwiegend jedoch polyedrisch gerundete Formen (bei höher zusammengesetzten Körnern) und eine Größe von 4 bis 40 μ (Tafel 2).

Maniok sind die großen, oft 1 m langen, 10 kg schweren Wurzelknollen einer Euphorbiacee (*Manihot utilissima*), welche eine der wichtigsten Stärkepflanzen der Tropen ist. Die Wurzeln enthalten ein blausäurehaltiges Glycosid, nach dessen Gehalt zwischen süßen und bitteren Varietäten unterschieden wird, die sich aber morphologisch kaum unterscheiden. Die geschälten Knollen des süßen Maniok können auch gegessen werden. Das Maniokmehl = *Cassave* wird wie Kartoffelmehl gewonnen und kommt meist in körnig verkleisterter Form in den Handel (*Tapioka* = brasilianischer Sago). Die Tapiokastärke ähnelt der Batatenstärke; auch sie gehört dem zusammengesetzten Stärketyp an, jedoch kommen selten mehr als dreifach zusammengesetzte Körner vor. Die Teilkörner, in welche die Handelsstärke meist zerfallen ist, haben daher oft eine charakteristische halbkugelförmige oder paukenförmige Gestalt (Tafel 2).

Unter den tropischen Stärkelieferanten stehen nach dem Reis Batate und Cassave (Maniok) obenan.

Yams (wurzel) = Guayana-Arrowroot sind die stärkereichen Wurzelknollen verschiedener *Dioscorea*-Arten. Es sind dies kletternde oder z. B. auf Bambus

schlingende Kräuter oder Sträucher, deren Knollen bis 10 kg (18 kg) schwer
werden können und zu den wichtigsten Nahrungsmitteln der eingeborenen
Bevölkerung zählen. Das Knollenfleisch und dann auch das Mehl sind oft rötlich bis violett, sehr lagerungsfähig, der abgepreßte Knollensaft kann sogar zur
Konservierung von Fleisch mit Erfolg herangezogen werden. Allen *Dioscorea*-
Stärken ist eine stark exzentrische Schichtung gemeinsam. Bei gewissen Arten
sind die Körner länglich und bis 100 μ groß (Tafel 2), bei anderen bleiben
sie kleiner und haben mehr elliptischen oder dreieckigen Umriß.

Weltproduktion 1960/61 in 1000 t

	Europa	Nord- und Zentral-	Süd-	Asien	Afrika	Welt
			Amerika			
Batate und Yams	180	1610	2 060	85 740	18 900	108 300
Cassave	—	400	20 570	15 740	30 900	71 200

Haupterzeugungsländer 1960/61 in 1000 t

	Batate und Yams	Cassave
Brasilien	1280	17 772
Formosa	2979	159
Indonesien	2709	11 142
Japan	6277	—
Elfenbeinküste	1945	800
Ruanda-Urundi	1119 (1959/60)	1 601 (1959/60)
Kongo	316 (1959/60)	7 212 (1959/60)
Nigeria	9998 (1952)	8 757

Von den verschiedenen „Arrowroots", die nach ihren Herkunftsländern
bezeichnet werden, nennen wir noch zwei. Zunächst die eigentliche *Pfeilwurz*
(Arrow = Pfeil) von *Maranta arundinacea*, einer Staude mit verzweigtem
Wurzelstock. Sie liefert ein sehr feines und leicht verdauliches Mehl, das westindische Arrowroot.

Arrowroot von Queensland, ein leicht gelbliches Mehl, stammt von *Canna*-
Arten (*Indisches Blumenrohr*), deren große feuerrote Blüten im Sommer auch
in unseren Parkanlagen zu sehen sind. Die exzentrisch scharf geschichteten
flach linsenförmigen Stärkekörner gehören zu den größten überhaupt, mit
Durchmessern bis 150 μ (Tafel 2). Ostindisches bzw. Portland-Arrowroot
stammt von *Curcuma*- und *Colocasia*-Arten. Letztere werden als *Taro* bezeichnet
und gedeihen auch in Sumpfgebieten der Tropen. Der kratzende und scharfe
Geschmack der Taroknollen wird wohl durch die Calciumoxalatnadeln (Raphi-
den) verursacht und verschwindet beim Kochen oder Rösten.

Die samenlose *Banane* (*Musa sapientium*), ein Mittelding zwischen Obst-
und Mehlfrucht, ist reich an Nährwerten (zuletzt 20 bis 25% Zucker und 3 bis
5% Eiweiß) und kann zur Stärkegewinnung dienen.

Aus den Stämmen mehrerer *Palmen* (*Metroxylon Rumphii* u. a.) und palmenähnlichen *Cycadeen* (*Cycas revoluta* u. a.) wird hauptsächlich in Indonesien der echte *Sago*[1] in körnig verkleisterter und gerösteter Form, als Perlsago bezeichnet, gewonnen. Zur Stärkegewinnung werden die in den sonst ertraglosen tropischen Sumpfgebieten wachsenden 10 bis 15 Jahre alten Bäume gefällt, die Stämme zerstückelt und mit Wasser ausgeschlemmt; ein Stamm gibt 300 bis 400 kg Sago.

3.3. Stärkevorläufer

Die hier zu erwähnenden Stärkearten besitzen keine wirtschaftliche Bedeutung, sind aber von theoretischem Interesse.

Am bekanntesten ist die Florideen- oder *Algenstärke*, welche bei gewissen *Rotalgen* (*Florideen*) gefunden wird. Sie tritt hier in Form kleiner, bei gewissen Formen bis 10 μ großer Körner auf, welche nicht in, sondern auf den Plastiden, d. h. an der Oberfläche der schüssel- und tellerförmigen Rhodoplasten, entstehen. Sie sind doppelbrechend, zeigen im Röntgenogramm das B-Spektrum (vgl. S. 46) und geben mit Jod eine gelbbraune bis dunkellila, bei Quellung weinrote Färbung. Die *Florideenstärke* ist vermutlich ein außerordentlich stark verzweigtes glycogenähnliches (vgl. Abb. 24) Polysaccharid aus ca. 96% Glucose. *Glycogen*, das vorwiegend tierischer Herkunft ist, aber auch in Getreidearten gefunden wurde, bildet keine Körner, sondern neigt zur Bildung von polymolekularen amorphen Aggregaten. In der *Florideen*stärke sind aber auch α-1,6- und -1,3-Bindungen gefunden worden, so daß es sich wahrscheinlich, in Analogie zur Beziehung Lichenin — Zellulose (vgl. S. 137), um einen Vorgänger der Stärke im Evolutionsprozeß der Pflanzenwelt handelt. Die Aneinanderreihung der Glucoseglieder zu einer Kette ist hier sozusagen noch nicht gelungen. Übrigens sollen sich manchmal in den gleichen Zellen neben *Florideen*stärke auch jodbläuende doppelbrechende Stärkekörner finden.

Noch ungeklärt ist der Zusammenhang mit dem *Paramylon*, einem Assimilationsprodukt gewisser *einzelliger Algen* (*Eugleninen*), das ebenfalls zur D-Glucose hydrolisierbar sein soll. Der Aufbau der Paramylon-Körner aus konzentrischen Ringen oder Spiralen

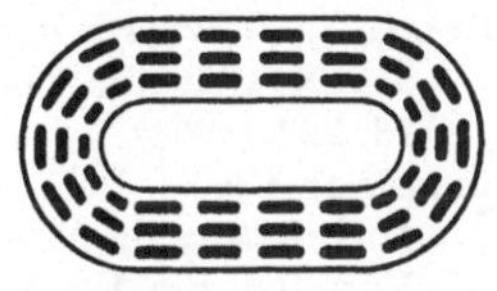

Abb. 28. Texturschema eines Paramylonkornes von *Euglena spirogyra* (nach E. KAMPTNER).

ist ganz anders als bei den Stärkekörnern. Sie entstehen an der Oberfläche oder in der Nähe der Chloroplasten, bei farblosen Formen sogar frei im Protoplasma. Die in bezug auf den Radius negative Doppelbrechung ist etwa ebenso stark wie bei den Stärkekörnern. Man nimmt daher eine Ausrichtung der Glucoseketten in

---

[1] „Brasilianischer Sago" wird aus Tapiokastärke und „Inländischer Sago" aus Kartoffelstärke hergestellt.

der Längsachse dieser Ringe oder Spiralenbildungen an (Abb. 28). Letztere
wurden hinsichtlich ihrer Entstehung mit den auf Gitterverschiebungen (Gitter-
störungen) beruhenden Wachstumsspiralen bei gewissen abiologischen Kristall-
bildungen verglichen. Der auffallende Mangel jeglicher Jodfärbung — auch mit
Chlorzinkjod ergibt sich keinerlei Färbung — und die geringe Neigung zur Verquellung werden mit einem hohen Kristallisationsgrad in Zusammenhang gebracht.

Zusammenfassende Literatur zu 3.

AEHNELT, W. R., Stärke, Stärkesirup, Stärkezucker. Dresden u. Leipzig: Th. Steinkopff, 1951.

BADENHUIZEN, N. P., Chemistry and Biology of the Starch Granule. Protoplasmatologia
II/B 2 bδ. Wien: Springer-Verlag, 1959.

BOLHUIS, G. G., und J. W. van DIJK, Reis — Anbau und Düngung in Ostasien.
Bochum: Ruhr-Stickstoff A. G., 1955.

BUTTROSE, M. S., Submicroscopic Development and Structure of Starch Granules in
Cereal Endosperms. J. Ultrastr. *4*, 231 (1960).

The Carbohydrates, Chemistry, Biochemistry and Physiology. Ed. W. PIGMAN. New
York: Academic Press, 1957.

CZAJA, A. Th., Mikroskopischer Nachweis von Amylose und Amylopektin am Stärkekorn sowie zweier Typen Stärkekörner. Planta *43*, 379—392 (1954).

FRENKEL, S. J., Fortschritte auf dem Gebiet der Untersuchungen über den Bau der
Stärke. Berlin: Akademie-Verlag, 1953.

FREY-WYSSLING, A., Macromolecules in Cell Structure. Cambridge, Massachusetts:
Havard Univ. Press, 1957.

HEYNS, K., Die neueren Ergebnisse der Stärkeforschung. Braunschweig: F. Viehweg,
1949.

HOLLO, J., J. SZEJTLI und M. THOTH, Neuere Beiträge zur Chemie der Stärkefraktio-
nen. X. Über die Konformation der Glucopyranosidringe der Amylose. Die Stärke
13, 222 (1961).

Industrial Gums. Polysaccharides and their Derivates. Ed. R. L. WHISTLER and
J. N. BEMILLER. New York: Academic Press, 1959.

Die Kartoffel. Ein Handbuch. Hrg. v. R. SCHICK und M. KLINKOWSKI, 2 Bde. Berlin:
VEB Deutscher Landwirtschaftsverlag, 1961/62.

KINZEL, H., Neuere Erkenntnisse über Energiewechsel und Makromolekülsynthese der
Zelle. Protoplasma *52*, 669—688 (1960).

KURTH, H., Die Jarowisation landwirtschaftlicher Kulturpflanzen. Neue Brehm-Bücherei:
Heft 153. Wittenberg: A. Ziemsen Verl., 1955.

KREGER, D. R., The configuration and packing of the chain molecules of native starch
as derived from X-rays diffractions of part of a single starch grain. Biochimica et
Biophysica Acta *6*, 406 (1951).

KÜRTEN, P., Reis — Anbau und Düngung außerhalb Ostasiens. Bochum: Ruhr-Stickstoff A. G., 1954.

Recent Advances in the Chemistry of Cellulose and Starch. ed. J. HONEYMAN. London:
Heywood, 1959.

SCHRINPF, C., Mais — Anbau und Düngung. Bochum: Ruhr-Stickstoff A. G., 1960.

SCHWÄR, Christine, Die Stärke. Die neue Brehm-Bücherei, Heft 224. Wittenberg:
A. Ziemsen Verl., 1958.

STERLING, C., and J. PANGBORN, Fine structure of potato starch. Americ. J. Botany *47*,
577—586 (1960).

4. Vakuoläre Sekundärstoffe

Der Zellsaft enthält neben den immer vorhandenen Carbon- und Aminosäuren, Amiden, Zuckern und etwa vorhandenen Polysacchariden und löslichen
Eiweißstoffen fast ständig noch eine Reihe anderer Stoffe gelöst, die den
Chemismus der Pflanze so verwickelt, aber auch so anziehend gestalten. Auch
diese sogenannten sekundären Pflanzenstoffe werden vom Plasma und seinen
Organellen gebildet, dann aber als Stoffwechsel-Neben- oder -Endprodukte in
den Zellsaft abgeschieden. Manche von diesen Verbindungen werden technisch
und sehr viele pharmazeutisch genutzt.

Im Hinblick auf ihre physikalisch-chemischen Eigenschaften und ihre Baupläne lassen sich die pflanzlichen Sekundärstoffe in drei große Gruppen einteilen.

a) *Aromatische Verbindungen*, kurz Aromate, sind Stoffe, welche in ihrer
chemischen Struktur einen oder mehrere *Benzolkerne* enthalten.

b) *Alkaloide* im weitesten Sinne, gekennzeichnet durch den Besitz von
N-hältigen Heterozyklen bzw. Aminostickstoff.

c) *Terpenoide*, d. s. ätherische Öle, Harze, Karotinoide und Kautschuk,
die sich formal vom *Isopren* (C_5H_8) ableiten und daher den Kohlenwasser-
stoffen nahestehen. Sie sind ihrer Natur nach hydrophobe bzw. lipophile Substanzen und werden später behandelt.

4.1. Aromate

Bei den aromatischen Verbindungen sind einige vorherrschende Baupläne
zu erkennen. So trifft man sehr häufig auf C_6-Körper (Typus *Phenole*),
C_7-Körper (Typus *Benzoesäure*), C_9-Körper (Typus *Phenylpropane*) und C_{15}-
Körper (Typus *Flavane*).

Dazu kommen noch Ester, Kondensations- und Polymerisationsprodukte.

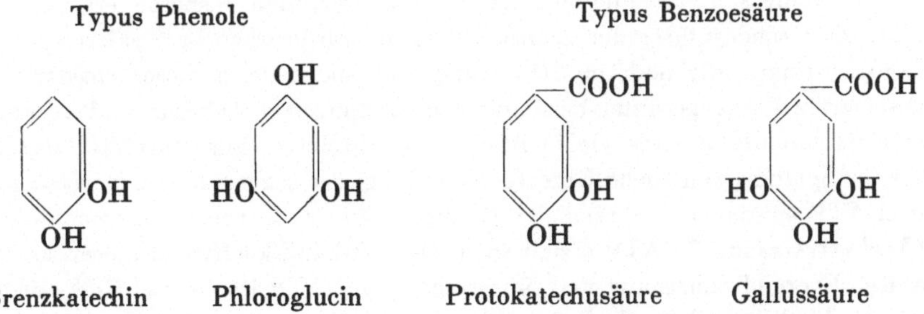

Typus Phenylpropane

COOH — CH = CH — [Benzolring mit OH, OH] **Kaffeesäure**

COOH — CH·NH$_2$ — CH$_2$ — [Benzolring mit (OH)] **Phenylalanin (Tyrosin)**

CH$_2$(OH) — CH = CH — [Benzolring mit OCH$_3$, OH] **Coniferylalkohol**

Flavanskelett

4.1.1. Biosynthese (Zuckerveratmung)

In der *lebenden* Pflanze unterscheidet man zwischen *primärem* Stoffwechsel, der den Auf- und Abbau der Kohlenhydrate, Eiweiße und Fette umfaßt, und dem *sekundären* Stoffwechsel, dessen Produkte die aus den Grundstoffen abgeleiteten und für das Leben nicht notwendigen Sekundärstoffe sind (vgl. Abb. 2). Sie werden vom pflanzlichen, weit weniger vom tierischen Organismus, hauptsächlich aus Kohlenhydraten und deren Abbauprodukten in einer nicht zu überbietenden Mannigfaltigkeit, aber wie es scheint, nur auf verhältnismäßig wenigen Hauptbahnen der Biosynthese gebildet.

Es ist daher verständlich, daß *Sekundärstoffe* bevorzugt in *autotrophen* Pflanzen und hier in den klimatisch günstigen Gebieten (Tropen) oft in erstaunlichen Mengen auftreten. In solchen Fällen „sind die mit einem sehr produktiven Assimilationsapparat ausgestatteten höheren Pflanzen im Überschuß gespeiste Systeme, die einen luxurierenden Stoffumsatz ertragen und ihn, entsprechend der Ausstattung mit Enzymen und anderen Reaktionsmitteln in eine spielerische Mannigfaltigkeit von Endprodukten ausklingen lassen" (PAECH, S. 14). Erst nachträglich sind manche von diesen Stoffen auch für die Pflanze von Bedeutung geworden.

Die Kohlensäureassimilation, die zu Kohlenhydraten, insbesondere Glucose führende Grundsynthese der grünen Pflanzen, wurde schon kurz skizziert (vgl. S. 30). Bringen wir noch in Erinnerung, daß die meisten dieser enzymatisch gesteuerten Vorgänge unter bestimmten Bedingungen umkehrbar sind, so kann man sie vereinfacht etwa wie in Abb. 29 anschreiben. Wie ersichtlich, werden bei der Spaltung von einem Glucosemolekül, bei der sogenannten *Glycolyse*, nur zwei ATP gewonnen, während der Hauptgewinn an Energie im *Zitronensäure- (Krebs)zyklus* mit 36 ATP erzielt wird. Der Wirkungskoeffizient dieser schrittweisen Energiefreimachung und -übertragung auf ATP ist mit ca. 50% wieder außerordentlich hoch (vgl. S. 30). Die Energieübertragung ist eng verknüpft bzw. identisch mit der schrittweisen Dehydrierung über die *Enzyme* der *Atmungs-kette* (Riboflavine und Cytochrome), welche schließlich unter Vereinigung mit Luftsauerstoff zu Wasser führt, während andererseits an bestimmten Stellen, namentlich des Zitronensäurezyklus, CO_2 als zweites Endprodukt der Atmung abgespalten wird.

Hauptenergiequelle für viele Lebewesen (heterotrophe Pflanzen und Tiere) ist die *Oxydation* von *Kohlenhydraten* oder ähnlichen Verbindungen. Im allgemeinen wird die in einem Molekül steckende Energie beim oxydativen Abbau als Wärme an die Umgebung abgegeben. Die bei exergonen biologischen Prozessen anfallende Energie wird dagegen zu einem hohen Prozentsatz direkt, ohne Umweg über die Wärmeenergie, verwendet. Die Organismen müssen dazu die energiereichen Zwischenprodukte des oxydativen Abbaues abfangen und sie ausnützen, bevor ihre Energie als Wärme verlorengeht. Beim Auftreten von „freier Energie" werden bei biochemischen Prozessen immer energiereiche Atomgruppen gebildet (vgl. S. 14). Die energiereichen Gruppen müssen sich

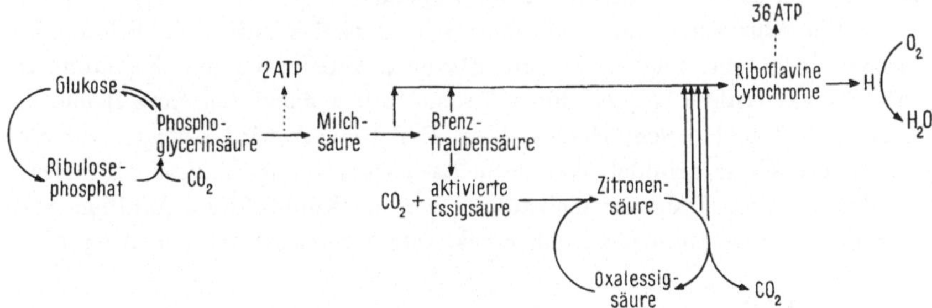

Abb. 29. Vereinfachtes Schema des Glucoseabbaues. ATP = Adenosintriphosphat.

leicht weiter umsetzen lassen und dabei endergonische Reaktionen ermöglichen. Reaktionen, bei denen Energie frei wird, müssen also eng mit solchen gekoppelt sein, die Energie benötigen, denn dann geht keine Energie als Wärme verloren. Unter diesen Voraussetzungen wird die Energie nicht eigentlich „frei", sie wird vielmehr auf den Reaktionspartner übertragen. Benötigt der Organismus momentan keine energiereichen Gruppen, so wird ein Reservestoff aufgebaut, der die gebundene Energie enthält. Die Übertragung von gebundener Energie auf andere Systeme (Energiefluß) ist ein Charakteristikum aller biochemischen Vorgänge.

Von Bedeutung für die Ableitung der Sekundärstoffe ist nun vor allem die aus Ribulosephosphat entstehende Tetrose *Erythrose, Brenztraubensäure* und die sogenannte *aktivierte Essigsäure*, ein in den Zitronensäurezyklus einmünden-des Abbauprodukt (auch von Aminosäuren), das aber wegen der prinzipiellen Umkehrbarkeit dieser Vorgänge auch zugleich einen der wichtigsten Bausteine der Fett- und Phenylpropansynthese darstellt. Die Essigsäure ist hier an das

Coenzym A, dessen Konstitution bekannt ist, gebunden und stellt den bevorzugten C_2-Baustein der Zelle dar, während Brenztraubensäure den C_3- und Erythrose den C_4-Baustein bildet.

Die Biosynthese der aromatischen Verbindungen und damit ihr innerer struktureller Zusammenhang ist erst seit einigen Jahren durch Fütterungsversuche und Abbaureaktionen mit C^{14} markierten Verbindungen der schrittweisen Aufklärung zugänglich gemacht worden. Eine sehr häufige Art der *Aromatisierung* von *Zuckern* ist die nach dem *Shikimisäure-Schema*. Hierbei nimmt die nur im Samenkorn einer chinesischen Magnoliacee (*Illicium anisatum* = chinesischer Sternanis = *Shikimi*) in größerer Menge als Bitterstoff vorkommende Shikimisäure eine Schlüsselstellung ein. Sie entsteht durch enzymatische Verknüpfung von Erythrose (C_4) und Brenztraubensäure (C_3) zu einem zyklischen C_7-Körper mit erst einer Doppelbindung. Durch weitere enzymatische Dehydrierung über noch hypothetische Zwischenstufen entstehen aromatische Körper vom Typ der Benzoesäure. Decarboxylierung führt nun einerseits zu Phenolen und andererseits bei gleichzeitiger Anlagerung von Brenztraubensäure zu einer großen Schar von Phenylpropanen.

Die *Phenylpropane* gehen nun überraschenderweise auch in die Bildung des *Flavanskelettes* ein, welches für die Flavone, Anthocyane und Katechingerbstoffe charakteristisch ist. Das Phenylpropan bildet dabei den Ring B und die C-Atome 2, 3 und 4 vom Heterozyklus. Der Ring A wird dagegen auf eine ganz andere Weise gebildet. Aktivierte Essigsäure ist der Baustein für diesen Benzolkern! Drei Essigsäuremoleküle geben in Kopf-Schwanz-Addition nach Dehydrierung über noch nicht näher bekannte Zwischenstufen den Ring A.

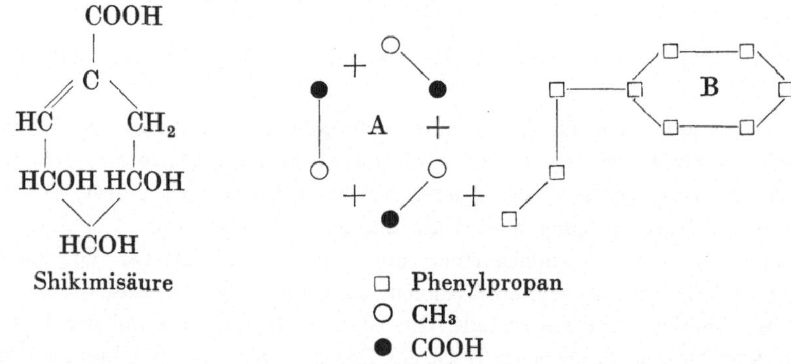

Die erwähnten Grundtypen können nun durch unterschiedliche Hydrierung, geringfügige Substitution (OH-Gruppen, Methylierung usw.) ins Unendliche abgewandelt werden. Soweit es sich hierbei um Säuren handelt — die phenolische OH-Gruppe hat schwach sauren Charakter ($p_K = 10$) —, sind sie zumindest im dissoziierten Zustand gut wasserlöslich. Auch Methylierung, Veresterung mit Zucker und Glycosidierung wirken sich günstig auf die Wasserlöslichkeit aus.

Unter *Glycosiden* versteht man ganz allgemein Verbindungen von Zuckern, insbesondere von Glucose (Glucoside) mit einem geeigneten Paarling. Als solche *Aglycone* (Aglucone) kommen alle Verbindungen mit alkoholischen oder phenolischen Hydroxyl- und auch noch mit anderen reaktionsfähigen Gruppen in Frage. Die Glycosidierung geht, wie bei der Bildung der Di- und Polysaccharide, die man ja auch als Glycoside bezeichnen kann, von *Zuckerphosphaten* unter Vermittlung geeigneter *Enzyme* (Glucosidasen, Glycosidasen) vor sich. Bemerkenswert ist der Umstand, daß die Glycosidbindung immer, wie bei der Zellulose, *β-glucosidisch* ist, während die leicht mobilisierbaren Speicherformen Rohrzucker und Stärke α-glucosidisch aufgebaut sind.

4.1.2. Gerbstoffe

Unter Gerbstoffen sind Substanzen zu verstehen, welche die *tierische Haut* allmählich in *Leder* umzuwandeln vermögen. Bei diesem noch nicht völlig durchschaubaren Vorgang wird durch eine Vernetzung der Faserproteine (Kollagen) Quellbarkeit und mikrobielle Angreifbarkeit stark herabgesetzt. Neben Chrom und Aluminiumsalzen sowie ungesättigten Fetten und Ölen (Sämischgerbung) haben die *pflanzlichen Gerbstoffe* noch immer die größte Bedeutung. Es handelt sich um verschiedene *aromatische Polyphenole* mit charakteristischer adstringierender Wirkung auf die Schleimhäute (herber zusammenziehender Geschmack). Gelöste Eiweiße werden gefällt bzw. koaguliert und mit Metallen, insbesondere Eisen- und Aluminiumsalzen, grüne, blaue und schwarze Niederschläge gebildet. Ihre *komplexbildenden* Eigenschaften verdanken die Gerbstoffe den reichlich vorhandenen phenolischen OH-Gruppen. Schreibtinte war früher im wesentlichen ein Gerbstoff-Eisenkomplex. Auch die bei vitaler Vakuolenfärbung häufig in Erscheinung tretende negative Metachromasie, d. h. eine Anfärbung der Vakuole in einem von der Farblösung charakteristisch abweichenden Farbton, beruht auf Komplexbildung des eingedrungenen Farbstoffs mit Zellsaft-Phenolen (Flavonolen, Gerbstoffen).

Als eiweißfällende Substanzen sind die Gerbstoffe ein Plasmagift, so findet man sie denn als Säuren, Zuckerester oder Glycoside in lebenden Zellen nur im Zellsaft ausgeschieden und dort angereichert, da dieser durch eine widerstandsfähige lipophile Membran, den Tonoplasten, gegen das Protoplasma abgegrenzt ist. (Nur so ist es erklärlich, daß in den Zellsäften lebender Zellen und Gewebe nicht selten starke Gifte angetroffen werden.) Erst postmortal diffundieren die Gerbstoffe auch in die Zellwände aus, wo sie meistens bei Gegenwart von Luftsauerstoff enzymatisch oxydiert, kondensiert oder polymerisiert werden. Die Gerbstoffe stellen fast immer ein *Gemisch chemisch uneinheitlicher Stoffe* dar. Man kann nach ihrem Verhalten gegenüber verdünnten Mineralsäuren mindestens zwei große Gruppen unterscheiden:

a) *Hydrolysierbare* Gerbstoffe: *Gallotannine* und *Ellagengerbstoffe*. Es handelt sich vor allem um Glucose-Ester mit *Gallussäure*, mit *Digallussäure* (Ester aus zwei Gallussäuren) und ähnlichen Verbindungen. Sehr verbreitet sind auch

die *Chlorogensäure* (= Ester aus Kaffee- und Chinasäure) und andere Poly-
hydroxyphenole. *Ellagsäure* (Kondensationsprodukt aus zwei Gallussäuren) ist
nur als Abbauprodukt bekannt und scheidet sich beim Gerben manchmal als
weißer Belag, von den Gerbern „Blume“ genannt, ab (vgl. S. 79).

Gallussäure

m-Digallussäure

Ellagsäure

Chlorogensäure

b) *Kondensierbare* oder *kondensierte* Gerbstoffe: *Flavanoid-* und *Stilben-
gerbstoffe*. Mit verdünnten Mineralsäuren geben sie eine rotbraune Färbung
und fallen schließlich aus. Es handelt sich vor allem um Abkömmlinge des
Catechins, des *Flavandiols* (vgl. Formelbild) und um gewisse *Polyhydrostil-
bene*; diese Verbindungen sind schon in den Vakuolen der Rinde, des Mark-
strahlenparenchyms usw. vorhanden und haben aber als „Gerbstoffvorläufer“
selbst noch *keine Gerbwirkung*. Diese erlangen sie erst durch Oxydation und
Kondensation zu noch wasserlöslichen Zwischenstufen. Postmortal werden sie
meist von den Zellwänden absorbiert und zu chinoiden rotbraun gefärbten
wasserunlöslichen Formen kondensiert, welche man als *Phlobaphene* (= griech.
Rindenfarbe) bezeichnet. Sie bilden ferner den rotbraunen Zellinhalt von Bor-
ken und Kernhölzern. Die Kondensation der Gerbstoffvorstufen erfolgt unter
Einwirkung des Luftsauerstoffs und ist an das Vorhandensein von Dehydrasen
(= Phenoloxydasen)-gebunden. Wie bei der Lignifizierung (vgl. S.141) dürften
in der Rinde (Borke) und im Kernholz die Zellwände vorausgehend mit de-
hydrierenden Enzymen, besonders von den Markstrahlen her imprägniert
worden sein.

Catechin R = H

3,4-Flavandiol R = OH

Piceatannol

4.1.3. Gerbstoff-Pflanzen

Gerbstoffe kommen in sehr vielen Pflanzen vor, sind aber auffallend oft nur auf die äußeren Gewebeschichten (Epidermen, Rinden) beschränkt. In gewissen Pflanzen und Pflanzenfamilien, besonders in der *Rinde* und dem *Kernholz* bestimmter Bäume wird eine solche Gerbstoffkonzentration erreicht, daß sich die technische Gewinnung meist in Form eines fabriksmäßig hergestellten Extraktes lohnt. Bei der Extraktion gelangen die Methoden der Zuckerindustrie zur Anwendung.

Auch gewisse *Früchte* und sogenannte *Gallen*, d. s. parenchymatöse Wucherungen, die auf Insektenstich (Gallwespen und Blattläuse) und die Abscheidungen der sich entwickelnden Larve hin entstehen, sind oft sehr reich an Gerbstoffen. Übrigens wirken Gerbstoffe und ihre chinoiden Oxydationsprodukte vielfach bakterio- und insektizid und hemmend auf das Pilzwachstum; sie sind also auch für die Pflanzen nicht ganz wertlose sekundäre Stoffwechselprodukte.

Gerbstoffgehalt verschiedener Hölzer, Rinden und anderer Pflanzenteile

	% des Trockengewichts	
	Holz	Rinde
Fichte *(Picea excelsa)*	ca. 0,1	5—9—18
Eiche *(Quercus pedunculata)*	Splint 1—4	4—13—16
	Kern 3—13	
Weide *(Salix sp.)*	—	Mittel 10
Birke *(Betula verrucosa)*	—	3—5
Kastanie *(Castanea vesca)*	7—10—16	8—14
Quebracho *(Schinopsis Lorentzii)*	Splint 3—4	6—8
	Kern 13—20—26	
Mangrove *(Rhizophora mangle)*		15—42
Gerbakazie *(Acacia decurrens* u. *Acacia mollissima)*		25
Sumach, Blätter von *Rhus coriaria*		26—30
Myrobalanen, birnenförmige Früchte von *Terminalia sp.*		25—35
Dividivi, schotenähnliche Früchte von *Caesalpinia brevifolia*		39—42
Valonea, Eichen-Fruchtbecher *(Quercus graeca)*		28—32
Knoppern, Eichengallen		30—75

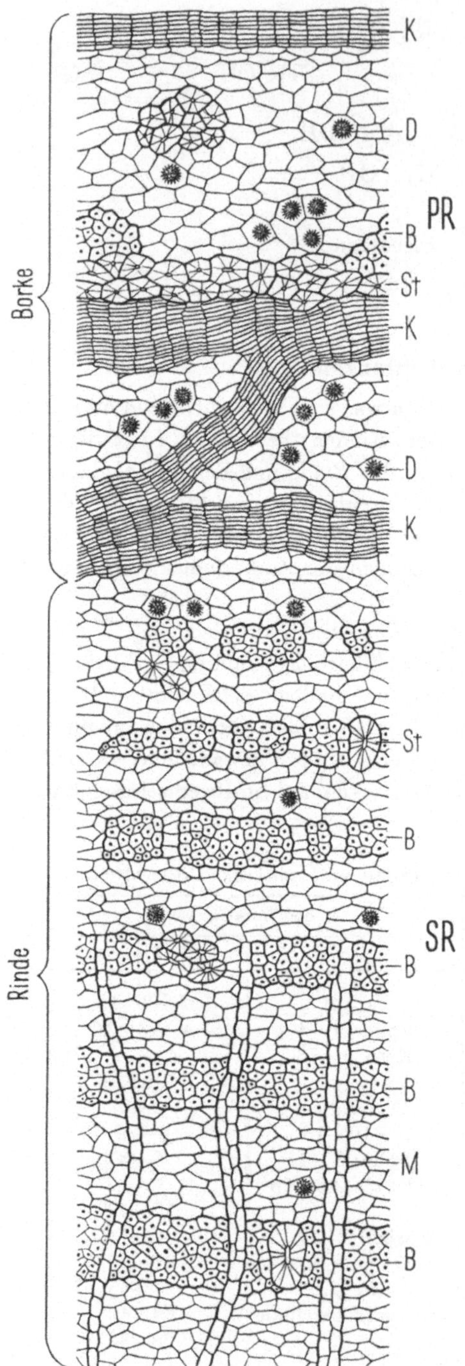

Abb. 30. Halbschematischer Querschnitt durch die Eichenrinde (nach LUERSSEN u. SCHENCK). PR = primäre Rinde, SR = sekundäre Rinde, B = Bastfasern, D = Ca-Oxalat-Drusen, K = Kork bzw. Periderm, M = Markstrahl, St = Steinzellen.

Unter den *einheimischen Gerbmaterialien* stehen die *Eichen-* und die *Fichtenrinde* obenan. Genützt wird bei uns die Stieleiche (*Quercus robur = Qu. pedunculata*), die Traubeneiche (*Qu. sessiliflora*), in Osteuropa besonders die Zerreiche (*Qu. cerris*) und in Frankreich auch die Grüneiche (*Qu. ilex*). Junge Rinde, sogenannte *Spiegelrinde* oder Spiegellohe ist weit *gerbstoffreicher* als ältere. Brauchbar sind, wie schon erwähnt, nur die wasserlöslichen Gerbstoffe der eigentlichen Rinde (Bast), d. i. der innere, größtenteils noch lebende Gewebeanteil, während die außerhalb des innersten Periderms liegende braune *Borke* mit ihren Phlobaphenen *arm* an verwertbaren Gerbstoffen ist (Abb. 30). Junge Eichenrinde enthält hauptsächlich Gallotannine und Ellagengerbstoffe, dazu noch ca. 1 % Catechin und 1 % Gallocatechin (vgl. S. 68). Mit Zunahme der Borkenbildung sinkt der Gerbstoffgehalt ab. Früher gab es auch bei uns sogenannte „Eichenschälwälder", das waren Niederwälder aus Stockausschlägen, die in 10- bis 20jährigem Umtrieb hauptsächlich zur Gewinnung der Eichenrinde dienten; nach 15 bis 20 Jahren setzt nämlich die Borkenbildung ein.

Fichtenrinde (*Picea excelsa*) wird heute noch bei Frühjahrsschlägerungen in Form großer Rollen gewon-

nen. Von den Gerbereien wird oder wurde sie meist zerkleinert als Streu-
mittel (*Lohe*) verwendet, während auch hier die braune Borke für die Gerberei
wertlos ist. Zu den kondensierbaren Gerbstoffen gehörend, ist jedoch die
Hauptkomponente des Fichtengerbstoffes das sogenannte *Piceatannol*, kein
Catechinderivat (C_{15}-Körper), sondern ein Pentahydroxytetramethylenstilben
(C_{18}-Körper, vgl. Formelbild). Das Piceatannol liegt in der Rinde (Bast)
ausschließlich monomolekular als Glucosid vor, im Sommer vorwiegend als
Diglucosid und im Winter als Monoglucosid.

Eine gewisse Rolle spielen noch, besonders in nördlichen Ländern, die
Weiden- und *Birkenrinde* (*Salix sp.* und *Betula alba*). Mit Weidenrinde wird
z. B. das *Juchtenleder* gegerbt und dann mit Birkenteer eingerieben. Weiden-
rinden enthalten neben Catechingerbstoffen auch viel Salizin, ein Glycosid des
Salicyls (o-Oxybenzalkohol).

Heute sind aber die einheimischen Gerbmaterialien stark zurückgedrängt
von den *tropischen* und *subtropischen Gerbmitteln*, die meist einen viel höheren
Gerbstoffgehalt aufweisen.

Das Holz der echten *Kastanie* (*Castanea vesca*) ist reich an Gerbstoffen.
Besonders für Südeuropa ist das Kastanienholz-Extrakt ein begehrtes, univer-
sales Gerbmittel, das, in modernen Fabriken hergestellt, für Italien und Frankreich einen nicht unbedeutenden Exportartikel darstellt. 1952 konnte die
europäische Jahresproduktion an Kastanienholz-Extrakt die 100 000 t-Grenze
erstmals überschreiten. Es ist ein Ellagengerbstoff, gehört also zu den Ellag
säure abscheidenden Gerbmitteln.

Das *Quebracho*extrakt aus dem Kernholz zweier südamerikanischer baumförmiger Anacardiaceen (*Schinopsis balansae* und *Sch. Lorentzii*) war zu Beginn
des Jahrhunderts zum wichtigsten pflanzlichen Gerbmittel geworden. Das sehr
harte und dauerhafte Kernholz ist schwerer als Wasser, kann daher nicht ge-
flößt werden und wird gleich an Ort und Stelle zum Extrakt verarbeitet. Da
das Quebrachoextrakt zwar sehr schnell gerbt, aber dem Leder oft eine unerwünschte rötliche Färbung erteilt, wird es meist in Mischung mit anderen
Gerbmaterialien verwendet. Aus dem sehr komplexen Kernholzextrakt sind bisher keine Catechine, sondern verschiedene 3,4-Flavandiole, Dihydroflavonole
und Flavonole isoliert worden.

Mehr als Farbstoff, denn als Gerbmittel wurde früher *Catechu*, das Extrakt
des dunklen Kernholzes von *Acacia katechu*, verwendet.

Heute steht *Mimosenrinde* (engl. Wattle Bark oder Black Wattle) im Welthandel mengenmäßig an erster Stelle, da die brasilianische Quebrachoerzeugung
durch Raubbau zurückgegangen und der Quebracho-Pool auseinandergefallen
ist. Bei den Mimosenrinden handelt es sich um die gerbstoffreichen Rinden der
aus Australien stammenden *Gerbakazien* (*Mimosa mollissima* und *M. decurrens*).
Die daraus gewonnenen Extrakte eignen sich zur Herstellung fast aller Lederarten, insbesondere auch zur Erzeugung von Sohlenleder. Dem Mimosengerb-

stoff liegen 3,7,3',4',5'-Pentaoxyflavan, 3,5,7,3',4',5'-Hexaoxyflavan (= Gallo-catechin) und Epicatechin zugrunde.

Auch die *Mangrovenrinde* kommt heute meist als Extrakt in den Handel. Mangroven heißen jene merkwürdigen Pflanzenformationen, welche als undurchdringliche Baumgürtel die Küsten tropischer Meere, besonders des Indischen Ozeans, säumen, wobei sie sich in den Gezeitenzonen auf charakteristischen Stelzwurzeln aus dem schlammigen Boden erheben. Etwa ein Dutzend verschiedener Arten aus der Familie der *Rhizophorazeen* bilden diese eigentümlichen Pflanzenbestände. Mangrovenextrakt ist das billigste Gerbmaterial und wird daher, obwohl von dunkler Farbe, viel verwendet. Chemisch wurde der Mangrovengerbstoff bisher nur wenig untersucht.

Die Rinden gewisser australischer *Eukalyptus*arten (neue *australische* Gerbrinde oder *Malletrinde*) enthalten in ihren Hohlräumen ein eingetrocknetes gerbstoffreiches Harz, sogenanntes „australisches Kino“. Unter *Kino* verstand man früher den aus der Rinde bestimmter *Papilionaceen* ausfließenden und an der Luft zu einer harzartigen schwarzen Masse erstarrenden Saft. Heute wird Kino als Sammelbegriff für alle durch Verletzungen (Anschneiden oder Anbohren) aus der Rinde ausfließenden Gerbstoffe gebraucht. Das „Malabarkino“ stammt von *Pterocarpus marsupium* und kommt aus Indien, das gleichwertige „Gambiakino“ von *Pt. erinaceus* aus dem tropischen Afrika. Der Gerbstoffgehalt beträgt bis 70%!

Nächst diesen Gerbrinden und -hölzern und den daraus gewonnenen Extrakten gibt es auch noch einige besondere Gerbrohstoffe.

Ein hauptsächlich aus Gallotanninen bestehender Gerbstoff ist der *Sumach*. Unter Sumach versteht man die feingemahlenen *Blätter* verschiedener strauchförmiger *Rhus*-Arten, insbesondere von *Gerbersumach* (*Rhus coriaria*), die im Mittelmeergebiet heimisch sind. Sizilianischer Sumach ist der beste, daneben wird noch Triestiner Sumach, Provencalischer Sumach usw. gehandelt. Sumach gilt als eines der edelsten Gerbmittel und dient zur Herstellung besonders hellfarbiger, lichtbeständiger und geschmeidiger Feinledersorten. Die Gallotannine von *Rhus coriaria* und anderen *Rhus*-Arten werden für eine Mischung verschiedener, eng miteinander verwandter polygalloylierter Glucosen (Okta- und Nonagalloylglucosen) gehalten.

Auch *Gambir*, ein früher viel aus Südostasien importiertes Gerbmittel, ist ein Extrakt aus Blättern und jungen Trieben von *Uncaria gambir*, einer *Rubiacee*. Die jungen Triebe mit den Blättern werden abgeschnitten und zunächst mit wenig Wasser gekocht; dann das Pflanzenmaterial ausgepreßt und der Preßsaft bis zur Sirupdicke eingeengt. Gambir und Catechuextrakt sind chemisch sehr nahe verwandt und bestehen hauptsächlich aus verschiedenen stereoisomeren Catechinen.

Von den als Gerbmaterialien genutzten *Früchten* wären zu nennen: die dattel- oder birnenförmigen *Myrobalanen*, die gerbstoffreichen Früchte verschiedener in Indien und Ceylon heimischer baumförmiger *Terminalia*-Arten.

Als *Dividivi* werden die schneckenförmig eingerollten Hülsen des mittelamerikanischen Strauches *Caesalpinia coriaria* bezeichnet. *Algarobilla* ist ein ganz ähnliches Produkt von *Caesalpinia brevifolia*. Aus Myrobalanen (*Terminalia chebula*) konnte das erste kristallisierbare Gallotannin Chebulinsäure ($C_{41}H_{32}O_{27}$), eine Verbindung aus einer Trigalloylglucose mit einer Galloylcarbonsäure isoliert werden. Myrobalanen und besonders Dividivi enthalten noch eine ganz ähnliche dehydrierte Verbindung Chebulagsäure ($C_{41}H_{30}O_{27}$), welche Ellagsäure abscheidet. Im botanisch nahe verwandten Algarobilla haben sich diese Stoffe nicht gefunden, dafür aber reichlich Brevifolinsäure-Glucose, worunter ein an Glucose gebundenes zum Teil decarboxyliertes Digallussäurekondensat zu verstehen ist.

Zu den besten pflanzlichen Gerbmitteln gehören die Fruchtbecher (*Wallonen, Valonea*) und die daransitzenden Schuppen (*Trillo, Triollo*) verschiedener mediterraner Eichenarten, wobei letztere besonders gerbstoffreich sind (50 bis 60 %). Alle diese Gerbstofffrüchte gehören zu den Ellagengerbstoffen, wobei sich bei Valonea als Besonderheit die Valoneasäure, ein an Glucose verestertes Trigallussäurekondensat, gefunden hat.

Schließlich müssen noch die oft außerordentlich gerbstoffreichen *pathologischen Gebilde* an Blättern und Knospen (*Gallen*) sowie Früchten (*Knoppern*) insbesondere auf Eichenarten erwähnt werden, die durch Gallwespen verursacht werden. Knoppern ergeben ein festes, zähes Leder. Auch in den Knoppern scheinen Ellagengerbstoffe vorzuherrschen. Die *chinesischen* und *japanischen Galläpfel* bilden sich an den Zweigspitzen, Stielen und Fiederblättchen einer in Ostasien heimischen Sumachart (*Rhus semialata*) und werden durch eine Blattlaus verursacht.

Anteil der verschiedenen pflanzlichen Gerbmaterialien an der Weltproduktion 1963 [1]

Mimosenrinde	132.000 t	35 %
Quebracho	131.000 t	34 %
Kastanienholz	69.000 t	18 %
alle übrigen	50.000 t	13 %

In vielen Ländern ist allerdings die Produktion und der Verbrauch von Gerbmitteln nicht annähernd bekannt, da die Gerbereien vielfach statistisch nicht erfaßbare Klein- und Kleinstbetriebe sind.

Einfuhr von Gerbmaterialien und Gerbstoffauszügen

Österreich 1960		Westdeutschland 1959	
t	Mill. ö. S	t	Mill. DM
2794	14,7	45 206	22,8

[1] nach Angaben der Versuchsanstalt für Lederindustrie Wien.

Die österreichischen Einfuhren kamen hauptsächlich aus Italien, Argentinien, Jugoslawien und der Südafrikanischen Union, die deutschen Einfuhren aus Argentinien, der Südafrikanischen Union, Italien und Frankreich.

Die pflanzlichen Gerbstoffe finden nicht nur für die Ledererzeugung, sondern auch in anderen Industriezweigen, so z. B. bei Erdölbohrungen, zusammen mit NaOH zur Viskositätsminderung des Bohrschlammes Verwendung. In den USA werden hiefür jährlich bis zu 40 000 t Quebrachoextrakt verbraucht! Gerbstoffe dienen ferner zum Imprägnieren von Fischernetzen und Segeln, zur Herstellung von Tinten (vgl. S. 63), von Kunstharzen, zur Verhütung von Kesselstein u. a.

Anhang: Leder

Leder ist ein *Umwandlungsprodukt tierischer Haut.* Um dieses Produkt und seinen Werdegang zu verstehen, ist es notwendig, den histologischen Aufbau der *Säugetierhaut* wenigstens in groben Zügen in Erinnerung zu rufen. Ein Haut-

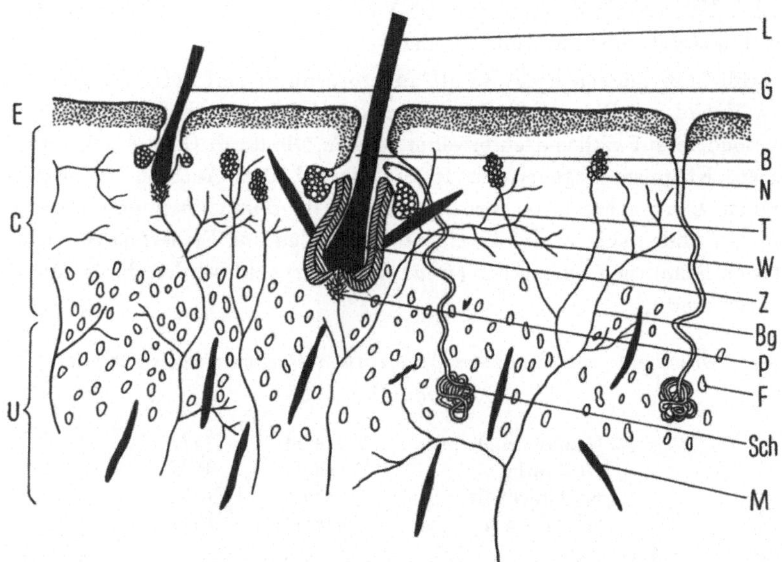

Abb. 31. Querschnitt durch die Säugetierhaut (nach W. GESSNER).

B = Follikel u. Haarbalg	G = Gruppenhaar	Sch = Schweißdrüse
Bg = Blutgefäß	L = Leithaar	T = Talgdrüse
C = Corium	M = Muskelfaser	U = Unterhautbindegewebe
E = Epidermis	N = Nerven (endungen)	W = Haarwurzel
F = Fettkörper	P = Haarpapillen mit Blutgefäß	Z = Haarzwiebel

querschnitt (Abb. 31) läßt eine Vielzahl von Strukturen und Schichtungen erkennen, von denen wir nur die für unsere Zwecke wichtigsten anführen wollen. Die Oberfläche der Haut ist von einer vergleichsweise dünnen *Hornschicht,* dei

Epidermis, überzogen, die aus mehreren Lagen abgeflachter Zellen gebildet wird; sie werden von einer basalen in ständiger Teilung befindlicher Zellschicht fortwährend erneuert und nach ihrer Verhornung nach außen abgeschuppt. Der Baustoff dieser Schicht, der auch die tierische Haare angehören (vgl. S. 183), ist überwiegend das *Keratin*. Die Epidermis ist nur ein dünner Überzug auf der nun folgenden mächtig entwickelten kompakten dichtfaserigen Schicht, der *Lederhaut* oder *Corium*, welche ihrerseits auf dem lockeren und leicht beweglichen *Unterhautbindegewebe* (Subcutis) aufsitzt. Für die *Ledererzeugung* ist allein das *Corium* maßgebend, während die Epidermis samt allen Äquivalenten und Subcutis zur Lederbildung nicht nur nichts beitragen, sondern sogar restlos entfernt werden müssen.

Das Corium läßt deutlich zwei Schichten erkennen: eine äußere, stärker zerklüftete *Papillarschicht* (= Narbenschicht) und die meist stärker entwickelte kompakte *Retikularschicht*.

Von der Gesamtdicke der Lederhaut entfallen auf

	Papillarschicht	Retikularschicht
Kalbsfell	17%	83%
Rindshaut	33%	67%
Roßhaut	20%	80%
Schaf- u. Ziegenfell	50%	50%
Schweinshaut	100%	—

Die *Zerklüftung* der Papillarschicht wird durch die Einstülpungen der Haarfollikel, der Schweißdrüsen, durch Faltenbildungen u. dgl. herbeigeführt und bedingt beim fertigen Leder das *Narbenbild* oder den „Narben", worunter die für die einzelnen Tierarten charakteristische Zeichnung der äußeren Oberfläche des Leders verstanden wird. Sie kann bei Lupenvergrößerung zur Identifizierung des Leders nach der Tierart herangezogen werden, wobei allerdings künstlich aufgepreßtes Narbenmuster (Chagrinieren), Oberflächenglättung durch Appretur und sonstige Zurichtungen zu Täuschungen Anlaß geben können. Beim Schweinsleder erstreckt sich der Narben und damit auch die Haarkanäle über den ganzen Dickenbereich, wodurch es porös und für manche Zwecke unbrauchbar wird.

Weist die Papillarschicht wegen der Schweiß- und Talgdrüsen der Muskel- und Nervenfasern und anderen histologischen Elementen einen dicht-feinfasrigen Bau auf, so ist die Retikularschicht von ausgesprochen grobfaseriger Struktur. Blutgefäße, Nervenstränge, Fetteinlagerung und restliche Fibroblasten usw. treten mengenmäßig ganz zurück und sind auch für die Ledererzeugung ein unerwünschter und zu entfernender Ballast.

Der *Faseranteil* des Coriums, auf den es hier allein ankommt, besteht zu 95% aus *Kollagen*, einem auch die Sehnen und die organischen Anteile der Knochen aufbauenden tierischen Fasereiweiß. Erzeugt werden die Fasermassen des Coriums von den *Fibroblasten*, welche in der wachsenden jugendlichen Haut ein zusammenhängendes Netzwerk bilden und sich im Verlauf der weiteren Entwicklung gewissermaßen unter Selbstaufopferung in das dreidimensionale dicht verschlungene Flechtwerk der Kollagenfasern verwandeln. Fibroblasten sind in geringerer Anzahl auch in der erwachsenen Haut vorhanden und bedingen die Neubildung der Haut bei Wundheilung. Das Corium besteht also fast vollständig aus einer toten Masse engverfilzter Kollagenfasern, welche in ausgezeichneter Weise Festigkeit und Elastizität der Säugetierhaut gewährleisten. Wie die mikroskopische Untersuchung von Lederquerschnitten zeigt, ist das Geflecht aus flach bis stark bogig gewellten Kollagenfasern aufgebaut (Abb. 32).

Durch Anquellen und geeignete Aufbereitung lassen sich die Kollagenfasern in *Fibrillen* von ca. 0,5 μ Breite aufspalten, und im Elektronenmikroskop werden noch dünnere fibrilläre Bauelemente sichtbar, die bei einem Durchmesser von ca. 100 nm am ehesten den Makrofibrillen des Keratins (vgl. S. 185) entsprechen. Eine den Mikrofibrillen entsprechende Untereinheit wird beim Kollagen nicht gefunden, was auch dadurch unterstrichen wird, daß schon Abdrücke von Kollagenfibrillen eine ausgesprochene *Querstruktur* in Form periodischer Einschnürungen erkennen lassen, die je nach Verstrekkungsgrad eine Periode von 40 bis 100, meist zwischen 62 und 66 nm aufweisen. Im Durchstrahlungsbild kann bei Schwermetallkontrastierung besonders

Abb. 32. Schematische Darstellung des unterschiedlichen Faserbündelverlaufes im Corium (nach HERFELD).

nach Chrom- und Phosphorwolframsäure-Färbung in genannter Hauptperiode ein System von 12 Streifen in 5 Gruppen aufgelöst werden, dem zweifellos eine hohe innere Ordnung entsprechen muß. Die Chrom-III-Komplexe lagern sich an die Carboxylgruppen der Asparagin- und Glutaminsäure, während die Phosphorwolframsäure von der basischen Guanidogruppe des Arginins stöchiometrisch gebunden wird. Unter mehreren Modellen hat die Vorstellung von drei Proteinschrauben mit je drei Aminosäuren pro Umgang und 8,6 Å Identitätsperiode viel für sich. Die drei hierfür in Frage kommenden und hauptsächlich am Aufbau beteiligten Aminosäuren sind *Glycokoll* (Glycin-Aminoessigsäure) und *Prolin* bzw. *Hydroxyprolin* (Pyrrolidin-α-Carbonsäure). Die Länge der stabartigen Kollagenmoleküle ($=$ *Protofibrillen*) aus drei schraubig verdrillten Proteinketten beträgt etwa 260 nm. Zu den „endlosen" nativen Kollagenfibrillen lagern sich die Protofibrillen parallel, und zwar mit einer Phasenverschiebung von einem Viertel ihrer Länge zusammen. An den Enden überlappen sich die Protofibrillen ein wenig in sogenannter End-an-End-Anlagerung. Verursacht wird dieses Arrangement durch die elektrostatischen Kräfte der basischen und sauren Seitenketten (20,9 Mol.% polare Aminosäuren) und ihrer Wechselwirkung bei Parallellagerung der Proteinketten. Auch läßt sich Kollagen durch Behandlung mit verdünnten Säuren (Zurückdrängung der Carboxyldissoziation und elektrostatische Abstoßung der positiven Ladungen) in Lösung bringen und dann wieder zu nativen Kollagenfasern — ganz anders als bei Keratin und Seide (S- bzw. H-Brücken!) — regenerieren.

In geringerem Maße interessieren die elastischen Fasern, welche nur wenige Prozente der Masse des Coriums ausmachen und auch keineswegs für die Elastizität der Lederhaut verantwortlich sind. Sie bestehen aus *Elastin*, einem ganz anderen Eiweiß, und zeigen im Elektronenmikroskop richtige *Mikrofibrillen* mit Durchmessern um 8 nm ohne jegliche Periode oder Querstreifung.

Das Kollagen der Lederhaut sowie das der Sehnen und Knochen verquillt in heißem Wasser und löst sich in kochendem Wasser zu *Leim* bzw. *Gelatine*. Gewöhnlicher Leim wird bekanntlich mit kochendem Wasser aus Knochen gewonnen (Leimsiederei), *Fischleim* wird in gleicher Weise aus Fischblasen besonders vom Hausen und anderen Stören bereitet. Der *Knochenleim* (Warmleim) spielt in der Tischlerei nur mehr eine geringe Rolle, da heute weitgehend *Dispersionsleime* (Polyvinylacetat-Kaltleime) und *Kunstharzleime* (Harnstoffleime in Formaldehydlösung) in Verwendung sind.

Gelatine ist nichts anderes als gereinigter, geruch- und farbloser, manchmal auch rotgefärbter Leim. Gelatine dient u. a. als Bindemittel für photographische Schichten.

Aufgetrocknete Haut wird steif und durchscheinend und obwohl mechanisch sehr widerstandsfähig, ist sie in diesem Zustand für die meisten praktischen Zwecke unbrauchbar, zumal sie in feuchtem Zustand ein ausgezeichnetes Substrat für proteolytische Bakterien darstellt, mithin leicht und schnell in Fäulnis übergeht. Das zu verhindern und sich aber gleichzeitig die ausgezeichneten mechanischen Eigenschaften zunutze zu machen, ist die Aufgabe und der Zweck der Gerberei.

Leder gegerbt wird schon seit Jahrtausenden, und zwar bis zu Beginn unseres Jahrhunderts in einer wohl ausgeklügelten und vielfach streng geheimgehaltenen, rein empirischen Weise. Die Aufgliederung der Arbeitsgänge und die vielen eigenartigen Fachausdrücke kommen noch daher, wenngleich die wissenschaftliche Durchdringung des Gegenstandes zusammen mit der Einführung großtechnischer Anlagen und Maschinen zu vielen Neuerungen und rationelleren Methoden der Ledergewinnung geführt haben.

Lederbereitung

Der erste Arbeitsabschnitt erfolgt in der sogenannten *Wasserwerkstatt* und hat die Isolierung der gerberisch allein wichtigen Lederhaut zum Ziel. In die Gerberei gelangen die Rohhäute meist eingesalzen, d. h. mit Kochsalz konserviert, oder getrocknet, um Fäulnis hintanzuhalten. Es muß daher durch ausgiebiges *Wässern* das Salz wieder restlos entfernt werden bzw. die trockenen Häute müssen erst wieder aufgeweicht werden. Hierauf gilt es, durch sogenanntes *Äschern*, ehemals mit Pottasche, jetzt meist mit gelöschtem Kalk und Natriumsulfid, die Hornhaut und die Haare zu lockern. Es geschieht dies durch

Quellung und partielle Lösung noch nicht verhornter Proteine der Bildungsschichten der Hornhaut und Haarwurzeln.

Dauer bis zur Erreichung guter Haarlässigkeit

reiner Kalkäscher (konz. Lösung, d. i. ca. 1,7%) 9 bis 10 Tage
reiner Kalkäscher (+ 0,5% Na$_2$S, 60- bis 63%ig) 7 bis 8 Tage
reiner Kalkäscher (+ 1,0% Na$_2$S, 60- bis 63%ig) 4 bis 5 Tage
reiner Kalkäscher (+ 2,5% Na$_2$S, 60- bis 63%ig)   2 Tage
reiner Kalkäscher (+ 5,0% Na$_2$S, 60- bis 63%ig) 3 bis 5 Stunden

Kommt es, wie bei Schaffellen (Gerberwolle vgl. 187) oder bei der *Pelzzurichtung*, auf die Erhaltung der Haare an, so wird der Äscher in Breiform oder auf andere Weise nur einseitig auf die innere sogenannte Fleischseite aufgetragen. Die Haarlockerung kann auch auf biologische Weise, durch sogenanntes *Schwitzen* oder *Schwöden*, d. h. Aufhängen der Häute in abgeschlossenen wasserdampfgesättigten Kammern, erfolgen. Bei warmem Schwitzen (20 bis 25° C) wird durch die Tätigkeit proteolytischer Fäulnisbakterien genügend Haarlässigkeit in ein bis zwei Tagen, beim kalten Schwitzen (15° C) in ein bis zwei Wochen erreicht.

Haare, Hornhaut und die noch anhaftenden Teile des Unterhautbindegewebes werden nun auf mechanische Weise, in größeren Betrieben maschinell, entfernt. Die auf diese Weise resultierende *Lederhaut*, die sogenannte *Blöße*, muß noch durch *Streichen* und *Glätten* auf gleiche Dicke gebracht und dabei noch möglichst von allen restlichen Einlagerungen (Fett, Fibroblasten usw.) befreit werden. Die gleichmäßigste „Egalisierung" der Blöße wird durch maschinelles *Spalten* erreicht, wobei die Lederhaut durch einen Flächenschnitt in einen gleichmäßig dicken „Narbenspalt" und einen „Fleischspalt" aufgeteilt wird. Ersterer ergibt das *Volleder* mit natürlichen Narben, letzterer *Spaltleder*, dem durch Appretur oder Aufpressen eines künstlichen Narbenreliefs ebenfalls eine glatte Oberfläche gegeben werden kann.

Desgleichen müssen die Äscherchemikalien wieder entfernt werden. Kalk insbesondere wird durch Behandlung mit Säuren in leicht lösliche Verbindungen übergeführt, welchen Vorgang man *Entkalken* nennt. Bei solchen Lederarten, die eine gewisse Weichheit und Geschmeidigkeit besitzen sollen, genügt einfaches Entkalken noch nicht, sondern das Hautmaterial muß darüber hinaus einem *Beizprozeß* unterworfen werden, bei dem durch Einwirkung proteolytischer Enzyme eine zweckentsprechende Auflockerung des kollagenen Fasergefüges erreicht werden soll. Jedenfalls hat sich schon die chemische und mechanische Zubereitung im Rahmen der Wasserwerkstatt nach der gewünschten Qualität des aus der Blöße zu erzeugenden Leders zu richten.

Jetzt erst geht der zweite Arbeitsgang, der *eigentliche Gerbprozeß*, vonstatten, wodurch eine möglichst *irreversible* Verbindung zwischen Haut und Gerbstoffen erzeugt werden soll, die eine gegenüber der ungegerbten Haut stark herabgesetzte Hydrophilie und Schrumpfungstemperatur, eine wesentlich höhere

Heißwasserbeständigkeit ohne zu verleimen, und vor allem eine höhere Resistenz gegen Fäulnis- und Verdauungsfermente aufweist. Stoffe, welche eine solche Verbindung mit Kollagen eingehen, heißen wir Gerbstoffe, Materialien, die solche enthalten, Gerbmaterialien. Unter den *Gerbmaterialien* stehen die *pflanzlichen* und *mineralischen* Gerbstoffe, insbesondere Chromsalze obenan, es folgen Fettstoffe, Formalin, Chinon und *synthetische* Gerbstoffe.

Zu den pflanzlichen Gerbstoffen muß man auch die Sulfitzelluloseextrakte, d. h. die Ligninablaugen der Sulfitzellstoffgewinnung (vgl. S. 156) rechnen, da auch sie zwar nicht allein gerben, aber zur Kombinationsgerbung zusammen mit pflanzlichen oder mineralischen Gerbstoffen mit Erfolg herangezogen werden.

Österreichische Lederproduktion im September 1964

Unterleder (veget. u. chrom.)	150.631 kg	Oberleder chrom.	203.030 m²
Riemenleder chrom.	1.792 kg	Waterproof	18.820 m²
veget.	9.164 kg	veget.	3.348 m²

Materialeingang der ledererzeugenden Industrie Westdeutschlands 1954 in 1000 D-Mark

Häute und Felle	vegetabilische Gerbmaterialien	mineralische Gerbstoffe	sonstige Gerbmittel
435 400	32,452	9,639	13,855

Zur Anwendung gelangen diese Gerbstoffe als *Extrakte* bzw. in wässeriger Lösung, und zwar nach dem *Gegenstromprinzip*, indem die Häute zunächst in bereits ausgelaugte Gerbstofflösungen geringer Konzentration und hoher Dispersität, aus denen die Diffusion der Gerbstoffe in den ganzen Bereich des Coriums leichter erfolgt, eingehängt werden. Anschließend durchlaufen die Häute immer frischere Gerbbäder von stufenweise erhöhter Gerbstoffkonzentration, in denen sie jeweils bis zur Sättigung der Gerbstoffaufnahme verbleiben („*goldene Gerberregel!*"). Die Dauer der Gerbung kann durch geeignete Maßnahmen gegenüber den älteren Verfahren wesentlich verkürzt werden, doch sind solchen im Interesse der Wirtschaftlichkeit sehr wichtigen Bestrebungen dadurch Grenzen gesetzt, daß erst nach gewisser Zeit eine wirklich wasserfeste Kollagen-Gerbstoffverbindung im ganzen Corium gleichmäßig bis herab zum submikroskopischen und makromolekularen Bereich der Kollagenfibrillen erreicht wird und damit ein allen Anforderungen gerecht werdendes Leder zustande kommt.

Die Herstellungszeiten für pflanzlich gegerbtes Leder schwanken je nach Lederart beträchtlich. Für die Gesamtdauer der Herstellung, also einschließlich der Wasserwerkstatt und Zurichtung, werden angegeben:

Bodenleder und Brandsohlenleder unter vorwiegender Verwendung von Gerbrinde (Altgrubenleder)	12 Monate
wie oben, aber unter vorwiegender Verwendung hochprozentiger Gerbextrakte (moderne Gerbung)	4 bis 6 Monate
pflanzlich gegerbtes Oberleder	5 Monate
Blankleder, Geschirrleder, Riemenleder und technisches Leder	3 bis 4 Monate

Es werden auch recht beträchtliche Gerbstoffmengen aufgenommen. Die Verhältniszahl von nicht auswaschbar gebundenem Gerbstoff zur Hautsubstanz (= 100) beträgt beim Leder 60 bis 80! Zu geringe *Durchgerbungszahl* (< 50) deutet auf ungenügende Gerbintensität, zu hohe (> 95) auf Beschwerung des Leders mit unauswaschbar eingelagerten Stoffen.

Bei der Komplexität des Substrates und den ebenfalls nicht einfachen molekularen und kolloidchemischen Gegebenheiten der meisten Gerbstoffe darf es nicht wundernehmen, daß es trotz umfangreicher Bemühungen noch nicht gelungen ist, völlige Klarheit über die hier ablaufenden komplizierten Vorgänge zu erlangen. „Der Gerbvorgang ist zu kompliziert, um auf eine einfache Reaktion, welcher Natur sie immer auch sei, zurückgeführt zu werden, und eine allgemeingültige Gerbtheorie besteht demgemäß nicht, man wird vielmehr den verschiedenen Gerbarten auch verschiedene Gerbauffassungen anzupassen haben." (HERFELD, S. 365.)

In den pflanzlichen Gerbstoffen sind es namentlich die phenolischen OH-Gruppen, welche mit den NH-Gruppen des Kollagens Wasserstoffbrücken bilden und so unter anderem eine Art „Vernähung der Hauptvalenzketten" bewirken. Ferner gehen die chinoiden Oxydationsprodukte der Gerbstoffe mit NH_2-Gruppen irreversible Verbindungen ein, die durch Alkalieinwirkung nicht gesprengt werden und ebenfalls einen Vernetzungseffekt ergeben. Durch diese *Vernähung* des *Proteingitters*, die nur von hinreichend großen Molekülen bewirkt werden kann, bleibt die Fibrillen- und Faserstruktur der Haut nicht nur erhalten, sondern wird noch verstärkt und versteift. Während *ungegerbte* Haut zu einem *transparenten Xerogel* auftrocknet (vgl. Transparentleder, S. 81), bleibt *Leder* ein *undurchsichtiges Aerogel*, eben infolge Versteifung des Feinbaues des Fasergefüges.

Was nun die anderen, hauptsächlich für dünnere und leichtere Leder zur Anwendung gelangenden Gerbarten anbelangt, so liegt z. B. der wesentliche Vorteil der *Chromgerbung* in ihrer einfachen, übersichtlichen und raschen Durchführung, Benötigung nur relativ geringer Gerbstoffmengen, guter Licht-, Wasser- und Hitzebeständigkeit und guter Färb- und Zurichtbarkeit der Leder. Gerbend wirken ausschließlich die Salze mit *dreiwertigem* Chrom (Chromisalz), wobei *Chromalaun* $Cr_2(SO_4)_3 \cdot K_2SO_4 \cdot 24\,H_2O$ die technisch wichtigste Form ist. Die Gerbung kann entweder unmittelbar mit gerbend wirkenden Chromisalzen erfolgen (*Einbadgerbung*), oder die Haut wird zunächst mit Chromaten oder Bichromaten des sechswertigen Chrom durchtränkt und erst in einem zweiten Arbeitsgang in die gerbende dreiwertige Form reduziert (*Zweibadgerbung*). Für die Chromgerbung sehr wesentlich ist der Basizitätsgrad der Chrombrühe, da mit steigendem Laugenzusatz die Dispersität abnimmt, also die Teilchengröße und damit die Gerbwirkung der Brühe zunimmt. Es wird daher stets — in Übereinstimmung mit der goldenen Gerberregel — in schwach basischen dünnen Brühen angegerbt und unter langsamer Steigerung des Basizitätsgrades in hochbasischen starken Brühen ausgegerbt. Chromgegerbte Leder sind im Querschnitt hellgrau, pflanzlich gegerbte dagegen braun.

Die *Gerbung mit Fettstoffen* ist wahrscheinlich die älteste Gerbung überhaupt, wobei Konservierung allein schon durch Verdrängung des Wassers mit Fettstoffen bewirkt werden kann. Indessen vermögen gewisse Fette, besonders solche mit mehrfach ungesättigten Fettsäuren, auch eine richtige Gerbwirkung hervorzubringen. Das bekannteste dieser Gerbverfahren ist die *Sämischgerbung*, bei der geeignete Trane als Gerbmittel verwendet werden. Die Sämischgerbung liefert besonders weiche Leder, und zwar *Rauhleder*, bei denen die Narbenschicht entfernt ist. Schon die Wasserwerkstattarbeiten sind etwas verschieden, indem stärkere Äscher zu einer weitgehenden Auflockerung der Lederhaut Anwendung finden. Dabei wird auch die dichtere Narbenschicht, die das Eindringen der Fettstoffe unnötig verzögern würde, so weit gelockert, daß sie meist gleich bei der Enthaarung mit entfernt werden kann. Die meisten Felle für Sämischleder liefern Hirsch, Reh, Gemse (franz. chamois = Gemse, daraus verballhornt Sämisch), aber auch Ziegen-, Schaffelle und Rindshäute. Bei der *Neusämischgerbung* werden die Blößen zunächst in einer Lösung von 1,5 bis 2% Formalin und eventuell 1% kristallisierter Karbolsäure einen Tag lang vorgegerbt. Die Behandlung mit Tran kann hierauf stark abgekürzt und schonender gestaltet werden. Neusämischgegerbte Leder sind gegen Alkali beständiger, was für *Wasch*- und *Fensterleder*, die häufig mit Seifenlösungen in Berührung kommen, wichtig ist.

Häufig werden die Leder nach mehreren Gerbverfahren gegerbt, um durch solche *Kombinationsgerbung* die erwünschten Eigenschaften verschiedener Gerbarten vorteilhaft zu vereinigen. Bei zwei gleich stark wirkenden Gerbverfahren bestimmt im allgemeinen das erste die Eigenschaft des Leders, während bei einer schwächeren *Vorgerbung* die Eigenart des fertigen Leders erst durch die *Nachgerbung* festgelegt wird.

In einem dritten und letzten Arbeitsabschnitt, der *Zurichtung*, wird dem Leder durch chemische und mechanische Methoden sein endgültiges Aussehen verliehen. Vor allem müssen zunächst die nicht gebundenen auswaschbaren Gerbstoffe teilweise oder ganz entfernt und das Leder mittels Walzen und Pressen *entwässert* werden. Da die Tierhäute von Natur aus gewölbt sind, wird das Leder nun *glattgelegt*, indem es von Hand oder maschinell „ausgestoßen" oder „ausgereckt" und dabei auch der Narben verfeinert und geglättet wird. Beim Gerben nimmt das Leder durch die Gerbstoffaufnahme meist eine braune bis rötlichbraune Farbe an, und es ist daher vielfach, besonders im Hinblick auf eine nachfolgende Färbung, eine *Aufhellung* oder *Bleichung* erwünscht. Vollständig unschädlich ist zu diesem Zweck ein Nachgerben mit hellen pflanzlichen Gerbmitteln, wie *Gambir* oder *Sumach*. Chromleder wird meist nach Neutralisation mit lichtechten *Weißgerbstoffen* gebleicht. Säurebleiche ist nicht unbedenklich, und bei Unterleder sollte überhaupt jede Bleiche unterbleiben. Es gibt übrigens auch reine Weißgerbung, wie z. B. die Alaungerbung mit Al-Salzen.

Das *Färben* kann aus Farblösungen basischer (kationischer), saurer (anionischer) oder substantiver Farbstoffe oder mittels aufgebrachter *Deck-*

farben, d. s. unlösliche Farbpigmente, erfolgen, die, durch Bindemittel (Kollodium, Casein, Polymerisatbinder) zusammengehalten, einen dünnen undurchsichtigen Farbfilm ergeben. Die *kationischen* Farbstoffe werden in ähnlicher Weise wie die pflanzlichen Gerbstoffe vom Leder gebunden. Die *anionischen* Farbstoffe färben pflanzlich gegerbtes Leder nur aus saurer Lösung, Chromleder, das immer basisch reagiert, auch direkt. *Substantive* Farbstoffe, ebenfalls anionisch, dienen vorwiegend zum Färben von Chromleder und Schwefelfarbstoffe fast ausschließlich zum Färben von Sämischleder. *Entwicklungs*farbstoffe, die erst durch chemische Reaktionen auf der Kollagen bzw. Lederfaser entstehen, zeichnen sich, wie übrigens auch bei der Färbung von Textilfasern, durch besonders gute Licht- und Waschechtheit aus.

Ein wesentlicher Arbeitsgang vor dem *Trocknen* ist noch das *Fetten* des Leders, da fertig gegerbtes Leder sonst hart und brüchig auftrocknet. Verwendung finden hiezu verschiedene tierische und pflanzliche Fette, Seifen, Emulsionen u. dgl. Manche Leder erhalten noch eine *Appretur*, welche teils die Güte verbessert, indem Glanz, Glätte oder Geschmeidigkeit erhöht werden, teils das Leder gegen äußere Einflüsse beständiger macht. Die Aufbringung einer oberflächlichen Fremdstoffschicht bzw. eine Appretur ist die Voraussetzung für die Erzeugung von *Hochglanzledern*, die ihren schönen Glanz aber erst durch Bearbeitung auf der Glanzstoßmaschine erhalten. Das Aufpressen künstlicher Narbenbilder (*Chagrinieren*) wird im allgemeinen erst nach dem Färben und Trocknen bei leichter Anfeuchtung vorgenommen. Auch der natürliche Narben, der am plastischsten bei pflanzlicher Gerbung erhalten wird, kann durch „Krispeln" oder „Levantieren" nachträglich herausgearbeitet werden. Es wird hiezu das Leder Narbe auf Narbe gebogen und die entstehende Falte unter leichtem, richtig abgestuftem Druck in bestimmte Richtungen bewegt. Die schönen kräftigkörnigen Narben des *Saffianleders* von bestimmten Ziegenfellen werden so erhalten. Getrocknet wird das Leder schließlich im Trockenraum, durch den ein angewärmter trockener Luftstrom geleitet wird. Der Wassergehalt lufttrockenen Leders beträgt je nach Jahreszeit und Lederart immer noch 11 bis 18%.

Einen Sonderfall stellt die *Pelzzurichtung* dar, bei der eine Bearbeitung nur auf die Fleischseite beschränkt bleibt. Lange Zeit begnügte man sich, die Pelze durch einen bloßen *Pickelprozeß* zu konservieren, indem sie z. B. in Streichbeize oder Schwimmbeize der Einwirkung eines Säure-Salzgemisches, und zwar von mindestens 6% Koch- oder Glaubersalz und 1% konzentrierter Schwefelsäure, unterworfen wurden. Dies erlaubt zwar, Pelze von geringem Gewicht zu erzeugen, die Fäulnisfähigkeit der Haut bleibt aber im vollen Umfang erhalten. Besonders bei „Nacktpelzen", die mit der Fleischseite nach außen getragen werden, ist aber eine echte Gerbung unerläßlich. Während die Behandlung mit pflanzlichen Gerbstoffen hier im allgemeinen unbefriedigende Resultate liefert, sind die Sämisch- und Chromgerbung sowie gewisse Kombinationsgerbungen in entsprechender Anpassung durchaus brauchbar.

Lederarten

Die Einteilung der zahlreichen Lederarten kann nach der *Tierart*, der angewendeten Gerbung oder am häufigsten nach dem praktischen Verwendungszweck erfolgen. Unter den für Gerbzwecke in Frage kommenden Häuten steht die Rindshaut weitaus an der Spitze, gefolgt vom Kalbsfell, von Schaf-, Lamm-, Ziegen- und Kitzfell und Roßhäuten. Gerberisch am wertvollsten sind die *Höhenrassen* der *Rinder*, wie Höhenfleckvieh, gelbes und lichtes Höhenvieh, Limburger, Pinzgauer usw. Das Ideal der Rindshaut ist die *Ochsenhaut* von großer Gleichmäßigkeit, grobem, dichtfaserigem Kern — so nennt man die Rücken- und Schulterpartien, die wertvollere Hälfte der Haut. Das *Kalbsfell* gibt naturgemäß feinere Leder. Rindshäute aus Europa, und den USA werden als „Zahmhäute" und solche aus Übersee von halbwild gehaltenem Vieh als „Wildhäute" bezeichnet. Die *Schaffelle*, besonders von guten Wollrassen, sind infolge lockeren Baues und reichlicher Fetteinlagerungen von geringerer Festigkeit, während *Ziegenfelle* wieder ein dichteres festes Leder ergeben, ohne allerdings das Kalbsfell in seinen guten Eigenschaften zu erreichen. Einen dichten Faserbau weist auch die *Roßhaut* auf, welche besonders vom hinteren Kern (Spiegel) ein Leder von guter Luft- und Wasserdichtigkeit ergibt. Die *Schweinshaut* (vgl. S. 71) und *Kaninchenfelle* sind nur beschränkt verwendungsfähig. Für Luxusartikel endlich werden auch Häute von *Reptilien* (Riesenschlangen, Eidechsen, Alligatoren usw.) wegen ihrer schönen Zeichnung verarbeitet.

Hinsichtlich des *Verwendungszweckes* unterscheidet man zunächst, wie schon erwähnt, zwischen *Volleder* mit Naturnarben und *Spaltleder*, die aus den mittleren und unteren Teilen der Lederhaut gewonnen wurden. Ferner unterteilt man in Leder für Schuhmacher, Sattler, Polsterer und Taschner, in Feinleder und technische Leder.

Die hauptsächlichsten Leder für *Schuhmacher* sind die Unterleder und die zahlreichen Oberleder. Die *Unter-Sohlenleder* sind aus stärksten Rindshäuten in Eichen- oder Eichen-Fichten-Lohgerbung, also reiner (Alt-)Grubengerbung hergestellte harte Leder. Auch die modern gegerbten Sohlenleder sind hier anzureihen. *Vacheleder* (vache, franz. = Kuh), etwas biegsamer, wird meist aus Kuhhäuten in gemischter Gerbung erzeugt. Das Vacheleder findet wieder als Sohlenleder, ferner als Brandsohlen- und Kappenleder, d. s. nicht aus Kernstücken hergestellte Sohlenleder, Verwendung. Die pflanzlich gegerbten, besonders die altgrubengaren Sohlenleder besitzen einen säuerlichen Geruch und zeigen den charakteristischen grauen Ellagsäurebelag, Blume genannt (vgl. S. 64). *Chromsohlenleder* kommt nur für Sportschuhe in Frage, da es in der Feuchtigkeit schlüpfrig wird.

Im Gegensatz zum Unterleder müssen die *Oberleder*, aus denen die Schuhoberteile hergestellt werden, weich und biegsam und außerdem möglichst luftdurchlässig, aber wasserundurchlässig sein. Die meisten Oberleder werden in Chromgerbung, ein gewisser Teil auch in Loh- und Kombinationsgerbung hergestellt.

Fahlleder sind die wichtigsten lohgaren Oberleder, hauptsächlich aus Kuh- und Kalbinnenhäuten (Kalbin ist eine junge Kuh, die noch nicht geworfen hat). Die gut luftdurchlässigen Fahlleder werden überwiegend auf Arbeitsschuhe und Stiefel verarbeitet. Ebenfalls meist lohgare Leder sind die *Futterleder*, die entweder direkt auf diesen Zweck hin gearbeitet werden oder die als schlechter gestellte und narbenbeschädigte Stellen verschiedener Häute und Felle anfallen.

Rindbox ist das wichtigste chromgare Oberleder aus gut gestellten leichteren Rindshäuten. Meist wird es mehr oder· weniger vegetabilisch-synthetisch nachgegerbt und einseitig mit Plastikfarben gefärbt. *Boxkalb* (Boxcalf) ist ebenfalls ein Chromleder, das sich durch größere Geschmeidigkeit, die auch beim Naßwerden und Wiedertrocknen erhalten bleibt, auszeichnet. Boxkalb wird meist ebenfalls gefärbt und im Glanzstoßverfahren auf Hochglanz zugerichtet. *Waterproofleder* (waterproof = wasserdicht) sind chrom-pflanzlich gegerbte und stark geschmierte Rindsleder. Wegen ihrer weitgehenden Luft- und Wasserundurchlässigkeit werden sie meist nur zur Sportschuherzeugung herangezogen.

Nubukleder ist chromgares Kalbsleder, das mit synthetischen lichtechten Weißgerbstoffen nachgegerbt und auf der Narbenseite samtartig geschliffen wurde. *Veloursleder* (Samtziege, Samtkalb u. ä.) sind ebenfalls chromgare Kalbs-, Ziegenleder usw., ferner auch Spaltleder, deren Fleischseite geschliffen worden ist. Samtkalb gilt als das feinste Veloursleder.

Bei *Chevreau* (chevreau, franz. = Kitz) handelt es sich fast ausschließlich um chromgares Ziegenleder (Zweibadgerbung), welches weich und geschmeidig, sich durch einen besonders feinen Narben auszeichnet. Es wird als feines und festes Schuhoberleder geschätzt. Demgegenüber ist *Chevrette*, meist nur ein chromgegerbtes Schafleder, weit weniger strapazfähig und nur für Hausschuhe geeignet, für die es auch viel verwendet wird. Roß-Chevreau ist chromgegerbtes Roßleder vom Hals der Tiere und meist ähnlich dem Boxkalb zugerichtet, aber gröber und billiger als dieses.

Die *Lackleder* dienen nicht nur als Schuhoberleder, sondern auch als Taschen- und Feinleder. Es handelt sich fast ausschließlich um chromgegerbte Leder verschiedener Tierarten. Auf die zu lackierende Narbenfläche wird zuerst zum Verschließen der Poren ein „Grund" aufgebracht, auf den entweder nach dem Warmlack (Leinölgrundlage) oder Kaltlackverfahren (Nitrozellulose- oder Kunstharzbasis) der Lackfilm aufgetragen wird. Wie Waterproof ist auch das Lackleder praktisch wasser- und luftundurchlässig.

Zur nächsten Gruppe, der *Sattler-*, *Polster-* und *Taschnerleder*, gehören namentlich alle *Blankleder* sowie deren Abarten: Zeug- und Geschirrleder, Taschen- und Koffervachetten. Es sind dies alles pflanzlich gegerbte Rindsleder verschiedener Stärke, ferner auch egalisierte Spaltleder, die neben einer milden, geschmeidigen Beschaffenheit auch guten Stand und große Zugfestigkeit aufweisen. Der Fettgehalt normaler Blankleder beträgt 5 bis 12%, während der Fettgehalt des stärkeren Geschirrleders bis zu 25% erreicht. Das für Aktentaschen und Koffer vorgesehene Blankleder, auch als Vachettenleder bezeichnet, ist gelegentlich auch bloß Spaltleder mit aufgepreßtem Narben und Deckfarbenauftrag (sogenannter *Mappenspalt*); auch als Möbelleder werden großhäutige Vachetten verwendet.

Für leichtere *Polster-* und *Taschner*waren dienen neben Rinds- auch Schweinsleder, Kalbs-, Schaf- und Ziegenleder, pflanzlich-, chrom- oder kombiniert gegerbt. Dies führt uns zu den außerordentlich mannigfaltigen *Feinledern*, zu denen außer Kalbs-, Ziegen- und Schaffellen und Schweinshäuten auch noch Schlangen-, Eidechsen- und sogar Fischhäute verarbeitet werden. Das *Saffianleder*, das besonders in der Buchbinderei Verwendung findet, wird aus vorgegerbten indischen Ziegen und Bastardfellen hergestellt. Solche Felle werden aber auch glatt und glänzend oder künstlich genarbt zugerichtet (*Maroquinleder*).

Handschuhleder werden in reiner Glacé- (= Alaungerbung), Sämisch- oder Chromgerbung aus Kitz- und Lamm- bzw. Ziegen- und Schaffellen gewonnen. Die Entkalkung dieser Felle muß besonders vollkommen sein und die Beize stark gefördert werden. Glacé-Leder mit Gambir nachgegerbt ergibt das *Handschuh-Nappa* und Chrom-Gambir- oder chrom-synthetische Gerbung mit gleicher Nachgerbung das *Chrom-Nappa*.

Für *Bekleidungsleder* werden meist Kalbs-, Ziegen- oder Schaffelle, oft Narben-Spalte von Rinds- und Roßhäuten verwendet. Um diesen Ledern die nötige Weichheit und Geschmeidigkeit zu geben, muß schon in den Wasserwerkstattarbeiten die Faserstruktur entsprechend gelockert werden, jedoch nicht so stark wie bei den Handschuhledern; also reichliche Äscher und intensive Beizen. Die Gerbung erfolgt fast ausschließlich nach dem Chromeinbadverfahren, oft der besseren Fülle wegen mit pflanzlicher Nachgerbung. Aus Veloursbekleidungsleder werden u. a. die Lederhosen gemacht. Bei diesem Leder handelt es sich meist um veloursartig zugerichteten Rind-Spalt (Hosenspalt) oder um neusämisch gegerbtes Leder.

Zu den *technischen Ledern* endlich rechnet man z. B. die Treibriemenleder, meist aus gutgestellten loh- oder chromgaren Ochsenhäuten, und die besonders reißfesten und elastischen Schlagriemenleder für Webereien, aus chrom-, alaun- oder kombiniert gegerbten Büffelhäuten. Die außerordentlich festen sogenannten *Transparentleder* sind eigentlich keine Leder, sondern ausgetrocknete Blößen, die mit Glycerin getränkt und dadurch biegsam geworden sind. Ähnlich verhält es sich auch mit dem *Pergamentleder*, das nur eine kurze Alaungerbung durchgemacht hat. Übrigens gibt es auch Schuhoberleder für orthopädische Zwecke, die mit Absicht nicht vollständig durchgegerbt sind. Zum Schluß seien noch die Fensterputz-, Wasch- und Filtrierleder genannt, die vorwiegend aus Wildfellen, auch Schaf- und Kaninchenfellen in Sämisch- bzw. Neusämischgerbung hergestellt werden.

Lederproduktion 1958

	Westdeutschland (ohne Saarland und Berlin)	Österreich
Oberleder in 1000 qm	20 232	1905
Futterleder in 1000 qm	5 862	248
sonstige Leder in 1000 qm	18 166	864
Gewichtsleder (Sohlen-, techn. Leder usw.) in t	31 487	3929

Produktion von Häuten und Fellen 1960 in t

	Rind	Kalb	Schaf	Ziege	Pferd	Schwein
Westdeutschland	82 188	9041	—	—	1021	—
England	78 800	1700	—	—	—	—
Niederlande	28 481	4542	—	—	1403	—
Polen	24 370	8060	3 011	267	2728	16 479
Österreich[1]	16 771	2899	—	—	504	—
Ungarn	10 907	499	—	—	1784	5 475
Schweiz	9 591	3419	—	—	—	—
Bulgarien	4 773	—	—	—	210	5 435
Spanien	13 592	6888	15 994	2784	1705	—
Griechenland	1 690	234	6 740	3713	—	—
Brasilien	169 429	—	1 861	1369	—	557
Uruguay	25 642	—	9 611	—	—	—
Japan	1 336	830	250	250	1795	15 589

[1] im Jahre 1959.

Literatur zum Anhang

FASOL, Th., Was ist Leder? Eine Technologie des Leders. Stuttgart: Franckh'sche Verlagshandlung, 1954.

FREUDENBERG, W., Internationales Wörterbuch der Lederwirtschaft. Berlin-Göttingen-Heidelberg: Springer-Verlag, 1951.

GNAMM, H., Fachbuch f. d. Lederindustrie, 4. Aufl. Stuttgart: Wiss. Verlagsges. m. b. H., 1950.

GNAMM, H., Die Fettstoffe des Gerbers, 2. Aufl. Stuttgart: Wiss. Verlagsges. m. b. H., 1951.

Handbuch der Gerbereichemie und Lederfabrikation, Hrg. v. W. GRASSMANN, 2. Aufl. Bd. III/1, 2 und IV. Wien: Springer-Verlag, 1955—1962.

HERFELD, H., Grundlagen der Lederherstellung. Dresden und Leipzig: Th. Steinkopff, 1950.

HERFELD, H., Die Qualitätsbeurteilung von Leder, Lederaustauschwerkstoffen und Lederbehandlungsmitteln. Berlin: Akademie-Verl., 1950.

Hides, skins and leather under the microscope. The British Leather Manufacturers' Research Association. Milton Park, Egham Surrey, England, 1957.

KOHL, F., Herstellung farbiger Leder in ihrer praktischen Anwendung. Ledertechn. Bibliothek, Bd. 1. Wiesbaden: Dr. Sändig Vlg., 1957.

KÜNTZEL, A., Gerbereichemisches Taschenbuch. 6. Aufl. Dresden u. Leipzig: Th. Steinkopff, 1955.

Die Lederwirtschaft der Welt. 10 Jahre Fortschritt in der Gerbereichemie und Ledertechnik. Länderberichte zur 10. Arbeitstagung des VÖLT. Wien: Verl. B. M. Leitner

SAGOSCHEN, J. A., Einführung in die Technologie des Leders. Österr. Gewerbeverl., 1951.
SCHÖPEL, H., Lederkunde. Stuttgart: G. Teubner Verlags., 1957.
STATHER, F., Haut- und Lederfehler. 2. Aufl. Wien: Springer-Verlag, 1952.
STATHER, F., Leder und Kunstleder. Fachkunde in Stichworten, 2. Aufl. Berlin: Akademie-Verl., 1956.
STATHER, F., Gerbereichemie und Gerbereitechnologie, 3. Aufl. Berlin: Akademie-Verl., 1957.

4.1.4. Einige Phenole, Phenylpropane, Flavane und verwandte Verbindungen

Von den zweiwertigen Phenolen ist das Resorcin noch nicht frei in den Pflanzen gefunden worden, wohl aber das Methylderivat *Orcin* und die zugehörige Carbonsäure *Orsellinsäure* in bestimmten Flechten, d. s. symbiontisch aus einem Pilz und einer Alge bestehende Lebewesen. Die Orsellinsäure bildet, so wie die Gallussäure Ester, mit ihresgleichen die sogenannten Flechtensäuren, ferner auch

Resorcin   Orcin   Orsellinsäure

Ester mit Zuckern. Aus gewissen Flechten, vor allem *Rocella-* und *Lecanora-*Arten, werden durch Gärung und Behandlung mit schwachen Alkalien die heute allerdings nur mehr sehr wenig gebrauchten Flechtenfarbstoffe *Orseille* (= Persio) und der uneinheitliche Indikatorfarbstoff *Lackmus* gewonnen. Orcin ist der Baustein für diese Farbstoffe.

Im Cambialsaft der Nadelhölzer (*Coniferen*) findet sich ein methyliertes Phenylpropanglucosid, das *Coniferin,* und aus dem Cambialsaft des Flieders (*Syringa vulgaris*) ist seit langem das *Syringin,* ein gleiches nur zweifach methyliertes Glucosid, bekannt. Diese früher wenig beachteten Glucoside bzw. ihre Aglucone, der *Coniferylalkohol* (vgl. S. 142) und der *Synapylalkohol* haben sich in den letzten Jahrzehnten als die Bausteine des Holzstoffes, des *Lignins,* erwiesen. Zum Coniferin tritt bei den Laubhölzern ziemlich allgemein, wie wir . heute wissen, das Syringin als Ligninbaustein hinzu, wobei das Verhältnis Syringin/Coniferin bzw. deren Abbauprodukte 3 bis 0 beträgt. Die Polymerisation zu Lignin erfolgt erst nach dem Austritt des Glucosids aus der Vakuole, Abspaltung der Zucker durch eine Glucosidase und enzymatische Dehydrierung des Aglucons zu hochreaktiven Radikalen. Der Vorgang der Verholzung und das Holz selbst wird erst im Kapitel 7.2. behandelt.

Ein durch seinen angenehmen Geruch (Waldmeister, Maple Sugar, vgl. S. 36) auffallender und sehr verbreiteter Stoff ist das *Cumarin.* Es entsteht erst

postmortal nach dem Zerreiben der Gewebe aus einem noch nicht näher bekannten, vielleicht glycosidischen Phenylpropan-Vorläufer. Der Geruch ist an
die Entstehung des Laktonringes gebunden.

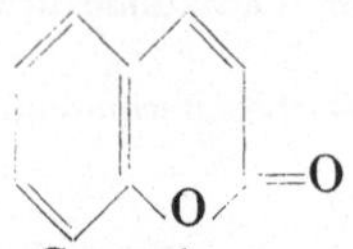

Cumarin

Betrachten wir die natürlich vorkommenden *Flavane* hinsichtlich ihres
Heterozyklus, so können wir sie in einer Reihe anschreiben, bei der die am
stärksten oxydierten zweckmäßigerweise in der Mitte stehen.

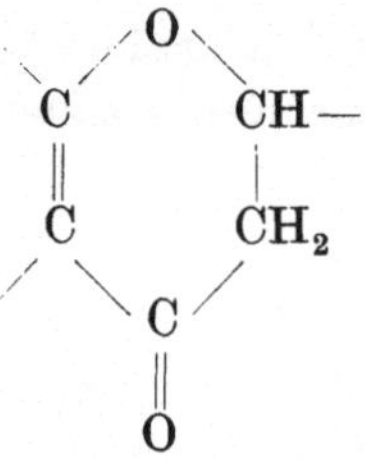

Flavanon 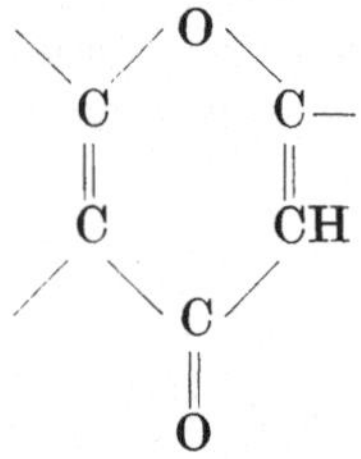   **Flavon** 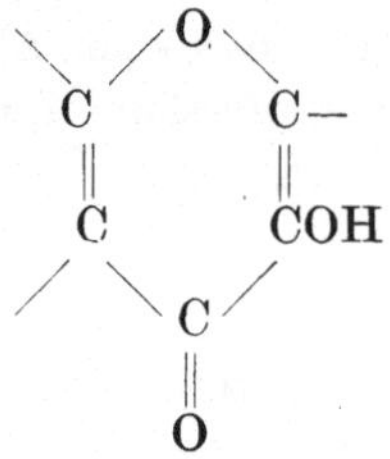   **Flavonol**

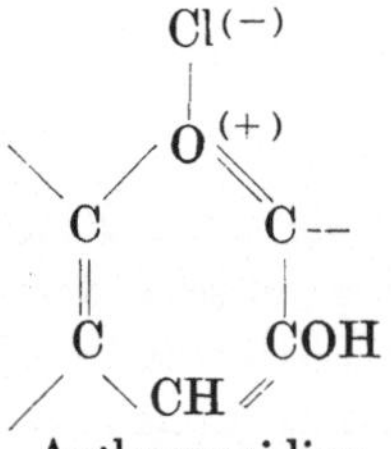

Anthocyanidine 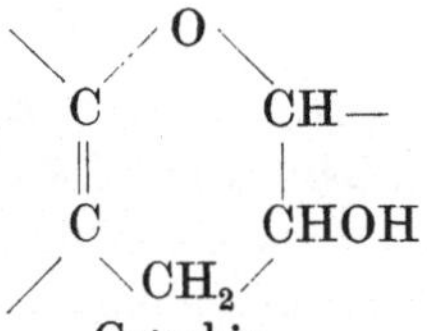   **Catechin**

Als Beispiel für *Flavone* nennen wir das in den Blüten (Saflor) der Färber-
distel (*Carthamus tinctorius*) enthaltene 5,7,8,4'-Flavanon-Glucosid, welches
erst postmortal durch ein Enzym in das *Carthamin*, die rotgefärbte Chalkon-
form, übergeführt wird. Ehedem war Saflor neben Indigo die wichtigste Färber-
pflanze.

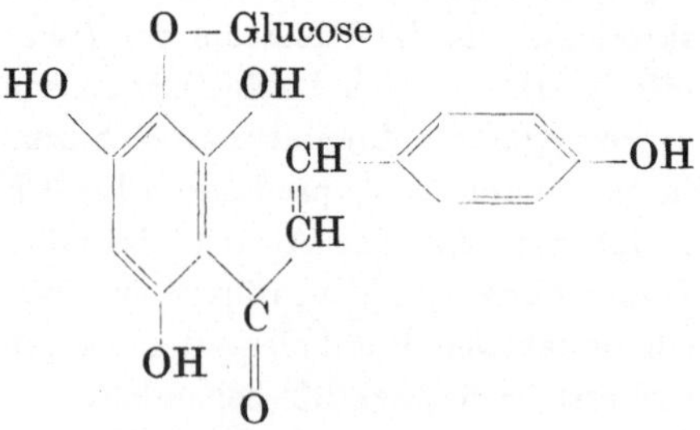

Carthamin

Von den oben angeführten Verbindungen weisen die drei mittleren konjugierte Doppelbindungen auf; schon die Flavone und Flavonole sind meist mehr oder weniger gelb, aber erst die Anthokyane sind richtige Farbstoffe mit allen denkbaren Übergängen von Violett nach Blau, Rot bis Hellrosa.

Die Flavonole und Anthokyane kommen meist glycosidiert als ein Gemisch von zwei oder mehreren geringfügig abgewandelten Verbindungen im Zellsaft vor. Die weniger wasserlöslichen Aglycone, besonders der Flavone, bilden manchmal gelbe staubförmige Abscheidungen, z. B. auf den Blättern, Stengel und Kelch gewisser Primeln, viel häufiger aber postmortale Zellwandimprägnierungen, besonders in Hölzern, deren charakteristische Farbe sie zusammen mit chinoiden Phenolen (oxydierten Gerbstoffen) bedingen. Lignin und Zellulose sind farblos bzw. weiß.

Ungemein verbreitet ist das *Quercetin*, ein 5,7,3',4'-Tetraoxyflavonol, und seine verschiedenen Glycoside. Besonders reichlich ist es in der *Quercitron*-Rinde der nordamerikanischen Färbereiche (*Quercus tinctoria*) vorhanden, welche 35 bis 38% eines hochkonzentrierten Extraktes, im gereinigten Zustand als *Flavin* bezeichnet, liefert. Trockene Zwiebelschalen enthalten ebenfalls ca. 4% Quercetin (Ostereierfärben). Quercitronenextrakt wurde früher viel als Beizenfarbstoff (*Schüttgelb*) zur Gelb- und Braunfärbung in den Färbereien benützt.

Von den vielen anderen Flavonen und Flavonolen seien nur noch einige wenige angeführt: Das *Rhamnetin* (7-Methyläther des Quercetins) der Kreuzbeeren (Früchte des Kreuzdorns, *Rhamnus sp.*); das *Morin* (5,7,2',4'-Tetraoxyflavonol) des tropischen Gelbholzes = echter Fustik (Kernholz von *Morus tinctoria*), welches nur auf Baumwolle und Wolle das bekannte *Khakigelb* ergibt; das *Luteolin* (5,7,3',4'-Tetraoxyflavon) des früher bei uns viel gebauten einheimischen Wau (*Reseda lutea*) und des Färberginsters (*Genista tinctoria*).

Die *Anthokyane*, diese auf pH-Änderungen und auf Zusatz von Komplexbildnern (Metallsalzen, Gerbstoffen, sogenannten Copigmenten, höheren Kohlenhydraten usw.) so empfindlichen typischen Blütenfarbstoffe, haben nie technische Verwendung gefunden. Ihre erstaunliche Veränderlichkeit hängt mit den ausgesprochenen amphoteren Eigenschaften zusammen, welche sie einerseits den phenolischen OH-Gruppen und andererseits dem Oxoniumcharakter des Sauerstoffs im Heterozyklus verdanken. Unter Anthokyanen versteht man eine ganze Reihe eng miteinander verwandter Farbstoffe, die in den Vakuolen größtenteils in glycosidierter Form auftreten. Die zuckerfreien Komponenten (Aglucone) heißen *Anthocyanidine*, deren wichtigste das *Pelargonidin* ($C_{15}H_{11}O_5$), *Cyanidin* ($C_{15}H_{11}O_6$) und das *Delphinidin* ($C_{15}H_{11}O_7$) sind. Die rote Farbe vieler Blüten und Früchte (Fruchtsäfte, Marmeladen), aber auch vegetativer Organe (Rote Rüben, Blutvarietäten, Herbstverfärbung) wird durch Anthokyane bedingt. Der herbe Geschmack des Rotweins erklärt sich aus den begleitenden Phenolen und Gerbstoffen (sogenannte Co-Pigmente).

In die nähere Verwandtschaft der Flavane gehört auch das *Hämatoxylin* und das *Brasilin*, wertvolle Kernholzstoffe des Blau- oder Campecheholzes (*Haematoxylon campechianum*), und des Rot- oder Fernambukholzes (*Caesalpinia echinata, C. Sappan*). Diese zunächst noch farblosen Glycoside werden in den Markstrahlen- und Holzparenchymzellen gebildet und erst postmortal zu den entsprechenden chinoiden, prächtig gefärbten Verbindungen dehydriert. Das blauschwarze *Hämatein* und das rote *Brasilein* sind schon im (toten) Kernholz vorhanden, ihre Bildung aus den ungefärbten Vorläufern geht aber noch während des Zerkleinerungsvorganges und Extraktionsprozesses weiter. Beide Farbstoffe finden heute noch in der Färberei Verwendung.

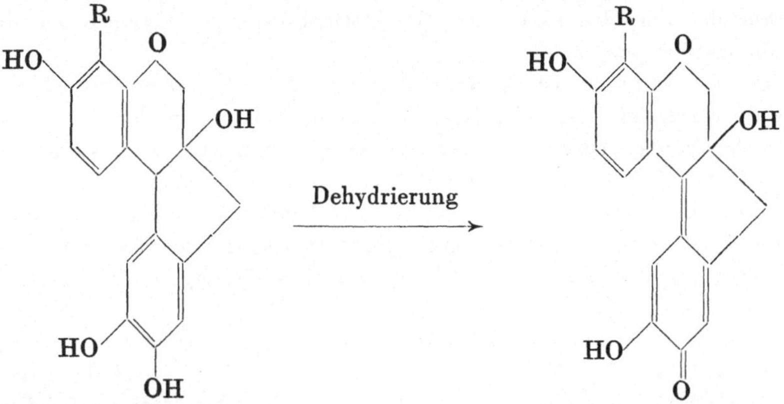

Dehydrierung →

Hämatoxylin (R = OH)   Hämatein (R = OH)
Brasilin   (R = H)   Brasilein (R = H)

Aus höheren Pflanzen können auch rote *Naphtochinon-* und *Anthrachinonderivate* gewonnen werden, welche wahrscheinlich, wie die chinoiden Verbindungen überhaupt, erst postmortal durch die einseitige Tätigkeit von Phenoloxydasen anfallen. Über etwaige Beziehung dieser Stoffe oder ihrer Vorläufer zu den besprochenen Typen von Aromaten ist noch nichts bekannt.

Ein Vertreter der Naphtochinone ist das *Alkannin*, der Farbstoff der osteuropäischen roten Ochsenwurzel (*Alcanna tinctoria*); bei allen Alkanninpflanzen, darunter verschiedenen *Borraginaceen*, ist im frischen Zustand kein Farbstoff (Leucoverbindung) vorhanden, sondern er bildet sich erst beim Trocknen der Pflanzenteile.

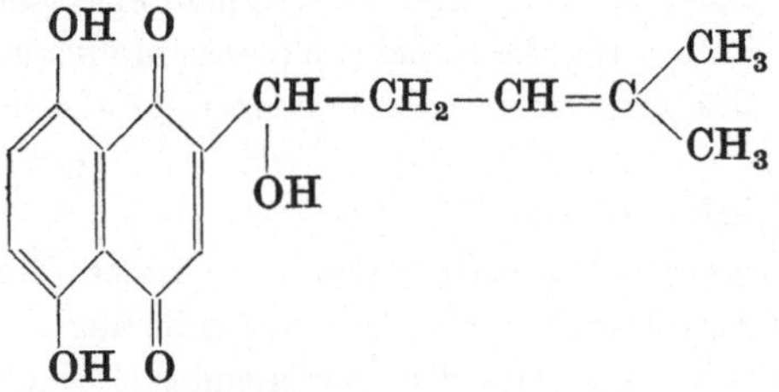

Alkannin 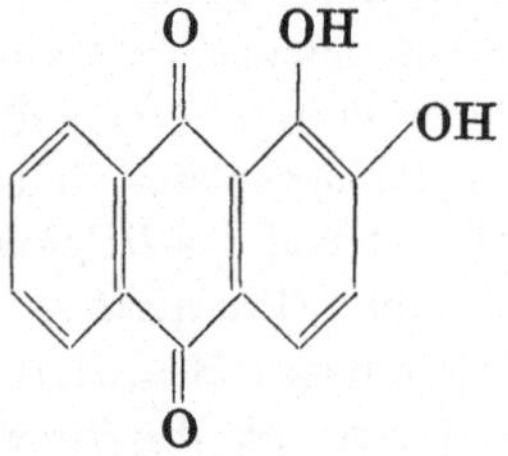   Alizarin

Ein Anthrachinonderivat ist das *Santalin*, der Farbstoff des roten Sandelholzes (*Pterocarpus santalinus*).

In der *Krappwurzel*, dem Wurzelstock der Färberröte (*Rubia tinctorum*), findet sich nach dem Trocknen reichlich ein zum Teil glycosidierter roter Farbstoff (*Türkisch Rot*), welcher hauptsächlich aus *Alizarin* und nahe verwandten Anthrachinonderivaten besteht. Aus dem wäßrigen Auszug der gemahlenen Wurzeln (= *Krapp*) können nach Alaun-, Eisen- und Chromzusätzen verschieden gefärbte Extrakte erhalten werden. Diese Alizarin-Metallkomplexe sind, mit Leinöl angerieben, auch noch heute geschätzte Malerfarben, wie die Namen Van-Dyck-Rot, Rubens Krapp, Rembrandt Krapp, anzeigen. Wie schon beim Quercetin und den Anthokyanen erwähnt, besitzen alle diese Farbstoffe mit phenolischen OH-Gruppen die Fähigkeit, mit Metallkationen gefärbte Komplexe zu bilden, die dann je nach Verwendungszweck und Substrat als Beizen oder Farblacke bezeichnet werden. Man macht auch in der Tuchfärberei davon ausgiebig Gebrauch, um einerseits den Farbstoff fester (waschecht, lichtecht) an die Faser zu binden und andererseits verschiedene Farbtöne zu erzielen.

Die Färberröte ist früher, besonders in Frankreich und in Schlesien, viel gebaut worden. Als 1871 das synthetische Alizarin auf den Markt kam, war der natürliche Farbstoff bald völlig verdrängt, ein erstes Beispiel, daß ein uralter Naturstoff durch ein technisch hergestelltes Präparat ersetzt werden konnte. Wie sehr die Naturfarbstoffe von den synthetischen Teerfarbstoffen verdrängt wurden, kann man z. B. daraus ersehen, daß 1960 die österreichische Einfuhr an pflanzlichen und tierischen Farbstoffen, ausgenommen Indigo, 14 100 kg im Wert von 442 000 Schilling betrug, während die Einfuhr von Teerfarbstoffen 2 013 000 kg oder 142 094 000 Schilling erreichte.

4.2. Alkaloide — Pflanzenbasen

Die hier zu besprechenden sekundären Stoffe sind durch den Besitz eines oder mehrerer N-Atome im Kohlenstoffgerüst ausgezeichnet. Dies ist auch die Ursache des mehr oder weniger basischen „alkaloiden" Charakters dieser typisch pflanzlichen Stoffklasse.

Der Stickstoff wird von der höheren Pflanze mittels der Wurzelhaare direkt dem Boden entnommen[1], wo er in Form von Ammonium- und Nitrationen vorliegt. Die Wurzeltätigkeit erschöpft sich aber nicht in der Aufnahme von Wasser und wasserlöslichen Nährsalzen, sondern die Wurzel bzw. gewisse Gewebeschichten (Wurzelrinde) entfalten gerade hinsichtlich der stickstoffhältigen Substanzen eine überraschende synthetische Fähigkeit. So konnte in den letzten Dezennien gezeigt werden, daß gewisse Alkaloide ausschließlich in der Wurzel synthetisiert werden und überhaupt der Stickstoff in organischer Festlegung

---

[1] Eine Ausnahme bilden nur die *Leguminosen* (Hülsenfrüchtler), in deren Wurzeln sich Knöllchenbakterien ansiedeln und elementaren Luftstickstoff zu binden vermögen. Dieser kommt dann durch Resorption der Bakterien der Wirtspflanze zugute.

mit dem Transpirationsstrom aus der Wurzel in die oberirdischen Organe der Pflanze gelangt.

Als typische Transport- und Speicherformen des Stickstoffes sind außer den bekannten ubiquitären Säureamiden Glutamin und Asparagin (vgl. S. 27) Verbindungen wie das *Citrullin* (Erle, Birke) und das *Allantoin* (Ahorn, Bohne, *Symphytum* usw.) erkannt worden, welche den Carbamid (Harnstoff) rest N-C-N tragen. Das Citrullin steht nun interessanterweise in Beziehung zum *Pyrimidin*-, das Allantoin in Beziehung zum *Purin*gerüst und damit zu den N-Basen der Nucleinsäuren, dem genetischen Material der Zelle im allgemeinen und des Zellkerns im besonderen. Nucleinsäuren sind bekanntlich hochpolymere spiralig aufgebaute Körper aus Phosphorsäuren, Zuckern (Ribose und Desoxyribose) sowie Purin und Pyrimidinbasen (vgl. Abb. 9, 10).

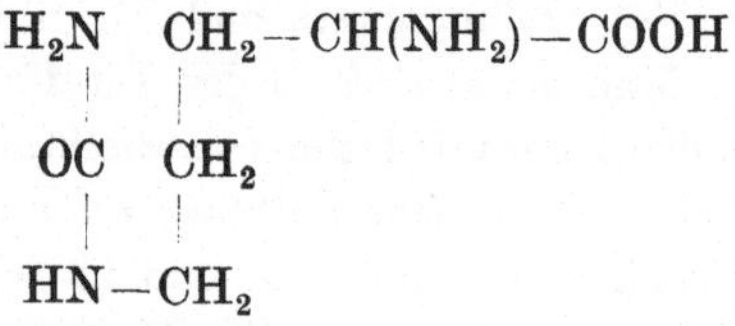

Citrullin

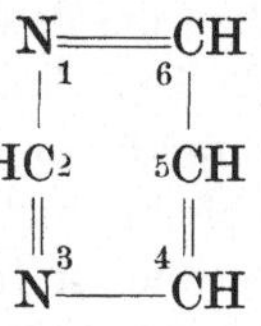

Pyrimidin

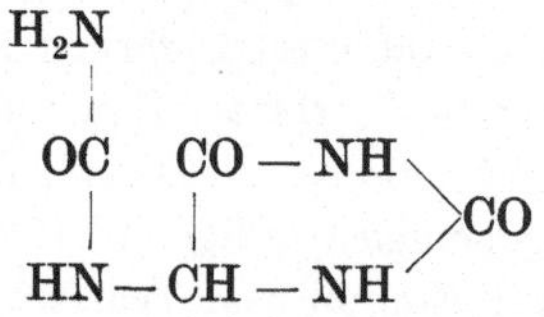

Allantoin

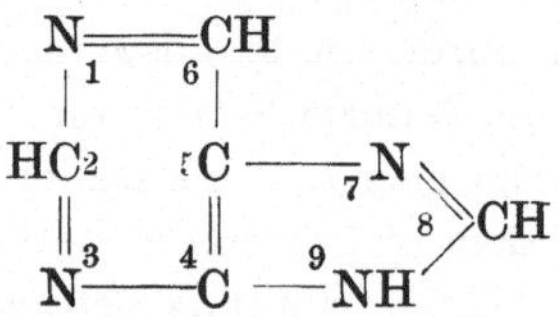

Purin

Phosphorylierte Purinbasen, wie das *Adenosintriphosphat* = ATP (Adenosin = 6 Aminopurin-ribosid), und Pyrimidinbasen, wie das *Uridintriphosphat* = UTP (Uridin = 2,6 Dioxypyrimidin-ribosid), sogenannte *Nucleotide*, sind auch die allgegenwärtigen Energieüberträger der lebenden Zelle (vgl. S. 12), sozusagen das Benzin des Lebensmotors. Vom Puringerüst leiten sich aber auch Alkaloide im engeren Sinn, typische sekundäre Stoffwechselprodukte, ab.

Nicht überall kann man schon einen so weitreichenden Zusammenhang erkennen, doch lassen sich eine ganze Reihe von Alkaloiden zwanglos an gewisse lebensnotwendige Aminosäuren anschließen.

Für viele Alkaloide dagegen ist eine tiefere Beziehung zu anderen Sekundärstoffen oder zum Grundstoffwechsel, welche doch letzten Endes bestehen muß, noch kaum zu erahnen. Auffallend ist das sich gegenseitig weitgehend ausschließende Vorkommen von Alkaloiden und Terpenoiden.

Als undissoziierte Basen sind die Alkaloide schwer oder gar nicht wasserlöslich, dafür aber gut lipoidlöslich, was für ihre Entstehung und auch für ihre physiologische Aktivität von Bedeutung sein dürfte. Viele Alkaloide sind am Stickstoff methyliert, wodurch ihre Wasserlöslichkeit erhöht wird. Im Zellsaft liegen die Alkaloide meist in gut wasserlöslicher salzartiger Bindung an organische Zellsaftsäuren vor, selten dagegen sind die Alkaloide glycosidiert. Mit Phenolen und phenolischen Gerbstoffen werden Komplexverbindungen eingegangen, die dann meist ausfallen. Die Alkaloide polymerisieren nicht.

Noch auffallender als etwa bei den Gerbstoffen, Flavonen und Anthokyanen ist das *gruppenweise* Vorkommen nahe verwandter Alkaloide, wobei meist ein vorherrschendes *Hauptalkaloid* von einer ganzen Schar ähnlich gebauter *Nebenalkaloide* begleitet wird.

Ihre Wichtigkeit verdanken die Alkaloide der physiologischen Aktivität auf das Zentralnervensystem, die sie in der Hand des Arztes zu einer unentbehrlichen Arznei, in stärkeren Dosen zu starken Giften werden läßt. Wir müssen uns hier auf einige wenige Vertreter dieser ungeheuren Stoffklasse von größerer wirtschaftlicher und allgemeiner Bedeutung beschränken.

4.2.1. Kaffee, Tee, Kakao, Kola

Die wichtigsten Purinabkömmlinge sind das *Coffein* (1,2,7-Trimethyl-2,6-Dioxypurin) und das *Theobromin* (7,3-Dimethyl-2,6-Dioxypurin), die Hauptalkaloide des Kaffees, Tees und des Kakaos.

$$
\begin{array}{ccc}
\text{Coffein} & \text{Theobromin} & \text{Theophyllin}
\end{array}
$$

Es gibt eine ganze Reihe coffeinhältiger Pflanzen, die aber leider sämtliche Tropenpflanzen sind. Von den ca. 50 afrikanischen *Coffea*-Arten ist die in Abessinien beheimatete *Coffea arabica* weitaus die wichtigste. Von dieser meist strauchförmig in großen Plantagen gezogenen Pflanze stammen 80 bis 90% der Weltkaffee-Ernte. Bei *Coffea arabica* ist das Coffein nur in den Blättern (bis 1,5%) und in den Früchten bzw. Samen (bis 2%) enthalten, während die Wurzeln und der Stamm frei davon sind.

Eine zweite immer wichtiger werdende, erst vor 60 Jahren im Kongo entdeckte Art ist *Coffea robusta*, die, kleiner, genügsamer und widerstandsfähiger, besonders in Afrika, Indien und Indonesien immer mehr an Boden gewinnt.

Die in den Blattachseln traubenförmig beieinanderstehenden rötlichvioletten Früchte sehen Kirschen nicht unähnlich *(Kaffeekirschen)* und enthalten in ihrem Fruchtfleisch zwei Samen mit hornartigem, stärkefreiem Endosperm. Diese wertvollen Kaffeebohnen werden nach der Ernte gleich an Ort und Stelle bei den besseren *Arabica*-Sorten meist nach dem sogenannten „Naßverfahren" verarbeitet. Sie werden zunächst in einem Entkerner vom Fruchtfleisch befreit; der noch mit den stark zuckerhältigen Fruchtmusresten umgebene „Pergamentkaffee" wird in Gärbottichen einem ca. 24 Stunden dauernden Gärungsprozeß

unterworfen. Dabei werden durch eine Art Fermentation im Inneren der Kaffeebohnen chemische Reaktionen hervorgerufen, bei welchen die „Säureträger“,
sehr wesentliche Inhaltsstoffe feiner und feinster Qualitätssorten, besonders des
echten Abessinischen Mokkas, entstehen. Rascher und billiger ist die „trockene
Aufbereitung“, bei der durch einen Trocknungsprozeß Haut und Fruchtmus
der Kirsche zu einer dürren Kapsel zusammenschrumpfen (10 Tage bis
3 Wochen). Vielfach kommt dieses Verfahren bei den brasilianischen Massen-
ernten und meist auch bei den *Robusta*-Arten zur Anwendung. Aus solchen
trocken aufbereiteten Kaffeesorten, die immer im Geschmack, der „Blume“,
etwas zurückbleiben, werden vor allem die Espressomischungen und die löslichen Kaffeepulver bzw. gepulverten Kaffee-Extrakte bereitet. Maschinell erfolgt dann das *Schälen*, d. i. die Entfernung der bitteren „Silberhaut“, der
eigentlichen Samenschale. Importiert werden die getrockneten, sortierten Kaffeebohnen; das *Rösten* oder *Brennen* erfolgt erst beim Importeur bzw. Händler
und ist für die Geschmacksqualität des Kaffees neben Sorte und Herkommen
von entscheidender Bedeutung. Das wunderbare *Kaffeearoma* wird nämlich
durch etwa 30 verschiedene erst beim Röstprozeß entstehende bzw. abgespaltene
aromatische Aldehyde und Ketone, die braune Farbe durch karamellierte Zucker
bedingt. Coffein, wie alle Aldehyde geruch- und geschmacklos, ist für die angenehm belebende Wirkung verantwortlich. In den Kaffeebohnen ist das Coffein
an Zitronen- und Chlorogensäure gebunden. Kaffee-Ersatz-Beimengungen können durch die *Schwimmprobe* leicht festgestellt werden; während gemahlener
Bohnenkaffee auf Wasser schwimmt, sinken Zusätze von gerösteter Zichorie,
Getreide, Kastanien, Rüben usw. unter.

Das pharmazeutisch verwendete Coffein wird heute vorwiegend als Nebenprodukt bei der Erzeugung coffeinfreier (Coffeingehalt 0,08 %) Kaffee-Extrakte
gewonnen. Den Alten war Kaffee noch unbekannt. Von CLUSIUS 1574 erstmals
im Abendland beschrieben, wurde der Kaffee und seine Zubereitung schon
während des Dreißigjährigen Krieges, in Wien besonders seit der zweiten
Türkenbelagerung (1683), allgemein bekannt und beliebt. Um 1750 betrug
der jährliche Kaffeeverbrauch in Europa 35 000 t und um 1850 schon 225 000 t.

Gesamtwelternte an Kaffee in 1000 t

1909/10 1911/14	1934/38	1960/61
1230	2420	3895

Kaffee-Weltproduktion 1960/61 in 1000 t

Brasilien	1796,6	Elfenbeinküste	185,1
Kolumbien	456,0	Angola	132,0
Mexiko	123,0	Uganda	118,6
Salvador	92,9	Afrika (gesamt)	765,0
Guatemala	84,0	Asien	200,0
Lateinamerika (gesamt)	2925,0		

Kaffee- (nicht gerösteter) Import 1960

	in 1000 t	kg/Kopf
Schweden	73,3	9,8
Dänemark	41,9	9,1
Norwegen	29,0	8,1
USA	1324,7	7,3
Belgien	65,8	7,2
Schweiz	29,9	5,6
Niederlande	55,0	4,8
Frankreich	197,7	4,4
Westdeutschland	199,4	3,6
Österreich	12,2	1,7
Ostdeutschland	23,2	1,3

Coffein und *Theophyllin* (1,3-Dimethyl-2,6-Dioxypurin) sind auch die Hauptalkaloide des Tees[1]. Der „chinesische oder russische" Tee stammt von der strauchförmig gezogenen indischen *Thea assamica* und der ostasiatischen *Thea sinensis*, welche unbeschnitten stattliche Bäume bis zu 10 m Höhe werden können. Durch Beschneiden werden sie auf 1 bis 3 m gehalten, und vom dritten Jahr an kann jährlich drei- bis viermal gepflückt werden; zunächst die jungen, weißlich behaarten Blattknospen (Teeblüten *Pekko*) und die jungen Blätter. Junge, zarte Blätter von den Hochlandplantagen geben die besten Teesorten.

Während in China und Japan fast ausschließlich „grüner Tee" genossen wird, dessen Zubereitung schwieriger und namentlich in Japan zu wahrhaft rituellen Zeremonien gesteigert ist, hat im Welthandel nur der „schwarze Tee" Bedeutung erlangt. Werden die Zellenenzyme der gepflückten Blätter durch Wasserdampfbehandlung denaturiert, so bleiben die Blätter auch getrocknet „grün". Autolytische Prozesse werden auf diese Weise unterbunden, so daß das reichlich vorhandene Vitamin C nicht zerstört wird und Coffein- und Gerbstoffgehalt wesentlich höher bleiben (20 bis 30%) als beim schwarzen Tee (< 12%).

Für die Gewinnung qualitativ hochwertigen schwarzen Tees ist, abgesehen von der Sorte, langsames *Anwelken* der gepflückten Blätter, Abtöten der Blattzellen durch maschinelles *Quetschen* und *Rollen* und richtige *Fermentation*, d. i. die enzymatische Autolyse der Zellinhaltsstoffe, von größter Bedeutung. Die Fermentation muß in feuchtigkeitsgesättigter Atmosphäre erfolgen, wobei eine Reihe tiefgreifender chemischer Änderungen vor sich gehen. So werden die Gerbstoffe (Catechine) zum Teil zu braunen, unlöslichen Phlobaphenen kondensiert, zum Teil bilden sie mit Alkaloiden Komplexe; Phenoloxydasen erzeugen schwärzliche Chinone, Zucker und Stärke werden hydrolysiert, die Eiweiße zum Teil abgebaut, Pektine und ätherische Öle verändert, verflüchtigt usw. und so schließlich jene Stoffe gebildet, welche die Farbe, den

---

[1] Zum Unterschied von den Alkaloiden des Kaffees greifen die Tee-Alkaloide das Herz nicht an!

Wohlgeschmack und das Aroma des Teeaufgusses bedingen. Die Kenntnis dieser Vorgänge und die Analyse des Teeaufgusses wurde durch papierchromatographische Untersuchungen sehr gefördert.

Gesamtwelternte an Tee in 1000 t

1909/13	1934/38	1960
286,4	746	950,0

Tee-Weltproduktion in 1000 t

Indien	319,9	Indonesien	41,5
Ceylon	197,2	Pakistan	19,0
China	158,8	Asien	858,0
Japan	78,0	Welt	950,0

Tee-Import 1960

	in 1000 t	kg/Kopf
England	240,1	4,6
Irland	9,8	3,5
Niederlande	9,8	0,85
USA	52,2	0,26
Schweiz	1,3	0,24
Westdeutschland	7,1	0,12
Österreich	0,6	0,085
Ostdeutschland	1,3	0,075
Frankreich	1,6	0,035

Geringer ist der Coffeingehalt des *Paraguaytees* aus den Blättern der wildwachsenden Maté (*Ilex paraguariensis*), welche meist nur über offenem Feuer getrocknet werden. Maté hat nur in einigen südamerikanischen Ländern größere Bedeutung erlangt, wo sie als „Yerba Maté" oder kurz Yerba (Kraut, Pflanze) zu einem Nationalgetränk geworden ist. 20 Millionen Südamerikaner trinken ihn regelmäßig.

Das Hauptalkaloid des Kakaos ist das *Theobromin* (1,5 bis 2,5%). Der in mehreren Varietäten auftretende Kakaobaum (*Theobroma cacao*) zeigt die auffallende Eigenschaft der *Cauliflorie,* d. h. die kleinen Blüten brechen in ganzen Büscheln unmittelbar aus dem Stamm und den stärkeren Ästen hervor. Nur ganz wenige, etwa 0,2 bis 1,4% davon, bilden auch wirklich Früchte, da mangelhafte Bestäubung, Selbststerilität (Self incomptability), Pilzbefall und Nährstoffmangel die Fruchtentwicklung sehr behindern. Hier Wandel zu schaffen und den Fruchtansatz zu heben ist ein wichtiges Anliegen der Zukunft.

Die gurkenförmigen grünen bis rötlichen Früchte können 20 cm lang und $^1/_2$ kg schwer werden. Sie enthalten in einem weichen Fruchtmus fünf Reihen von Samen, die hauptsächlich aus den Keimblättern voll mit Reservestoffen (50% Fette, 20% Stärke, Aleuron) bestehen. Bei den Edelsorten (*Criollo*) sind diese Cotyledonen weißlich, bei den Konsumsorten (*Forastero* und *Trini-*

tario) durch Anthokyan purpur bis violett gefärbt. Die Kakaobohnen dieser Konsumsorten sind kleiner, länglich und flach, auch wesentlich gerbstoffreicher und stellen 90% des Weltkonsums.

Zur Gewinnung der Kakaobohnen unterwirft man die gepflückten Früchte in hölzernen Kästen unter mehrmaligem Umschaufeln einem *mikrobiellen Gärprozeß*, wodurch das Fruchtfleisch verflüssigt und beseitigt wird. Es entstehen nacheinander eine alkoholische, eine Essigsäure- und anschließend eine Buttersäuregärung, welche aber durch richtig einsetzende Trocknung verhindert werden muß, da sonst die Kakaobohnen einen üblen Geruch und Geschmack annehmen. Durch die während der Gärung auf ca. 50° C steigende Temperatur und die entstehende Essigsäure erfolgt etwa am dritten Tag eine Abtötung der Keimblätter. Die hierauf einsetzende enzymatische Autolyse wandelt die Anthokyane und Gerbstoffe zu chinoiden Verbindungen, dem „Kakaobraun"; weitgehende Hydrolysen greifen um sich, und auch noch während der Trocknung und Nachreife entstehen die Vorläufer jener Stoffe, welche ebenfalls erst beim *Röstprozeß* gebildet werden und das köstliche *Kakaoaroma* bedingen. Beim Rösten schmilzt das in den Kakaobohnen reichlich enthaltene Fett, so daß bei gleichzeitig laufendem Mahlvorgang ein brauner, dickflüssiger Brei, die „Kakaomasse", entsteht. Diese stellt sowohl das Ausgangsprodukt für die *Schokolade*bereitung als auch für das *Kakaopulver* dar. Letzteres entsteht, indem das Fett, die sogenannte *Kakaobutter*, durch mechanisches Abpressen bei mehreren 1000 atü abgetrennt wird; der feingemahlene Rückstand ist dann das handelsübliche Kakaopulver.

Gesamtwelternte an Kakaobohnen in 1000 t

1909/13	1934/38	1960/61
237	746	1085

Kakaobohnen-Weltproduktion 1960/61 in 1000 t

Ghana	307,7	Brasilien	180,1
Nigeria	195,01	Ekuador	44,0
Elfenbeinküste	90,0	Dominikanische Republik	34,3
Kamerun	71,5	Lateinamerika (gesamt)	344,0
Afrika (gesamt)	720,0		

Kakao-Import 1960

	in 1000 t	kg/Kopf
Niederlande	83,6	7,3
Schweiz	15,5	2,9
Westdeutschland	113,5	2,04
England	99,0	1,88
Österreich	10,6	1,50
USA	249,9	1,38
Frankreich	56,7	1,25
Ostdeutschland	12,4	0,72

Als *Kola* oder *Kolanüsse* werden die bräunlichen bis rötlichen Samen der westafrikanischen baumförmigen *Cola acuminata* und *C. nitida* bezeichnet. Die „Nüsse" sind zu mehreren (bis 12) in 12 bis 20 cm langen Samenkapseln enthalten. Sie bestehen aus drei bis fünf Keimblättern und einem winzigen Keimling und sind von einem äußeren unangenehm riechenden und schmeckenden sowie von einem inneren dünnen weißen Samenmantel umhüllt. Die Kolanüsse kommen geschält bzw. gepulvert in den Handel und enthalten bis 3% Coffein, bis 0,08% Theobromin, etwa bis 3% Gerbstoffe, ferner das Glycosid Kolanin, ätherische Öle und reichlich Stärke. Bedeutung und Anbau steigen ständig, seit die verschiedenen daraus gewonnenen Erfrischungsgetränke immer weitere Verbreitung finden. Zur Erzeugung dieser alkoholfreien Getränke (z. B. Coca-Cola) werden neben Kolanüssen auch Auszüge des Kokastrauches (vgl. S. 97) und Kaffee benutzt.

4.2.2. Tabak

Nikotin, das Hauptalkaloid des Tabaks, und seine zehn Nebenalkaloide sind sämtlich Abkömmlinge des Pyridins, an das in β-Stellung ein Pyrrolidin- oder wieder ein Pyridinring, diesmal in α-Stellung, geknüpft ist. In den Wild-

$$R = CH_3 \quad \text{Nikotin}$$
$$R = H \quad \text{Nornikotin}$$

Pyridin   Pyrrolidin (R = H)

rassen kommt Nikotin nur zu 0,5 bis 1,8% des Trockengewichtes, gebunden an organische Säuren, vor, ist aber durch Domestikation und Züchtung bis auf 8% gesteigert worden. Das Nikotin wird praktisch nur in der Wurzel, wahrscheinlich der Wurzelrinde, synthetisiert, doch wird z. B. das *Nornikotin* (am N des Pyrrolidins nur H statt der CH_3-Gruppe) und das Nebenalkaloid *Anabasin* wieder nur in Blättern gebildet. Bezeichnenderweise entsteht zusammen mit diesen Pflanzenbasen immer auch die Aminosäure *Prolin* (Pyrrolidin-α-Carbonsäure).

Die Tabakpflanze stammt aus Mittelamerika und den Mayas war bereits bei der Entdeckung Amerikas Tabak in verschiedenen Genußformen bekannt. Seit der Mitte des 16. Jahrhunderts breitete sich der Tabakgenuß (besonders durch den Franzosen Jean NICOT) in Europa ganz allgemein aus. Tabak ist das verbreitetste Genußmittel überhaupt. Unter den vielen Zuchtrassen lassen sich zwei Hauptformen, die gelbblühende *Nicotiana rustica* (Bauerntabak) mit herzeiförmigen, derben und gestielten Blättern, welche auch weit nach Norden geht (russischer Machorka), und die rosablühende *Nicotiana tabacum* mit mehr lanzettförmigen bis länglich-eiförmigen Blättern, unterscheiden. Zu letzterem Formenkreis gehören die wertvollsten Tabaksorten, so vor allem die amerikanischen *Virgin*-Tabake und die aromatischen *Orient*-Tabake, welche einen hohen Zuckergehalt aufweisen und daher zu hochwertigen Schnitt- und Zigarettentabaken verarbeitet werden. Dagegen haben sich Sumatra, Brasilien u. a. auf feinstes Zigarrendeckblatt spezialisiert. Die Ernte erfordert dreimaliges Pflücken und beginnt mit den zwei bis drei untersten Blättern (Erd- oder Sandgut), es folgen dann die mittleren Blätter (Haupt- oder Bestgut) und schließlich die oberen zwei bis drei Blätter (Obergut). Die geernteten Blätter werden in Trockenschuppen auf Schnüren gereiht und bis zur „Darreife" (Austrocknen der Hauptrippe) getrocknet.

In bezug auf seinen Alkaloidgehalt wird *Nicotiana rustica* zur Gruppe A (Hauptalkaloid Nikotin, keine oder fast keine Nebenalkaloide) und *Nicotiana tabacum* zur Gruppe C (Nikotin bis 4% und Nornikotin bis 1,4% als Hauptalkaloide) gezählt. In anderen *Nicotiana*-Arten der Gruppe B ist Nornikotin und bei der Gruppe D Anabasin das Hauptalkaloid.

Der Nikotingehalt kann stark durch geeignete Kulturbedingungen, insbesondere durch „Köpfen" und „Geizen", d. i. Ausbrechen der Blütenstände und Seitentriebe, erhöht werden. Von beschatteten Pflanzen werden besonders feine und zarte Blätter erhalten.

Zur Erzeugung von *Zigarrengut* werden die Blätter „vorreif", d. h. in voller Vitalität, gebrochen, damit sie während des Trocknens die in ihnen enthaltenen Kohlenhydrate noch weitgehend veratmen, das Chlorophyll aber noch zum Teil erhalten bleibt. Zum *Schneidegut* (Zigarettentabak) werden dagegen „vollreife", d. h. bereits mehr oder weniger angegilbte Blätter verwendet, welche rascher austrocknen und daher auch noch im trockenen Zustand einen beträchtlichen Anteil von Kohlenhydraten enthalten. Solche Blätter sind „dachreif", d. h. getrocknet gelbbraun bis rein gelb, da das Chlorophyll restlos abgebaut ist. Der Schwerpunkt für die Erzeugung eines bestimmten Tabaktypus liegt im Anbau bzw. in der Sorte, im Reifezustand des Blattes und in der Trocknung. Der Charakter des Tabaks wird in anschließender Fermentation weiterentwickelt und verfeinert. Hiezu werden die angefeuchteten Tabakblätter (ca. 25 bis 30) gebündelt und in großen Stapeln zusammengeschlichtet und einer mikrobiellen Gärung unterworfen, wobei wieder charakteristische *Aromastoffe* entstehen. Die Tabakspflanze ist auch eine ausgezeichnete und vielseitig verwendbare Versuchspflanze, an der z. B. der Einfluß der Tageslänge auf den Vegetationsverlauf, die Unterscheidung von Kurz- und Langtagspflanzen (vgl. S. 51) entdeckt wurde. Unter den vielen Tabakrassen gibt es ausgesprochene Kurztags- und ebenso extreme Langtagspflanzen, aber auch tagneutrale Sorten sind bekannt.

Reines Nikotin ist sehr giftig, schon 40 bis 60 mg vermögen einen Menschen zu töten. Eine *Zigarette* enthält 10 bis 15 mg Nikotin, und es ist nur dem Umstand zu danken, daß ein Teil der Alkaloide beim Verbrennen zerstört wird und das Nikotin an Kohlenhydrate (Säuren) gebunden ist, warum nicht gleich stärkere Schäden zu befürchten sind. Für akute Vergiftungserscheinungen spielt allerdings auch die Gewöhnung eine große Rolle. Etwa 65 bis 95% des Nikotin-Säurekomplexes des eingeatmeten Rauches (Hauptstromrauches) werden absorbiert. Gefährlich sind die chronischen Nikotinschäden, die vor allem das Gefäßsystem (Herzinfarkt), Magen und Zwölffingerdarm betreffen.

Die kohlenhydratarmen *Zigarren*(tabake) geben sogar reines Nikotin ab. weshalb der Zigarren- und auch Pfeifenrauch stärker alkalisch reagiert als Zigarettenrauch. Da man aber Zigarren- und Pfeifenrauch meist nicht inhaliert, werden nur etwa 5% des im Hauptstromrauch enthaltenen Nikotins absorbiert.

In der *Pfeife* ist die Verbrennungstemperatur verhältnismäßig am geringsten, weshalb auch weniger karzinogene Tabakteere, d. s. polyzyklische aromatische Kohlenwasserstoffe, entstehen, die in den Rußteilchen des Rauches enthalten sind. Es gibt kein Filter, welches jene Stoffe selektiv zurückhält, die allerdings erst nach jahrzehntelanger Einwirkung zum Karzinom der Mundhöhlen- oder Atmungsorgane führen können. Die nur auf Selbstreinigung angewiesenen Bronchien und Lungen sind begreiflicherweise besonders gefährdet, was in dem statistisch gesicherten Zusammenhang von Lungenkrebs und Inhalieren von Tabakrauch zum Ausdruck kommt.

Gesamtwelternte an Tabak in 1000 t

1922	1948/52	1960/61
ca. 500	2580	3500

Weltproduktion von Tabak 1960/61 in 1000 t

Italien	79,6	Europa	425,0	Kolumbien	40,3
Griechenland	63,0	USA	881,8	Indien	285,5
Bulgarien	61,9	Kanada	97,0	Türkei	135,1
Frankreich	46,5			Japan	121,0
Jugoslawien	30,9	Brasilien	162,0	Pakistan	87,2
Westdeutschland	11,0	Mexiko	72,8	Indonesien	83,6
Ostdeutschland	5,0	Kuba	48,8		
Schweiz	1,8	Argentinien	46,8	Afrika	220,0
Österreich	0,9				

Tabak-Import und Verbrauch 1960

	in 1000 t	kg/Kopf		in 1000 t	kg/Kopf
Niederlande	47,6	4,09	Ostdeutschland	25,5	1,75
USA	72,4	4,02	Schweden	11,8	1,58
England	165,6	3,16	Frankreich	26,5	1,53
Schweiz	13,7	2,90	Österreich	7,4	1,12
Westdeutschland	87,5	1,77			

Österreichs Tabakanbaufläche

1950/59	1960
390 ha	497 ha

4.2.3. Rauschgifte

Von den zahlreichen Alkaloiden mit narkotischer Wirkung können wir hier, nebst ihren Stammpflanzen, nur die allerwichtigsten anführen, wobei wir uns aber auch genötigt sehen werden, einige Nichtalkaloide im physiologischen wie im chemischen Sinn anzuschließen.

Das *Meskalin* (Mezkalin) ist chemisch insofern bemerkenswert, als es noch ein Amin mit deutlichen Beziehungen zum Phenylpropangerüst ist. Es kommt in gewissen Kakteen (*Anhalonium-* und *Echinocactus*-Arten) vor, aus welchen, wie z. B. dem unscheinbaren „Peyotl" (*Anhalonium Lewinii*) in Mexiko, seit langem Scheiben geschnitten und gekaut werden. Der Meskalinrausch ist einer der eigenartigsten und wird oft, wohl zu unrecht, als harmlos hingestellt.

$$CH_2-CH_2-NH_2$$

$$H_3CO \qquad OCH_3$$
$$OCH_3$$

Meskalin

$$H_2C-CH-CH_2$$
$$\alpha \quad \beta$$
$$NCH_3 \quad \gamma CHOH$$
$$H_2C-CH-CH_2$$

Tropin

$$H_2C-CH-CH \cdot CO \cdot OCH_3$$
$$NCH_3 \quad CHO \cdot OC \cdot C_6H_5$$
$$H_2C-CH-CH_2$$

Cocain

Das *Cocain* ist eines von den vielen Alkaloiden, die sich vom Tropangerüst bzw. vom Tropin (γ-Monoxytropan) ableiten, welcher Alkohol immer mit einer Säure verestert ist. Beim Cocain ist es Benzoesäure, wobei außerdem an der β-Stelle des Piperidinringes eine mit Methylalkohol veresterte Carboxylgruppe vorhanden ist. Dieser Hinweis auf den Piperidin- oder Pyrrolidinring deutet vielleicht auf genetische Beziehungen zum Prolin (Pyrrolidin-α-Carbonsäure).

Das Cocain wird aus einem in den südamerikanischen Anden beheimateten, schneebeerenähnlichen niedrigen Strauch (*Erythroxylon coca*) gewonnen, dessen Blätter auch seit alters her von den südamerikanischen Indianern als Stimulans gekaut werden. Die Gewinnung des Alkaloids erfolgt so, daß die Blattmasse zunächst einer hydrolytischen Behandlung unterworfen wird, die abgespaltenen N-Basen extrahiert und erst nachträglich wieder mit Benzoesäure und Methylalkohol verestert werden. Auf diese Art bekommt man mehr Cocain, als ursprünglich in den Blättern vorhanden war. Zur Lokalanästhesie wird heute allerdings meist das synthetische *Novokain* oder andere synthetische Präparate benutzt.

Aus dem *Opium*, dem luftgetrockneten Milchsaft der unreifen Fruchtkapse
des Schlafmohnes (*Papaver somniferum*), sind bisher 25 verschiedene Alkaloid
gewonnen worden. Der aus den Schnittflächen dieser und vieler anderer Pflan
zen austretende sogenannte „Milchsaft" ist eine eigentümliche Abart des Zell
saftes, der sein milchiges Aussehen hauptsächlich den in der wäßrigen Phas
suspendierten Kautschuktröpfchen, Stärkekörnern usw. verdankt. Die hier zu
nennenden Alkaloide gehören dem am meisten verbreiteten Bauplan, den
Isochinolinsystem an, von dem sich durch Verbindung oder Kondensation mi
weiteren Benzolkernen drei Grundtypen ableiten: Laudanosin-, Apomorphin
und Berberin-Typ.

Isochinolin 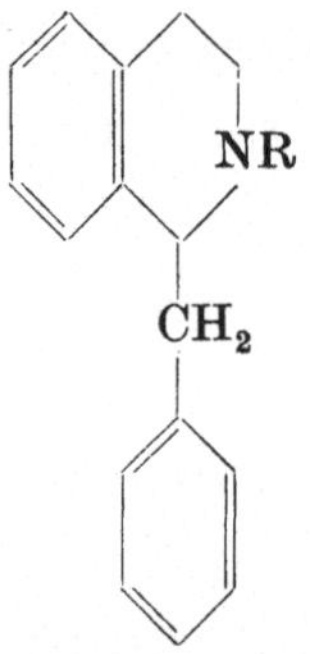   Laudanosin-Typ 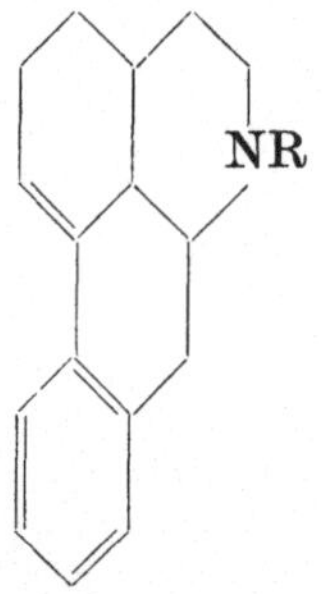   Apomorphin-Typ 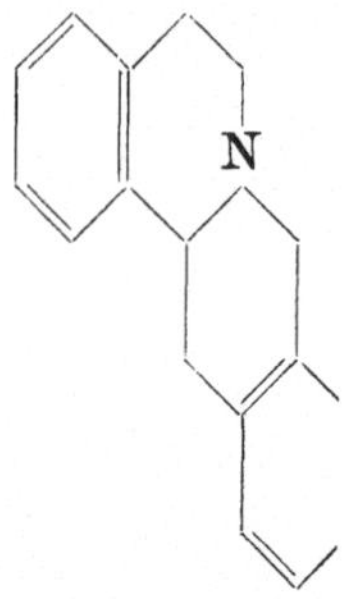   Berberin-Typ

Dem ersten Typ gehören u. a. die wichtigen Opiumalkaloide *Narcotin* un
Papaverin an, dem zweiten die nicht weniger wichtigen Opiumbasen *Morphi*
und *Codein*. Das Morphin ist mengenmäßig und auch bezüglich der narkoti
schen Wirkung des Opiums der Hauptbestandteil (10 bis 20%), gefolgt von
Narcotin (bis 10%), das ebenso wie das Papaverin geringere physiologisch
Wirkung hat. Im Mittelmeergebiet beheimatet, hat sich die Kultur des Schlaf
mohnes über alle wärmeren Zonen der Alten Welt verbreitet.

Das Ritzen geschieht, wenn die Kapseln anfangen, hellbraun zu werden un
mit weißlichem (Wachs)reif bedeckt sind, des Abends; das Einsammeln de
ausgetretenen Milchsaftes am frühen Morgen. Man läßt den gesammelten Milch
saft an der Sonne trocknen, bis er fest und braun ist. Das fertige Opium komm
stückweise in Mohnblätter gehüllt in den Handel.

Diese Alkaloide der Halluzination und des Fanatismus werden meist den
Tabak beigemischt und geraucht, als Pillen mit Wasser oder Wein genosse
oder auch subkutan injiziert. Die dadurch hervorgerufenen Erregungszustände
des Zentralnervensystems üben einen großen, ganz unbeschreiblichen Reiz aus
Die sich bald einstellende Gewöhnung und *Süchtigkeit* führt mit immer größere
Dosen unweigerlich zur Zerrüttung, zu vollständigem geistigen und körperliche
Verfall.

Als Vertreter des dritten Typs sei anhangsweise das *Berberin* selbst genann
welches zwar, physiologisch unwirksam, kein Rauschgift oder Alkaloid in

engeren Sinne ist, sondern vielmehr bei durchlaufenden Doppelbindungen einen gelben *Farbstoff* darstellt, der zudem noch eine stark gelbe Fluoreszenz aufweist. Das gelbgefärbte Holz, insbesondere aus der Wurzel der heimischen Berberitze oder Sauerdorn (*Berberis vulgaris*), wurde früher in der Färberei benutzt.

Zu den Rauschgiften ergänzend sei noch die harzreiche indische Varietät des Hanfes (*Cannabis sativa* var. *indica*) erwähnt, von welcher die getrockneten Blütenstände der weiblichen Pflanzen als „Haschisch" oder „Marihuana" bekannt sind. (Marihuana = mexikanischer Name.) Diese Droge spielt in den USA und leider auch in Westeuropa in Zigarettenform eine immer größere Rolle. Die wirksamen Stoffe, das *Cannabiol* und das *Cannabidiol* und ähnliche Derivate, sind keine Alkaloide, sondern phenolische Kondensationsprodukte.

4.2.4. Chinin

Etwa 25 Alkaloide sind aus der *Chinarinde*, diesem bei Tropenkrankheiten lange Zeit einzigen und unentbehrlichen Fiebermittel, bekannt geworden. Sie leiten sich sämtlich vom Cinchonin ab, welches aus Chinolin und einem weiteren stickstoffhältigen System zusammengesetzt ist. Die Biogenese des Chinolinkerns ist noch unbekannt, doch bestehen möglicherweise Beziehungen zum Indolkern des Tryptophans.

Chinolin 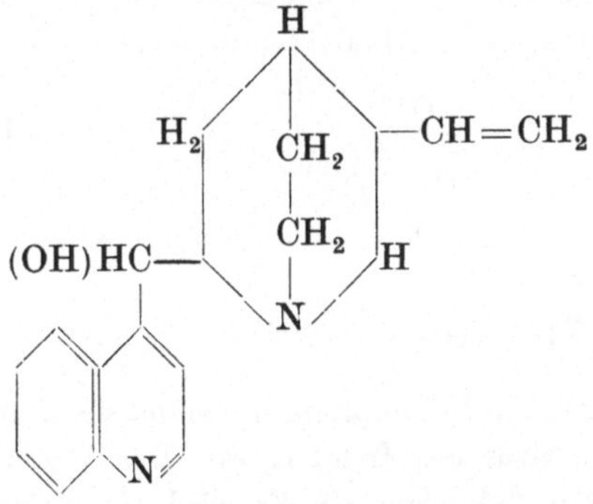   Cinchonin

Chinin ist ein Methylderivat des Chinchonins und im natürlichen Zustand an Chinasäuren und andere spezifische Säuren gebunden. Die Chinaalkaloide reichern sich vor allem im Rindenparynchem des Stammes und der Wurzel, wohl im Zusammenhang mit dem gehäuften Auftreten von Säuren und Gerbstoffen, zu etwa 3%, bei hochgezüchteten Formen bis zu 7% an.

Bei der China- oder *Fieberrinde* handelt es sich um die Ast-, Stamm- oder Wurzelrinde mehrerer südamerikanischer *Cinchona*-Arten, die nur in großer Höhe gedeihen. Den südamerikanischen Indianern war die fieberabwehrende Wirkung der Chinarinde wohl schon seit langem bekannt. Die natürlichen Bestände in den Anden sind längst durch Raubbau vernichtet worden. Bis vor dem zweiten Weltkrieg deckte Java den Weltbedarf zu 90%. Heute kommen außer den südamerikanischen Ursprungsländern Anbaugebiete in Indien, Ceylon und Westafrika hinzu. Die Bäume werden als Ganzes ausgegraben und geschält, da die Wurzelrinde den höchsten Alkaloidgehalt aufweist.

4.2.5. Indigo, Auxine, Gibberelline

Wie erwähnt (vgl. S. 87), wird der Stickstoff schon in der Wurzel organisch festgelegt und transportiert. Besonders in den Wachstumszonen werden den Aminogruppenvorratssubstanzen auf enzymatischem Wege die Aminogruppen nach Bedarf entzogen und auf Carbonsäuren übertragen. Diese auch umkehrbare Transaminierung liefert die biogenen Aminosäuren, die Bausteine der Eiweiße (vgl. S. 4). Eine Reihe niederer Carbonsäuren und einige Phenylpropane werden so aminiert (Tyrosin, Phenylalanin); einige Aminosäuren besitzen aber auch heterozyklischen Stickstoff, so das Prolin (Pyrrolidin-α-Carbonsäure) und das Tryptophan (β-Indolyl-Aminosäure). Der Pyrrolidin- und der Indolkern müssen daher sehr ursprünglicher Natur sein, und es nimmt nicht wunder, daß eine ganze Reihe sekundärer Stoffe Beziehungen zu ihnen erkennen lassen, sei es, daß sie auf demselben Weg entstehen oder sich nachträglich von ihnen ableiten. So enthalten z. B. die hochkomplizierten Alkaloide *Strychnin, Brucin, Yohimbin* und das Pfeilgift *Curare* den Indolkern. Dagegen haben die beiden hier zu besprechenden Verbindungen, die sich ebenfalls vom Indol bzw. Tryptophan ableiten, keine Alkaloidnatur mehr.

Indoxyl   →   Indigo

In zahlreichen Blütenpflanzen kommt das *Indican,* ein Glycosid des Indoxyls (= β-Oxyderivat des Indols), vor. Das Indican ist noch farblos und wahrscheinlich ein Vakuolenstoff. Es wird erst postmortal nach enzymatischer Abspaltung des Zuckers an der Luft oxydiert, wobei sich zwei Indolkerne zum *Indigo*-Farbstoffmolekül vereinigen.

Von den Indigopflanzen kommen nur einige Arten zur technischen Gewinnung des Farbstoffes in Betracht; so vor allem verschiedene indische *Indigofera*-Arten, ferner der einheimische Färberwaid (*Isatis tinctoria*) und Färberknöterich (*Polygonum tinctorium*). Indigo kann vor allem in den Blättern, besonders den jungen Blättern, im Mesophyll und den Epidermen nachgewiesen werden. Im Färberwaid ist ein anderer, vom Indican abweichender Indigovorläufer festgestellt worden.

Der *Naturindigo,* einstmals der „König der Farbstoffe", hatte im vorigen Jahrhundert eine ungewöhnliche wirtschaftliche Bedeutung erlangt, die aber nach dem Gelingen der chemischen Synthese 1880 (Adolf von BAEYER) und ihrer technischen Weiterentwicklung jäh verlorenging.

Heute hat Naturindigo nur mehr in Indien einige Bedeutung. Die Gewinnung des Indigos erfolgte meist auf nassem Wege durch mikrobielle oder enzymatische Glycosidspaltung und nachfolgender Durchmischung mit Luft. Der abgesetzte Farbstoff kommt als blaues amorphes Pulver meist in Brocken- oder Ziegelform in den Handel.

Bemerkenswert ist vielleicht noch, daß ein Dibromderivat des Indigos wahrscheinlich der *antike Purpur* ist, der bekanntlich aus der *Purpurschnecke* gewonnen wurde.

Als *Auxine* oder *Wuchsstoffe* werden solche Verbindungen bezeichnet, die imstande sind, das Streckungswachstum der Zellen zu fördern. Man muß bei den Wachstumsvorgängen zwischen der Phase der Zellteilung, die weniger eine Größenzunahme, als vielmehr eine Vermehrung von Protoplasma und Nucleinsäuren bewirkt, und der nachfolgenden Streckungsphase unterscheiden. Das Streckungswachstum ist durch rasche Größen- bzw. Längenzunahme der betreffenden Gewebe gekennzeichnet und kommt durch reichliche Wasseraufnahme, durch die Entstehung der Vakuolen zustande (vgl. S. 24). Zugleich und ursächlich damit verbunden erfolgt ein intensives Flächenwachstum der in diesem Entwicklungszustand noch sehr dünnen und plastischen Zellwände.

$$\text{Tryptophan} \xrightarrow{} \beta\text{-Indolylessigsäure}$$

Tryptophan: Indol–CH_2–$CH(NH_2)$–COOH   β-Indolylessigsäure: Indol–CH_2–COOH

In diesen sehr komplexen Vorgang greifen die Wuchsstoffe in einer noch nicht näher bekannten Weise höchst wirksam ein. In der Natur scheint diese wachstumsregulatorische Wirkung vor allem von der *β-Indolylessigsäure* = *I*ndol-3-*E*ssigsäure (= *I*3E = *I*ndol 3-*a*cetic acid = IAA) und verwandten Verbindungen ausgeübt zu werden. Dabei handelt es sich offenbar um direkte Abbauprodukte des Tryptophans.

Auch andere, ebenfalls synthetisch zugängliche Verbindungen, meist Säuren mit ungesättigtem zyklischen Kern, weisen in geringer Konzentration ($< 10^{-4}$ molar) eine mehr oder weniger starke Auxinwirkung auf. Solche auch morphoregulatorisch, d. h. gestaltverändernd wirkende Stoffe sind die 2,4-Dichlorphenoxyessigsäure (2,4-D), die 2,3,5-Trijodbenzoesäure (2,3,5-TJB = TIBA), die α-Naphthylessigsäure (NAA) u. a. Die Auxine und verwandten Stoffe haben bereits eine zunehmende praktische Bedeutung erlangt, z. B. in der *Stecklingsbewurzelung*, der *Unkrautbekämpfung* und zur Erzeugung samenloser Früchte ohne Befruchtung (*Parthenocarpie*).

Das etwa seit 20 Jahren bekannte *Gibberellin* — es sind schon eine ganze Reihe chemisch nur geringfügig verschiedener Gibberelline bekannt — wird von dem Schlauchpilz *Gibberella fujikuroi* erzeugt bzw. bei dessen Fermentation gebildet und wirkt besonders auf die ruhenden Samen aktivierend ein. Wie im chemischen Aufbau, so unterscheidet sich Gibberellin auch in seiner Wirkung (Blühhormon) von den eigentlichen Auxinen beträchtlich.

Zusammenfassende Literatur zu 4.

BLÜCHER, VON N., Tee — Anbau und Düngung. Bochum: Ruhr-Stickstoff A. G., 1956.

BURSTRÖM, H., Wachstum und Wuchsstoffe. In: Handbuch d. Pflanzenphysiol., Bd. XIV. Hrg. v. W. RUHLAND. Berlin-Göttingen-Heidelberg: Springer-Verlag, 1961.

COOLHAAS, C., H. J. DE FLUITER und H. P. KOENIG, Kaffee, Tropische und subtropische Weltwirtschaftspflanzen. Begr. v. A. SPRECHER VON BERNEGG. III. Teil, 2 Bde., 2. Aufl. Stuttgart: F. Enke, 1960.

Eigenschaften und Wirkungen der Gibberelline. Sympos. d. Oberhess. Ges. f. Natur- u. Heilkunde. Naturwiss. Abt. z. Gießen v. 1.—3. Dez. 1960. Hrg. v. R. KNAPP. Berlin-Göttingen-Heidelberg: Springer-Verlag, 1962.

ENDMANN, W., Die Tabakspflanze. Neue Brehm-Bücherei, Heft 144. Wittenberg: A. Ziemsen Verl., 1954.

ENDRES, H., F. N. HOWES und C. VON REGEL, Gerbstoffe. Die Rohstoffe des Pflanzenreiches. Begr. v. J. VON WIESNER, 1. Lieferung, 5. Aufl. Hrg. v. C. VON REGEL. Weinheim: J. Cramer, 1962.

Extrakt des Kastanienholzes. Festschrift der LEDOGA-Chestnut Extracts. Milano, 1954.

GEISSMAN, T. A., The Chemistry of Flavonoid Compounds. Oxford-London-New York-Paris: Pergamon Press, 1962.

GIRFARDT, M., Pflanzenwuchsstoffe. Die neue Brehm-Bücherei, Heft 125. Wittenberg: A. Ziemsen Verl., 1954.

GNAMM, H., Die Gerbstoffe und Gerbmittel, 3. Aufl. Stuttgart: Wissenschaftl. Verlagsges., 1949.

HENRY, T. A., The Plant Alkaloids. 4th Edition. London: J. a. A. Churchill, 1949.

HOLDHEIDE, W., Anatomie mitteleuropäischer Gehölzrinden (mit mikrophotographischem Atlas). In: Handbuch der Mikroskopie in der Technik. Hrg. v. H. FREUND, Bd. V, Teil 1. Frankfurt/Main: Umschau Verl., 1951.

KEMPSKI, Der Fieberrindenbaum unter besonderer Berücksichtigung seiner Kultur in Niederländisch-Indien. Berlin: P. Paray, 1923.

LINDNER, M. W., Kakao und Kakaoerzeugnisse. Grundlagen und Fortschritte der Lebensmitteluntersuchung, Bd. 1. Berlin: A. W. Hayn's Erben, 1953.

LINDNER, M. W., Warenkunde und Untersuchung von Kaffee, Kaffee-Ersatz und -zusatzstoffen. Grundlagen und Fortschritte der Lebensmitteluntersuchung, Bd. 1. Berlin: A. W. Hayn's Erben, 1955.

LINSER, H., und O. KIERMAYER, Methoden zur Bestimmung pflanzlicher Wuchsstoffe. Wien: Springer-Verlag, 1957.

MYLORD, E., Kakao — Anbau und Düngung. Bochum: Ruhr-Stickstoff A. G., 1953.

STRENGE, VON H., und O. G. FIEDLER, Kaffee — Anbau und Düngung. Bochum: Ruhr-Stickstoff A. G., 1954.

The Alcaloids, Chemistry and Physiology. Ed. R. H. MANSKE and H. L. H. HOMES, Vol. 1—7. New York: Academic Press, 1950—1960.

Tabak-Fachbuch, V. V. B. Tabak. Dresden, 1953.

5. Plasmatische Fette

Die bisher besprochenen Stoffe waren alle in Wasser mehr oder weniger gut löslich oder quellbar, also hydrophil. *Hydrophilie* und ihr Gegenteil Hydrophobie = *Lipophilie* sind physikochemische Eigenschaften von grundlegender Bedeutung für die Entstehung und Ablagerung organischer Stoffe in Zellen und Geweben. Es äußern sich darin gewisse elektrische Eigenheiten der betreffenden Moleküle, wie sie z. B. durch die Polarität und den Besitz hydrophiler bzw. hydrophober Gruppen gegeben sind. Da die Wassermoleküle wegen ihrer abgewinkelten Gestalt selbst kleine Dipole sind, werden sie von polaren Molekülen, z. B. dissoziierten Ionen, die an räumlich getrennten Orten $+$ oder $-$ Überschußladungen aufweisen, angezogen und bilden Hydratationshüllen; die Folge ist Lösung oder Quellung in Wasser. Ähnliches bewirken die hydrophilen Gruppen durch ihre Tendenz zur Bildung von Wasserstoffbrücken.

5.1. Lipide — Lipoide

Die Kohlenwasserstoffgruppen $-CH_3$, $-CH_2$ oder $= CH-$ sind ketten- oder ringförmig aneinandergeschlossen, elektrisch neutral und gegen Wasser indifferent. Stoffe, die vorwiegend aus solchen Gruppen aufgebaut sind — Lipide und Lipoide —, sind für das lebende Protoplasma unerläßlich und ebenso wichtig wie die Proteine. Man kann in ihnen das elektroneutrale „Isoliermaterial" sehen, das die hochempfindlichen Eiweiße daran hindert, sich gegenseitig auszufällen. Wir dürfen mit gutem Grund annehmen, daß die Plasmaproteine, solange sie im Verband des lebenden Protoplasmas stehen, mit den Plasmalipiden eine enge Verbindung zu den sogenannten *Lipoproteiden* eingehen. Unter *Lipiden* wollen wir sowohl die Plasmafette und die Fettsäuren als auch die fettsäurehaltigen Phosphatide (Lecithine, Kephaline usw.) verstehen. Als *Lipoide* seien dagegen die anderen apolaren Stoffe von ähnlichem Lösungsverhalten wie etwa die Sterine, Terpene, Carotinoide usw. bezeichnet.

Bezeichnenderweise bestimmen nicht die Proteine, sondern die Lipide das physikochemische Verhalten des lebenden Protoplasmas. Es stimmt zum Beispiel hinsichtlich seiner Permeabilität für höhermolekulare Stoffe weitgehend mit Olivenöl überein, und das Verhalten des Protoplasmas zu Vitalfarbstoffen gleicht dem eines mehr oder weniger polaren Lipids.

5.1.1. Fette und Fettsäuren

Chemisch gesehen sind Fette Glycerinester höherer Fettsäuren, vorwiegend *Triglyceride*. Schon lange war es den Biochemikern aufgefallen, daß die natürlichen Fettsäuren immer eine gerade Anzahl von Kohlenstoffatomen aufweisen. Es handelt sich um unverzweigte Kohlenstoffketten von 4 bis 24 C-Atomen, wobei aber die mittleren Längen (C_{12}, C_{16}, C_{18}, d. s. Laurin-, Palmitin- und Stearinsäure bzw. ungesättigte C_{18}-Säuren: Ölsäure einfach-, Linolsäure zweifach- und Linolensäure dreifachungesättigt) deutlich überwiegen. Statistische Untersuchungen über den Gehalt von pflanzlichen Ölen an Fettsäuren ergaben folgende Reihenfolge in bezug auf die vorhandenen Mengen:

Ölsäure	34 %	Laurinsäure	5 %
Linolsäure	25 %	Linolensäure	4 %
Palmitinsäure	11 %	Myristicinsäure	3 %
Stearinsäure	6 %	Erucasäure	3 %

Für die meisten Pflanzenfette ist das Vorkommen einfach bis dreifach ungesättigter Fettsäuren mit einer bis drei Doppelbindungen charakteristisch, die durch enzymatische Dehydrierung aus gesättigten Säuren gebildet werden. Die Glyceride solcher Säuren sind normalerweise flüssig und werden als *fette Öle* bezeichnet. Es gibt aber auch *feste Pflanzenfette*, die erst über 20° C schmelzen, wie z. B. Kokosfett (20 bis 28° C) oder Kakaobutter (30 bis 34° C). Feste Fette werden nur aus gewissen tropischen Pflanzen gewonnen.

Wir kennen heute die Ursache des merkwürdigen Umstandes, daß die Fettsäuren immer unverzweigte Ketten aus einer geraden Anzahl von C-Atomen sind. Die *Biosynthese* erfolgt nämlich aus aktivierter Essigsäure (vgl. S. 61), wobei diese C_2-Bausteine linear aneinandergefügt werden. Der Aufbau wie auch der in gleicher Weise (durch β-Oxydation)[1] ablaufende Abbau setzen eine ungehinderte Atmung voraus. Was das für die Fettbildung notwendige Glycerin betrifft, so kennen wir dasselbe schon vom oxydativen Zuckerabbau (vgl. S. 31), und auch bei der anoxydativen Zuckerangärung tritt Glycerin auf.

Ob die Fettbildung an bestimmte Strukturen des Protoplasmas gebunden ist, wissen wir nicht sicher. Es hat sich allerdings in allen pflanzlichen Zellen, wo man danach gesucht hat, eine Population lichtmikroskopisch sehr gut sichtbarer *Sphärosomen* gefunden, die immer besonders auffällig an der Plasmaströmung teilnehmen, weil sie wahrscheinlich in stark bewegten Plasmaschichten liegen. Sie verhalten sich optisch und physikochemisch wie Lipidtropfen. Man hält sie für Tröpfchen von Strukturlipiden bzw. für spezifische Entmischungsprodukte plasmatischer Lipoproteide, die von den Pflanzenfetten, wie sie als Reservestoffe gebildet werden, zu unterscheiden sind. In den typischen *Fettplasmen* bleiben die Fetttröpfchen so klein, daß sie eine lichtoptisch nicht auflösbare Emulsion bilden, aus der sich erst bei Wasserzutritt von außen oder bei der Fettmobilisierung sichtbare Fetttropfen entmischen.

Obwohl nun keiner Tier- und Pflanzenzelle Fette bzw. Lipide ganz fehlen, so sind es doch nur verhältnismäßig wenige Gewebe, die Fette im Überschuß erzeugen und ablagern. *Fette* sind wegen ihrer Sauerstoffarmut und des Kohlenstoffreichtums kalorisch gesehen die *energetisch wertvollsten Speicher-*

---

[1] Der oxydative Abbau beginnt am übernächsten C-Atom von der Carboxylgruppe gerechnet und ergibt eine Fettsäure, die um zwei C-Atome kürzer ist als die Anfangssäure.

stoffe des pflanzlichen Organismus überhaupt, denn ihre Verbrennungswärme ist zwei- bis dreimal höher als die der Kohlenhydrate. Wir finden sie daher auch hauptsächlich in Samen, gelegentlich im Fruchtfleisch sowie in Hölzern und Rinden angehäuft. Das in Früchten (Carpellen) gebildete Fett ist für die Pflanze allerdings wertlos, da es vom Keimling nicht erreicht werden kann.

Verbrennungswärme je 1 g Substanz in cal

Terpentinöl	10 850	Benzoesäure	6 327
Palmitinsäure	9 225	Stärke	4 120
Olivenöl	9 330	Rohrzucker	3 950

In den Samen von ungefähr 80% aller *Phanerogamen* sind Fette die Haupt-reservestoffe. Sie können bis zu 70% des Trockengewichtes ausmachen.

Fettgehalt verschiedener praktisch wichtiger Samen
(in % der lufttrockenen Samen)

Baumwollsamen	14—25	Mohn	43
Soja	16—19	Erdnuß	38—47
Lein	35	Kakao	40—50
Raps	33—43	Walnuß	50
Ricinus	33—55	Ölpalme	30—70

5.2. Öl und Fett liefernde Pflanzen

Etwa 60% der Weltproduktion an Fetten und Ölen sind pflanzlichen Ursprungs. Dabei hat die Erzeugung von Ölen und Fetten für Nahrungszwecke stärker zugenommen als ihre Verwendung in der Technik. Wie in anderen Ländern, so hat auch in Österreich in den Jahren nach dem zweiten Weltkrieg eine beträchtliche Verlagerung des Fettverbrauchs von tierischen Fetten (Schweineschmalz) zugunsten pflanzlicher Fette (Margarine) und Öle (Speise- und Tafelöle) stattgefunden, welche bekömmlicher, im Gebrauch praktischer und vielseitiger und nicht zuletzt auch billiger sind.

Gesamtfettverbrauch in kg/Kopf im Jahr 1957 (geschätzt)

Dänemark	35	Frankreich	26
Niederlande	32	Schweiz	24
England	31	Österreich	19
Schweden	29	Italien	19
Westdeutschland	29	Spanien	19
Belgien	28	Portugal	17

In der Praxis unterscheidet man zwischen *leicht* trocknenden, *halb*trocknenden und *nicht trocknenden* Ölen, welche Unterschiede, wie die der Konsistenz, auf den unterschiedlichen Gehalt an ungesättigten Fettsäuren beruhen. Fette und Öle, die ungesättigte Bindungen enthalten, sind durch höhere Werte der sogenannten *Jodzahl* charakterisiert, die angibt, wieviel Gramm Jod von 100 g

Erzeugung und Einfuhr von Speisefetten in Österreich (in 1000 t)

		1948/52	1957	1959
Eßbares Schweinefett	erzeugt	22,0	33,0	33,5
	eingeführt	4,9	3,3	2,3
Buttererzeugung (abzüglich Ausfuhr)		25,0	31,2	32,7
Rapssamen	erzeugt	5,0	9,0	6,0
	eingeführt	3,2	0,6	1,3
Die wichtigsten Speiseöle (vgl. Tabelle S. 107)	eingeführt	10,0	42,8	40,6

Fett chemisch gebunden werden; je höher die Jodzahl, desto besser trocknend ist das Öl. Alle Fette zerfallen mit der Zeit von selbst, schneller noch unter dem Einfluß von Mikroorganismen in Glyzerin und Fettsäuren und deren Abbauprodukte. Eine Spaltung der Fette wird bekanntlich auch durch Einwirkung von Alkalien unter Bildung von Fettsäure-Alkalisalzen (= Seifen) bewirkt. Jene Öle mit einem hohen Gehalt an ungesättigten Fettsäuren neigen außerdem unter Sauerstoffaufnahme zur Polymerisation, wobei sie eingedickt und schließlich verfestigt werden; insbesondere an den Oberflächen bilden sich unlösliche, harzartige Häutchen. Solche rasch „trocknenden" Öle, wie z. B. das Leinöl oder das Holzöl, finden eine ausgedehnte technische Verwendung bei der Fabrikation von Firnissen, Lacken, Linoleum usw.

Für Speisezwecke eignen sich solche Öle weniger, da polymerisierte Fettsäuren vom Körper nicht mehr abgebaut werden können und liegenbleiben (Leberverfettung!). Speiseöle sollen auch nur wenig unveresterte Fettsäuren aufweisen. Ein hoher Gehalt an essentiellen, d. h. lebenswichtigen, vom tierischen und menschlichen Organismus nicht erzeugten Fettsäuren, wie z. B. Linol- und Linolensäure (zwei- und dreifach ungesättigte C_{18}-Säure), ist erwünscht.

Die essentiellen Fettsäuren

Linolsäure (cis, cis-Δ^9, ^{12}-Oktadekandiensäure)
Linolensäure (Δ^9, ^{12}, ^{15}-Oktadekantriensäure)
Arachidonsäure (Δ^5, ^{8}, ^{11}, ^{14}-Eikosantetraensäure)
Dokosahexaensäure (Struktur unbekannt)

Die *Gewinnung* der Pflanzenöle erfolgt durch Walzen oder Mahlen der Samen und Abpressen, manchmal auch durch Eluieren mit organischen Lösungsmitteln. Kaltes Pressen ergibt die beste Ölqualität, (Nach)pressen in der Wärme zwar mehr Ölausbeute, aber geringere Qualität (dunkle Farbe, unangenehmer Geruch und Geschmack). Speiseöle werden meist noch zusätzlich gereinigt bzw. raffiniert. Technisch wichtig für die Margarineerzeugung ist die sogenannte „Fetthärtung", wobei durch katalytische Hydrierung der ungesättigten Fettsäuren die flüssigen Öle in feste Fette verwandelt werden.

Über die Zusammensetzung unserer Speiseöle gibt nachstehende Tabelle der mitteleuropäischen Einfuhren von Öl und Ölsamen Auskunft.

Öleinfuhr 1959 in 1000 t

	Jodzahl	Österreich	Westdeutschland	Schweiz
Sojabohnenöl	107—136	16,7	14,1	0,8
Erdnußöl	85—100	8,4	19,5	5,5
Kokosnußöl	8— 10	5,6	31,8	3,4
Sonnenblumenöl	115—136	5,0	11,6	3,9
Leinöl	150—200	4,8	87,5	5,0
Palmkernöl	10— 20	2,6	23,2	—
Palmöl	40— 60	2,3	70,9	2,1
Olivenöl	80— 83	0,8	2,0	1,6
Baumwollsaatöl	100—120	0,1	106,5	—
Erdnüsse		1,5	10,0	66,9
Kopra		1,5	163,2	13,1
Sojabohnen		0,4	903,3	6,4
Palmkerne		—	132,8	—
Kakaobohnen		10,2	103,9	12,2

5.2.1. Soja

Die *Sojabohne (Soja hispida)*, ein aus Südostasien stammender Hülsenfrüchtler von ähnlichem Wuchs wie unsere Buschbohne, ist uns schon im Kapitel über die Eiweiße (vgl. S. 20) begegnet. Die je nach Sorte sehr verschieden großen und farbigen Samen enthalten nämlich außer Eiweiß (40%) und Stärke (15 bis 20%) auch noch Fette, maximal 24%. Das ist im Vergleich zu anderen Ölsamen nicht eben viel. Trotzdem steht *Soja* unter allen Ölpflanzen mit einer Jahresproduktion von ca. 3 Millionen Tonnen Öl an erster Stelle!

Der Soja-Anbau hat in den letzten Jahrzehnten durch Züchtungserfolge und Verbesserungen der Ernte- und Anbaumethoden besonders in den USA einen unglaublichen Aufschwung genommen. *Soja* ist eine ausgesprochene Kurztagspflanze, kommt also in den nördlichen Breiten nicht zur Blüte bzw. zum Fruchten. Wie bei den meisten anderen Ölpflanzen ist trockenes und warmes Wetter zwischen Blüte- und Erntezeit günstig, woraus sich die Beschränkung des Anbaues auf die Südstaaten der USA und südlichen Provinzen Chinas erklärt. In Ostasien ist die Sojabohne, gekocht, geröstet oder zu Mehl vermahlen, ein richtiges Volksnahrungsmittel.

In den USA werden zur Ernte Mähdrescher eingesetzt. Das warm abgepreßte Sojaöl ist gelblichrot bis dunkelbraun, enthält noch ca. 10% Lecithin und ist besonders reich an der essentiellen Linol-, und Linolensäure. Nach Wasserzusatz kann das Lecithin vom Rohöl leicht abzentrifugiert werden, und nach Raffination ergibt sich ein ausgezeichnetes Speiseöl. Es gehört zu den schwach trocknenden Ölen, weshalb die weniger wertvollen Ölsorten zur industriellen Firnis-, Lack- und Linoleumerzeugung Verwendung finden. Die Soja-Ölkuchen und -Schrote sind ein besonders eiweißreiches Kraftfutter.

Welternte an Sojabohnen in 1000 t			davon in	1000 t
1930	1948/52	1960/61	USA	15 113
6210	16 400	27 300	China	10 160
			Indonesien	437
			Japan	418
			UdSSR	225
			Europa	40

Die wichtigsten Sojabohnen ex- und importierenden Länder im Jahre 1960

	Export in 1000 t		Import in 1000 t
USA	4 024,0	Japan	1 128,3
China	940,5	Westdeutschland	998,1
Kanada	60,3	Kanada	415,6
		Dänemark	365,8
		UdSSR	351,0
		England	318,6
		Niederlande	318,5

5.2.2. Erdnuß

Auch diese wirtschaftlich zweitwichtigste Ölpflanze (*Arachis hypogaea*) ist ein Schmetterlingsblütler und gleicht äußerlich unserer Erbse. Ihre Heimat ist Südamerika, aber auch sie kommt nicht mehr wild, sondern nur als Kulturpflanze in den Tropen und Subtropen vor. Eine sonderbare Eigentümlichkeit der Pflanze besteht darin, daß der Blütenstiel, nach der Befruchtung erdwärts gerichtet, nochmals zu wachsen beginnt und einige Zentimeter in den Boden eindringt. Hier entwickelt sich erst die Hülse („Erdnuß") mit ein bis sechs Samen. Geerntet wird, ähnlich wie bei der Kartoffel durch Ausreißen, Ausgraben von Hand oder mit Hilfe maschineller Wühler. Enthülst wird mit Maschinen, manchmal schon vor der Verschiffung. Die weitere Verarbeitung, wie Zerkleinern, Abpressen in der Wärme (40° C) bzw. Extraktion usw., geht erst in den Fabriken der Importländer vor sich. Etwa zwei Drittel der Weltproduktion werden ausgeführt. Das Erdnußöl ist hell- bis goldgelb, das raffinierte fast farblos und ganz geruchlos. Es besteht hauptsächlich aus Glyceriden der Öl- und Linolsäure (essentiell!) und ist ein hochwertiges, nicht trocknendes Speiseöl (*Arachisöl*). Gehärtet wird es zu Margarine verarbeitet. Erdnußschrot und -kuchen sind wertvolle Kraftfuttermittel.

Welternte an ungeschälten Erdnüssen in 1000 t

1934/38	1948/52	1960/61
9100	9500	13 900

Hauptausfuhrländer 1960 in 1000 t

	Erdnüsse	Erdnußöl
Nigeria	337*	47,4
Elfenbeinküste	320	118,8
Senegal	253	114,1

* geschält

5.2.3. Baumwollsaat

Es mag überraschen, daß die als Faserpflanze so überaus wichtige *Baumwollstaude (Gossypium sp.)* auch als Öllieferant große Bedeutung hat und weltwirtschaftlich den dritten Platz einnimmt. Die Baumwollfasern sind bekanntlich Samenhaare und in der Rohbaumwolle haften sie noch am Samenkorn fest. Erst bei der maschinellen „Entkernung" (*Egrenieren*) werden die kleinen, 6 bis 10 mm langen Samen entfernt und fallen in großen Mengen als wertvolles Nebenprodukt an. Ungeschält enthalten sie bis 25 % (vgl. Tabelle S. 105), geschält 30 bis 40 % Fett. Das abgepreßte Rohöl ist noch durch einen sogar giftigen Farbstoff schwärzlich-rot gefärbt[1] und muß erst in großen Raffinerien gereinigt und gebleicht werden. Man erhält so ein vorzügliches farb- und geruchloses Speiseöl (*Cottonöl*). Es besteht zur Hauptsache aus Glyceriden der Linolsäure (essentielle Fettsäure!) und gehört zu den schwach trocknenden Ölen. Das Cottonöl ist kälteempfindlich, kann aber durch Härtung in ein gutes und dauerhaftes Speisefett verwandelt werden.

Ausfuhr 1960 in 1000 t

	Baumwollsaat		Cottonöl
Sudan	93,0	USA	203,8
Nigeria	40,6	China	16,1
Syrien	34,8	Welt	243,0
Nikaragua	31,6		
Welt	277,0		

Gesamtwelternte an Baumwollsaat in 1000 t			davon erzeugten 1960/61	in 1000 t
1934/38	1948/52	1960/61		
11 600	13 800	20 500	USA	5340
			China	4820 (1959/60)
			Indien	1918

5.2.4. Kokospalme

Die stattliche Kokospalme (*Cocos nucifera*), ein Wahrzeichen der tropischen Küsten, gehört zu den ältesten Kulturpflanzen. Die eingeschlechtlichen Blütenstände sitzen in den Achseln der gewaltigen Fiederblätter und die weiblichen bringen etwa 10 bis 20 Früchte hervor. 20- bis 60jährige Bäume tragen jährlich 60 bis 80 Nüsse, was gut 10 kg trockenem *Kopra* entspricht.

---

[1] Das giftige Pigment *Gossypol*, ein wasserunlöslicher Dinaphtyl-Dialdehyd, kommt bis zu 2 % in den Samen der ägyptischen Baumwolle (Sea Island bzw. Gossypium barbadense, vgl. S. 173) vor; seine Entfernung wirft gewisse Probleme auf.

Die mächtigen, 20 bis 30 cm langen Nüsse schwimmen auf Wasser, was zur weltweiten Verbreitung der Kokospalme sicher beigetragen hat. Die Nüsse werden meist von Eingeborenen, behend kletternden Pflückern, abgeschnitten, gespalten und an der Sonne getrocknet. Alle Teile der Kokosnuß finden einen nützlichen Gebrauch. Nach zwei bis drei Tagen läßt sich der Steinkern, die Kokosnuß des Handels, leicht herauslösen. Dieser Steinkern enthält neben dem Keimling im unreifen Zustand das erfrischende „Kokoswasser", im reifen Zustand ein schneeweißes, würziges Fruchtfleisch (Endosperm), das nach Zerschlagen der Steinschale herausgeschält und getrocknet wird. Dies ist das sogenannte „Kopra", das 60 bis 70% Fett enthält.

Die Weiterverarbeitung erfolgt meist in den Importländern und führt nach Reinigen, Mahlen, heißem Abpressen und Raffination zu schneeweißem, unter europäischen Verhältnissen brüchig hartem Kokosfett oder *Palmin*. Es besteht hauptsächlich aus Triglyceriden der Laurin- und Myristinsäure (gesättigte C_{12}- und C_{14}-Säure). Palmin und Kakaobutter, ein Nebenprodukt der Kakaopulvererzeugung (vgl. S. 93), sind unentbehrliche Grundstoffe für die Schokoladeindustrie.

Geraspelte Kopra wird in der Zuckerbäckerei verwendet; die sogenannte „Kokosmilch" wird aus dem geraspelten und mit Wasser verrührten Fruchtfleisch gepreßt.

Gesamtweltproduktion an Kopra in 1000 t

1934/38	1948/52	1960/61
1911	2600	3150

Hauptausfuhrländer 1960 in 1000 t

	Kopra	Kokosöl
Philippinen	843,8	59,7
Indonesien	220,9	—
Malaya/Singapur	114,8	41,3
Nord-Borneo	81,0	—
Ceylon	29,6	53,9
Mozambique	40,8	1,8
Ozeanien	191,0	44,0

5.2.5. Ölpalme

Die Ölpalme (*Elais guinensis*) ist ebenfalls ein stattlicher Baum von etwas gedrungenerem Wuchs. Die Heimat der Ölpalme ist wahrscheinlich das tropische Afrika, von wo aus sich ihre Kultur über die ganzen Tropen verbreitet hat. Auch heute noch ist Afrika der Haupterzeuger von Palmöl und Palmkernen.

Die ölhaltigen Früchte sind nur pflaumengroß und finden sich in der Reifezeit bis zu mehreren Hunderten (800 bis 1500) vereinigt in großen 10 bis 30 kg schweren Büscheln, den ehemaligen weiblichen Blütenständen, die ebenfalls von eingeborenen Pflückern herabgeholt werden. Die Früchte enthalten sowohl in dem gelben faserigen Fruchtfleisch (Mesocarp) als auch im Innern des harten Steinkernes (Endosperm) ein fettes Öl. Das reife Fruchtfleisch hat einen Ölgehalt von 65 bis 70%. Das vorwiegend aus Glyceriden der Öl- und Palmitinsäure und niedrigerer Fettsäuren bestehende Fett, das *Palmöl*, muß

bald abgepreßt werden, da es leicht zersetzlich ist. Das rohe Palmöl findet verschiedene Verwendung, vor allem zur Seifenerzeugung; raffiniert und gehärtet dient es größtenteils zur Margarinefabrikation.

Die harten *Palmkerne* werden meist als solche nach Europa exportiert und dort erst weiter verarbeitet. Nach der Dicke der Steinschicht des Kernes (Abb. 33) unterscheidet man verschiedene Handelssorten:

Abb. 33. Längsschnitt durch die Frucht der Ölpalme (nach TH. JACOBY). Kernschale schraffiert. Links: Macrocarya. Mitte: Dura. Rechts: Tenera.

	Schalendicke in mm
Macrocarya	4—8
Dura	2—5
Tenera	0,5—2,5
Pisifera	±0

Die Palmkerne werden in Knackmaschinen vor ihren harten Schalen befreit, gepreßt und geben so das weiße bis gelbliche *Palmkernöl*. Es besteht zum Unterschied vom *Palmöl* aus Glyceriden der Laurin-, Myristin- und Ölsäure. Die Anwendung des Palmkernöls ist ähnlich vielseitig wie die des Palmöls.

Unter allen Ölpflanzen ergibt die Ölpalme bei weitem den höchsten Hektarertrag:

Ölertrag je ha und Jahr in kg

Ölpalme (ohne Palmkernöl)	2500—4000	Sesam	340—1000
Kokospalme	600—1500	Erdnuß	340— 440
Ölbaum	500—1000	Soja	230— 400

Gesamtweltproduktion in 1000 t

	1948/52	1960/61
Palmöl	1190	1170
Palmkerne	1000	1030

Hauptausfuhrländer 1960 in 1000 t

	Palmöl	Palmkerne
Nigeria	186,3	424,7
Kongo	167,2	19,6
Indonesien	108,1	33,5
Malaya	97,0	25,0
Elfenbeinküste	3,6	81,9

5.2.6. Ölbaum

Schon den Alten war der Ölbaum (*Olea europaea*) heilig, und heute noch ist er für die Mittelmeerländer lebenswichtig. Der Italienreisende begegnet an den Südhängen der Alpenausläufer den ersten silbergrau schimmernden Ölbaumhainen, die ihn wohl an heimatliche Weidengebüsche erinnern. Die oft sehr alten und knorrig-wunderlich verwachsenen Bäume sind häufig der ganze Reichtum vieler kleinbäuerlicher Betriebe.

Die im Winter reifenden, pflaumenartigen Früchte bleiben bei den ölreichen Sorten kleiner, während die Speiseoliven größer, fleischiger und weniger ölreich sind. Eine dünne rötliche bis schwarze Haut umschließt ein grünlichweißes, bitter schmeckendes Fruchtfleisch (Mesocarp) mit 40 bis 60% Fettgehalt. In der Mitte ist ein sehr harter Steinkern mit einem ölhaltigen Endosperm (12 bis 15% Fettgehalt). Beide Öle bestehen hauptsächlich aus Glyceriden der Ölsäure. Die abgeschüttelten und aufgesammelten Oliven geben, möglichst bald entkernt und kalt abgepreßt, das hochwertige, hellgelbe bis grünliche (Chlorophyll!) *Olivenöl*, das durch seinen zarten Duft und nussigen Geschmack den Kenner entzückt.

Durch warmes Nachpressen und Extraktion erhaltene Öle werden der Industrie (Kosmetika, Seifen, Textilbeizen, Schmieröl und Brennöl) zugeführt.

Zur Bereitung von *Speiseoliven* werden die Früchte zunächst durch mehrstündiges Einlegen in Natron- oder Kalilauge entbittert und dann erst in Salzwasser eingelegt. Die Ernteergebnisse sind sehr witterungsabhängig und schwanken von Jahr zu Jahr stark.

Welternte an Oliven in 1000 t

1934/38	1948/52	1960/61
4600	5100	7050

Hauptproduzenten von Olivenöl 1960/61 in 1000 t

Spanien	464
Italien	380
Tunesien	137 (59)
Griechenland	89 (176)
Portugal	84

In ( ) Zahlen für 1959/60.

Hauptausfuhrländer von Olivenöl 1960/61 in 1000 t

Spanien	137 (38)
Tunesien	26 (78)
Italien	10
Portugal	4,6

In ( ) Zahlen für 1959/60.

5.2.7. Weitere Ölpflanzen mit schwach trocknenden Ölen

Sesam (*Sesam indicum* und einige andere Arten) ist eine bis 1 m hoch werdende tropische Pflanze und erinnert äußerlich an unseren Fingerhut. Sie gilt als die älteste Kulturpflanze, die zur Ölgewinnung gezogen wurde, und erlaubt unter Umständen zwei Ernten im Jahr. Die dünnen Samenkapseln enthalten zahlreiche kleine, 4 mm lange und 2 mm breite Samen mit 35 bis 56% Fettgehalt, welche kalt gepreßt ein hellgelbes, gut haltbares Speiseöl ergeben. Das Sesamöl enthält hauptsächlich Glyceride der Öl- und Linolsäure.

Gesamtwelternte an Sesamsamen 1960/61

1 400 000 t

Gesamtausfuhr an Sesam 1960

165 000 t

Hauptproduzenten von Sesamsamen 1960/61 in 1000 t

China	350,0
Indien	292,6
Sudan	146,1
Mexiko	129,0

Rizinus (*Ricinus communis*) wächst schon in Süditalien kraut- und strauchförmig und kann in den Tropen ein bis 20 m hoher Baum werden. Die Pflanze fällt durch ihre schönen langgestielten, handförmigen, geteilten Blätter auf und enthält in den meist gestachelten, dreifächerigen Kapseln die eiförmig runden, gefleckt marmorierten Samen. Sie enthalten viel Öl (vgl. Tabelle S. 105), sind aber sehr giftig (vgl. S. 23). Beim Pressen geht das giftige Protein nicht in das Öl über. Kalt gepreßt ergibt sich ein farbloses, dickflüssiges, nur ganz schwach trocknendes Öl (*Castoröl*), das seine bekannte Abführwirkung der Rizinolsäure (einfach ungesättigte C_{18}-Monoxysäure) verdankt. Es besteht überwiegend aus den Glyceriden der Rizinol-, Isorizinol- und der Stearinsäure. Die besten Sorten werden für pharmazeutische Zwecke verwendet, das übrige gelangt in die Industrie (Seifenpulver, Haarwaschmittel, Imprägnieren und Beizen von Textilien usw.). Technisch wichtig ist die Verwendung als Schmiermittel bei Flugzeugmotoren wegen der hohen Konsistenzbeständigkeit bei großen Temperaturschwankungen.

Gesamtausfuhr an Rizinussamen 1960		135 000 t
Rizinusöl	1960	98 000 t
Hauptausfuhrländer: Brasilien		
Indien		
Thailand		

Die *Sonnenblume* (*Helianthus annuus*), aus Nordamerika stammend, ist für die sommerheißen Gebiete Rußlands und des Balkans eine wichtige Ölpflanze.

Die Sonnenblumenkörner haben einen Fettgehalt von 42 bis 63% und geben kalt gepreßt ein ausgezeichnetes Speiseöl. Als typisches Pflanzenöl enthält es (in Prozent der Gesamtfettsäuren) 57 bis 65% Linolensäure, 28 bis 33% Ölsäure und 6 bis 7% gesättigte Säuren. Als schwach trocknendes Öl kann es technisch auch wie Leinöl genutzt werden.

Welterzeugung von Sonnenblumenöl 1960/61   6 020 000 t

Gesamtausfuhr von Sonnenblumenöl 1960   41 000 t

Davon erzeugten in 1000 t:
Philippinen   1340
UdSSR   967
Argentinien   585
Rumänien   522

Unter den einheimischen Ölpflanzen haben eigentlich nur mehr *Raps* (*Brassica napus*) und *Rübsen* (*Brassica rapa*), zwei einander sehr ähnliche Kreuzblütler, wirtschaftliche Bedeutung (vgl. Tabelle S. 106). Raps wird meist als Winterfrucht gebaut, seine Vegetationszeit ist etwas länger als die des Rübsens. Die leuchtend gelb blühenden Felder bieten im Mai bis Juni einen herrlichen Anblick. Die kleinen, dunklen Samen (Raps bis 43%, Rübsen bis 35% Fettgehalt) sind in langen Schoten aufgereiht und werden durch Dreschen gewonnen. Kalt gepreßt und entsprechend gereinigt ergeben sie ein gutes Speiseöl. Wegen des hohen Gehaltes an Erucasäure (einfach ungesättigte C_{22}-Säure) gehört es zu den schwach trocknenden, leicht ranzig werdenden Ölen.

Österreichs Ölsamenproduktion in Tonnen

	Raps	Rübsen	Mohn	Sonnenblumenkerne
1960	5428	970	1117	626
1950/59	5737	1722	1203	409

5.2.8. Ölpflanzen mit rasch trocknenden Ölen

Hier ist zunächst der auch bei uns gedeihende *Lein* (*Linum usitatissimum*), eine uralte Kulturpflanze, zu nennen, welche — ein Gegenstück zur Baumwolle — aber vorwiegend als Faserpflanze der gemäßigten Zone zu gelten hat. Beim *Kulturlein* sind mindestens zwei Unterarten zu unterscheiden: *Linum usitatissimum forma vulgare*, der *Dresch-* oder *Schließlein*, mit längerem, dünnerem Stengel, geringer Verzweigung und geschlossen bleibenden Früchten, und zweitens *Linum usitatissimum forma humile* (= *crepitans*), der sogenannte *Spring-* oder *Klenglein*, von niedrigem und verästeltem Wuchs und mit aufspringenden Kapseln; diese Form wird aber nur mehr selten gebaut. Ferner ist unter den zahlreichen Zuchtsorten zwischen „Faserlein" (möglichst geringe Verzweigung mit wenig Blüten, hoher Wuchs) und „Öllein" (vielblütig, größere

Samen) zu unterscheiden, die bevorzugt der einen oder der anderen Nutzung dienen. Da die Samen ihren vollen Fettgehalt erst erreichen, wenn die Faser schon zu verholzen und minderwertig zu werden beginnt, ist eine gleichzeitige Faser- und Ölgewinnung nicht voll befriedigend, doch sind bereits beachtliche Züchtungserfolge in dieser Richtung zu verzeichnen. Auch ist in wärmeren und trockeneren Gegenden die Ölausbeute höher als in kälteren, und umgekehrt die Faser in kühleren und feuchteren Gebieten besser als in wärmeren.

Die kleinen braunen Samen werden beim Befeuchten durch Verschleimung der Epidermisaußenwand (vgl. S. 164) klebrig. Kalt gepreßt ergibt sich ein fast farbloses auch für Speisezwecke geeignetes Öl, warm gepreßt ein goldgelbes bis braunes Öl.

Wegen seines hohen Gehaltes an Glyceriden ungesättigter Fettsäuren (59% Linolsäure, 20% Linolensäure) ist es ein Musterbeispiel gut trocknender Öle. Durch „Lufttrocknung" (vgl. S. 106) werden insbesondere dünne Schichten zu harzartigen, schwer löslichen Filmen verfestigt, welche Eigenschaft für die Anstrichtechnik sehr wertvoll ist. Leinöl dient dabei als Firnis, als Bindemittel für Ölfarben und als Lösungsmittel für Harze, also zur Lackerzeugung. Leinöl ist auch der bindende Grundstoff des Linoleums.

Wie der Lein kann auch der *Hanf* (*Cannabis sativa*) als Faser- und Ölpflanze dienen, wird aber heute in erster Linie zur Gewinnung einer der dauerhaftesten Fasern herangezogen (vgl. S. 178).

Einen scharfen Konkurrenten hat das Leinöl im *chinesischen Holzöl* oder *Tungöl* erhalten, das aus den Samen verschiedener baumförmiger *Aleurites*-Arten stammt. Die 4 bis 5 cm großen, rundlichen Früchte enthalten drei bis fünf breite, eiförmige, unseren Walnüssen nicht unähnliche Samen, die 41 bis 55% Öl enthalten. Dieses besteht zu 75 bis 80% aus Eläostearinsäure (dreifach ungesättigte C_{18}-Säure) und trocknet noch wesentlich rascher als Leinöl.

Weltproduktion an Tungöl 1958 (geschätzt)	119 800 t
Davon China	80 000 t
Argentinien	20 000 t
USA	13 000 t

Zusammenfassende Literatur zu 5.

Analyse der Fette und Fettprodukte einschließlich der Wachse, Harze und verwandter Stoffe. Hrg. v. H. P. KAUFMANN, 2 Bde. Berlin-Göttingen-Heidelberg: 1958.

BALLY, W., J. D. FERWERDA und A. MORETTINI, Ölpflanzen. Tropische und subtropische Weltwirtschaftspflanzen. Begr. v. A. SPRECHER v. BERNEGG, II. Teil, 2. Aufl. Stuttgart: F. Enke, 1962.

DEUEL, H. J., The Lipids, Their Chemistry and Biochemistry. Vol. 1—3. New York-London: Interscience Publ., 1951—1957.

ECKEY, E. W., and L. P. MILLER, Vegetable Fats and Oils. American Chem. Soc. Monograph Series. New York: Reinhold, 1954.

Essential Fatty Acids. IVth Intern. Conference Biochem. Problems of Lipids. Oxford, July 1957. Ed. H. M. SINCLAIR. New York: Academic Press, 1958.

Die ernährungsphysiologischen Eigenschaften der Fette. Vorträge und Diskussionen des 1. Symposiums zu Mainz. Unter Leitung von K. LANG. Darmstadt: Steinkopff, 1958.

FISCHER, W. J., Ölpflanzen, Pflanzenöle. Stuttgart: Franckh'sche Verlagshandl., 1948

JACOEY, Th., Die Ölpalme — Anbau und Düngung. Bochum: Ruhr-Stickstoff A.G., 1954

MENON, K. P. V., and K. M. PANDALAI, The Coconut Palm, a Monograph. Indian Central Coconut Committee. Ernakulam, 1958.

MÜLLER, G., Baumwolle — Anbau und Düngung. Bochum: Ruhr-Stickstoff A. G., 1958

ULRICH, F., Produktion und Export pflanzlicher Fettstoffe in Afrika. Wien: Welt handel-Diss., 1950.

WACHS, W., Öle und Fette. Grundlagen und Fortschritte der Lebensmitteluntersuchung Bd. 8. Berlin: A. W. Hayn's Erben, 1961.

WITTKA, F., Die modernen Methoden zur Umformung der Fette. Moderne fettchemische Technologie, Heft 3. Leipzig: Barth, 1958.

6. Sekundäre Lipoidstoffe

(Terpene — Terpenoide)

Wir haben bereits erwähnt (S. 104), daß die Biosythese der Fettsäuren aus aktivierter Essigsäure erfolgt, wobei die langen Kohlenstoffketten durch Kopf-Schwanz-Addition dieser C_2-Bausteine entstehen. Auf dieselbe Weise kann auch eine Zyklisierung erfolgen, wie etwa bei der Flavan-Synthese (vgl. S. 62) wo aus drei Essigsäuremolekülen ein C_6-Ring mit konjugierten Doppelbindungen, der Benzolring also, gebildet wird.

Es gibt aber noch eine andere Art, wie von der Pflanzenzelle aktivierte Essigsäure-Bausteine zusammengefügt werden können.

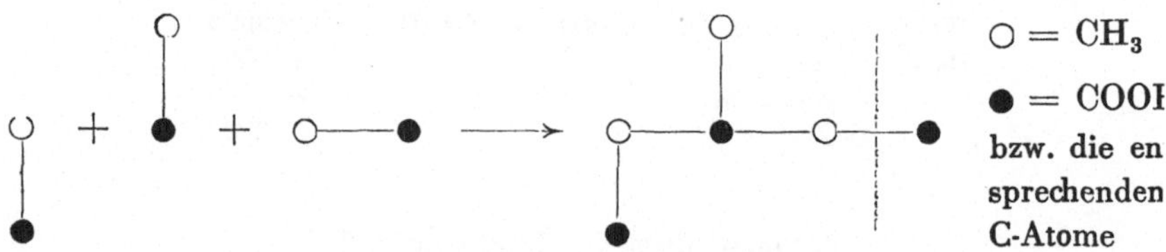

Es ist wieder eine Kopf-Schwanz-Addition, die aber auf solche Weise er folgt, daß ein gegabelter C_5-Körper (Isopentan bzw. das ungesättigte Isopren = Methylbutadien) entsteht. Wir müssen aber gleich hinzufügen, daß der unge sättigte Kohlenwasserstoff Isopren in der Pflanze noch nicht gefunden worde ist, während die daraus bestehenden Polymerisate praktisch keiner Pflanz ganz fehlen.

Die enzymatische Bildung der C_5-Bausteine erfolgt wahrscheinlich im Grund cytoplasma selbst — näheres ist noch nicht bekannt —, während die Bildung höherer Polymerisate aus diesen C_5-Bausteinen an gewisse Protoplasmastrukturen bzw. -organellen gebunden zu sein scheint. Der C_5-Baustein selbst dürfte eine dem Isopren nahestehende Verbindung, wahrscheinlich (über Mevalonsäure u. a. entstehendes) Isopentylpyrophosphat P. P. CH_2—CH_2—$<$ sogenanntes „aktives Isopren" und Dimethylallylpyrophosphat P. P. CH_2—CH=$<$ sein, wobei auch hier energetische Niveauhebungen durch Phosphorylierung (vgl. S. 14) erwiesenermaßen eine Rolle spielen.

Das Vorhandensein einer Doppelbindung bedingt nach der Stellung der in die Kette eingehenden C-Atome eine *Trans-* und eine *Cis-Form,* wobei aber letztere nur im Naturkautschuk vorkommt. Von den C_5-Bausteinen gehen nur vier C-Atome in die Kette ein, wobei nicht nur eine Kopf-Schwanz-Addition, sondern, von den Diterpenen an, auch die Kopf-Kopf-Addition auftritt (vgl. Tabelle S. 118). Außerdem entsprechen einer geraden Kette die *offenen Terpene,* einer gefalteten die *zyklischen Terpene.* Dabei hat man sich vorzustellen, daß die Pyrophosphat-Verbindungen durch Phosphatase zu entsprechenden Alkoholen hydrolisiert werden und weiter oxydiert werden können. In der Tabelle ist für die angeführten Beispiele die Zyklisierung der gefalteten Form angedeutet. So lassen sich auch polyzyklische Terpene, deren konventionelle Formel oft merkwürdig bizarr erscheint, zwanglos auf ein *biogenetisches Grundskelett* zurückführen, das einen übersichtlichen und verhältnismäßig einfachen Aufbau besitzt.

Die Terpene und Terpenoide sind als Kohlenwasserstoffe extrem lipophil und bleiben auch als Alkohole oder Säuren, zu denen sie oft oxydiert sind, lipophil. Die höhere Pflanze kann diese lipoiden Substanzen, wenn sie einmal gebildet sind, nicht wieder abbauen, obwohl gerade die Terpene einen außerordentlich hohen Energieinhalt besitzen (vgl. Tabelle S. 105). Das Unvermögen des Protoplasmas, diese Lipoide, sehr zum Unterschied von den echten Lipiden, zu verwenden oder auch nur zu beherrschen („Entgleisungsprodukte"), zeigt sich auch darin sehr augenfällig, daß sie schon in sehr frühen Entwicklungsstadien der betreffenden Zelle als lichtmikroskopisch sichtbare Tröpfchen in Erscheinung treten, die sich entweder im Inneren der Zelle vom Protoplasma abgetrennt ansammeln oder durch die Zellwand nach außen, an die Pflanzenoberfläche (Drüsenhaare!) oder in Interzellularen (Drüsen!) dringen. Die Abscheidung selbst scheint ein rein physikalischer durch Oberflächenkräfte bedingter Vorgang zu sein. Bleibt das *Terpenexkret* in der Zelle liegen, so ist es meist von einer korkartigen Membran umhüllt (Ölblase). Die Tetraterpene (Carotinoide) kommen nur in Plastiden (Chloroplasten, Chromoplasten) vor; aber auch die Polyterpene (Kautschuk, Guttapercha usw.) sind wahrscheinlich plastidischen Ursprungs.

Schema der Terpene und Terpenoiden

Terpen-verbindungen	Summen-formel	Anzahl der C_5-Bausteine	biogenetisches Grundskelett	Beispiel in konventioneller Form
Hemiterpene (Prenylrest)	C_5H_9—	1	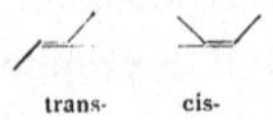 trans- cis-	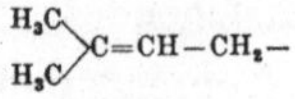 H_3C $C=CH-CH_2$— H_3C in Cumarinen, Hopfenharzsäuren usw.
Monoterpene (Terpene im engeren Sinn)	$C_{10}H_{16}$	2	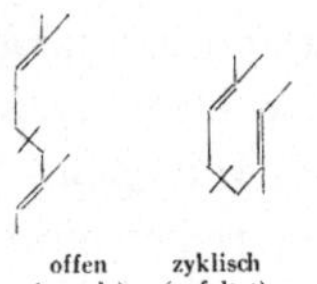 offen (gerade) zyklisch (gefaltet)	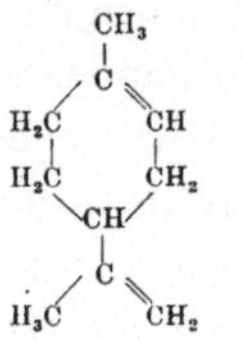 Limonen
Sesquiterpene	$C_{15}H_{24}$	3	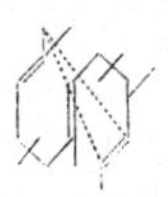	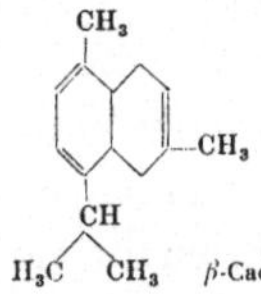 β-Cadinen
Diterpene	$C_{20}H_{30}$	4 bzw. 3 + 1	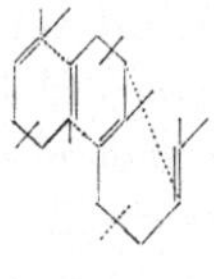	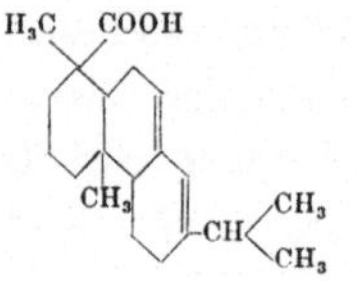 Abietinsäure
Triterpene	$C_{30}H_{48}$	6 bzw. 3 + 3	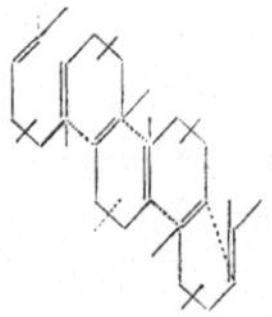	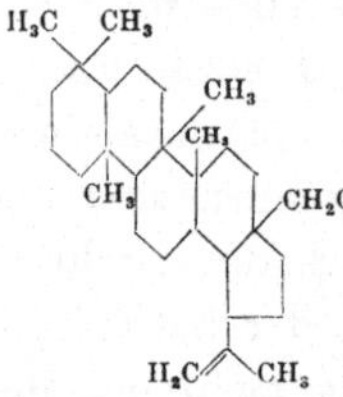 Betulin
Tetraterpene	$C_{40}H_{60}$	8 bzw. 4 + 4	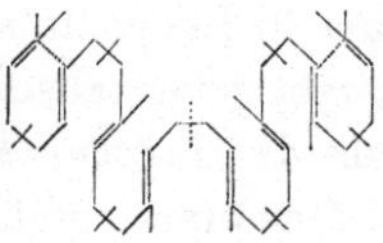	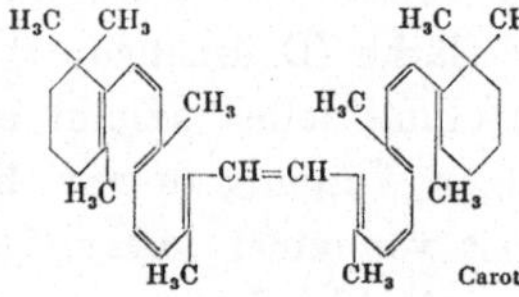 Carotin
Polyterpene	$(C_5H_8)x$	x	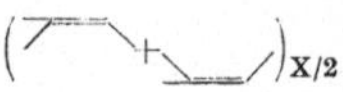 cis-Form	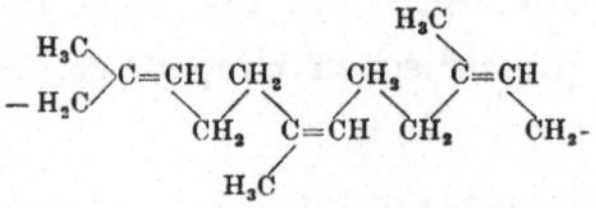 Naturkautschuk

·····**Beispiel für Zyklisierung**   + **Kopf-Schwanz-Addition**   ┼ **Kopf-Kopf-Addition**

6.1. Ätherische Öle

Ein Charakteristikum der *niederen Terpene* ist ihr geringer intermolekularer Zusammenhalt, sie gehen leicht in den gasförmigen Zustand über und sind in dieser Eigenschaft der Hauptbestandteil der ätherischen oder *flüchtigen Öle;* sie lassen auf Papier, zum Unterschied von den fetten Ölen, keinen Fleck zurück. Die ätherischen Öle können durch Wasserdampfdestillation aus dem Pflanzenmaterial ausgetrieben werden und duften meist angenehm, worauf ihre Verwendung in der Industrie (Parfüme, Kosmetika) beruht. Wenn hier nun auch die natürlichen Ausgangsstoffe schon vielfach durch synthetische ersetzt sind, so bleiben doch die natürlichen Duftstoffe als wesentliche Bestandteile der Gewürze und vieler Heilpflanzen ganz unersetzlich. Die käuflichen Geschmacks-„Essenzen" sind indessen alle synthetische Erzeugnisse.

Weit verbreitet im Pflanzenreich finden sich die ätherischen Öle besonders reichlich in bestimmten Pflanzenfamilien, wie z. B. in den *Myrtaceen, Rutaceen, Lauraceen, Geraniaceen, Rosaceen, Umbelliferen, Labiaten* und nicht zuletzt in den *Coniferen.* Die ätherischen Öle werden von bestimmten Exkretionseinrichtungen abgeschieden. Um Einzelzellen handelt es sich bei den meist abweichend gebauten (idioblastischen) Ölzellen: Sehr häufig werden Drüsenhaare, Drüsenschuppen u. dgl. und auch größere exkretorische Gewebekomplexe, Drüsen in engerem Sinne, angetroffen. Diese Exkretionseinrichtungen finden sich vorzugsweise nahe oder auf der Oberfläche der Pflanze (Epidermis, Mesophyll, Rinde). Von *intrazellulärer* Exkret*abscheidung* sprechen wir, wenn das Exkret im Plasma (z. B. ätherische Öle in Rosenblättern) oder im „Zellsaft" (Kautschuk und Harz im Milchsaft) verbleibt; dagegen liegt *intrazelluläre Ausscheidung* dann vor, wenn das ätherische Öl innerhalb der Zelle von einer distinkten Korkhaut umhüllt wird (sogenannter Ölbeutel oder -blase der Ölzellen von *Lauraceen, Magnoliaceen, Piperaceen, Valerianaceen).* Wesentlich mannigfaltiger sind die Einrichtungen für die *extrazelluläre* Exkret*ausscheidung,* bei der das ätherische Öl aus den Zellen in Hohlräume oder direkt nach außen abgeschieden wird. Alle Teile der höheren Pflanze: Blatt bzw. Blüte, Stamm bzw. Rinde und Wurzel können ätherische Öle beinhalten. Blattdrüsen sind oft schon mit dem freien Auge (z. B. Eucalyptus, Johanniskraut) als durchscheinende helle Punkte zu sehen. Die Duftwirkung der ätherischen Öle kann auch für die Pflanze Bedeutung gewinnen (Anlockung bestäubender Insekten, Schutz vor Tierfraß usw.). Auffallend ist der große Reichtum an ätherischen Ölen und höheren Terpenen in den Pflanzen der trockenen und wärmeren Klimata, insbesondere auch den Tropenpflanzen. Der hohe Gehalt an Terpenen, typischen Sekundärstoffen eines luxurierenden Stoffwechsels, mag wieder als Ausfluß einer gesteigerten Grundstoffproduktion unter günstigen Lebensbedingungen gelten.

Die ätherischen Öle der Pflanzen sind immer ein Gemisch verschiedener Terpene, wobei das Mischungsverhältnis sehr variiert und z. B. durch mutative

Änderungen (Rassenbildung), durch Standort, Klima, Düngung usw. beträchtlich beeinflußt werden kann. In den ätherischen Ölen kommen, manchmal in recht beträchtlichem Ausmaß, auch andere lipophile Stoffe, besonders Phenole und deren Äther, einfache Kohlenwasserstoffe, aromatische Aldehyde, bestimmte Sulfide, z. B. Senföle u. a., vor. Unter den Terpenen hinwiederum sind weniger die reinen Kohlenwasserstoffe als vielmehr die Terpenalkohole vertreten (vgl. alkoholische C_5-Bausteine!), die häufig mit niederen Fettsäuren verestert gerade die Geruchsbildung entscheidend beeinflussen, da die Ester meist feiner und angenehmer riechen als die freien Alkohole. Im übrigen sind die Terpene recht unbeständig, Verschiebung der Doppelbindungen, Autoxydation, Polymerisation zu Harzen und harzähnlichen Produkten findet häufig schon spontan in der Pflanze (mikrochemisch unterscheidbare „Exkret-Vorstufen") oder postmortal während der Lagerung des Pflanzenmaterials, nicht selten bei der Wasserdampfdestillation selbst statt. Unerwünschte Geruchsänderungen durch Esterspaltung, Zyklisierung u. dgl. umgeht die Industrie durch besonders schonende Extraktionsverfahren, wie z. B. die sogenannte „Enfleurage". wobei die ölhaltigen Pflanzenteile, meist Blütenblätter, auf fettbestrichene Glasplatten ausgebreitet werden. Nach einigen Tagen ist das ätherische Öl in das Fett diffundiert, aus dem es dann mit kaltem Alkohol ausgeknetet wird.

6.1.1. Beispiele für ätherische Öle

Die niederen Terpene kommen sowohl offen (= aliphatisch) als auch ein- bis mehrfach zyklisiert vor. Sehr häufige, fast in allen ätherischen Ölen vorkommende *offene Monoterpene* sind das Geraniol, ein primärer Alkohol und das isomere Linalool. Das *Rosenöl* besteht zu 75% aus Geraniol und stammt

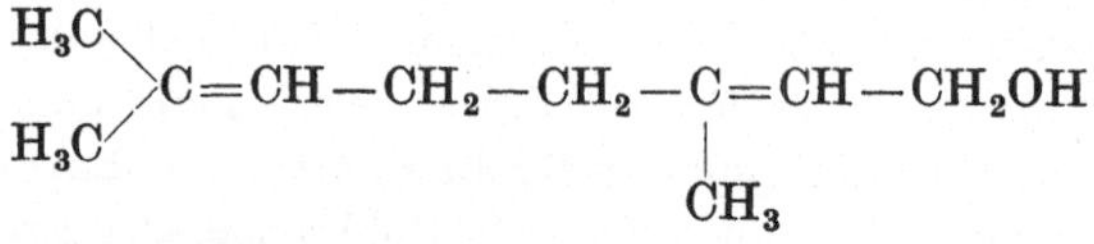

$$H_3C \diagdown$$
$$\quad\quad\diagup C = CH - CH_2 - CH_2 - C = CH - CH_2OH$$
$$H_3C \diagup \qquad\qquad\qquad\qquad\qquad | $$
$$\qquad\qquad\qquad\qquad\qquad\qquad\quad CH_3$$

Geraniol

$$\qquad\qquad\qquad\qquad\qquad\qquad OH$$
$$H_3C \diagdown \qquad\qquad\qquad\qquad\qquad | $$
$$\quad\quad\diagup C = CH - CH_2 - CH_2 - C - CH = CH_2$$
$$H_3C \diagup \qquad\qquad\qquad\qquad\quad | $$
$$\qquad\qquad\qquad\qquad\qquad\qquad CH_3$$

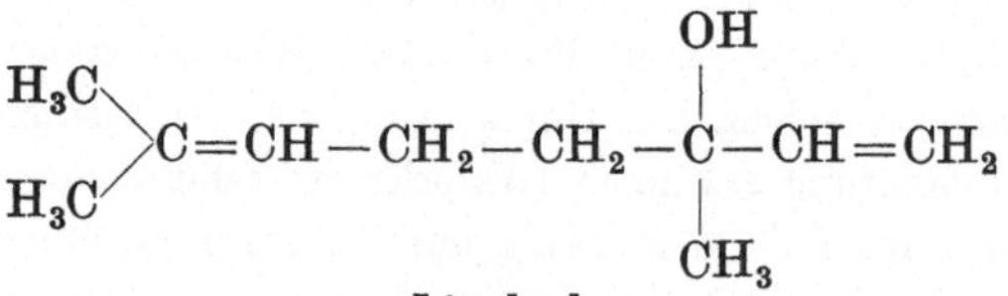

Linalool

aus den Blütenblättern verschiedener Rosenarten[1]. Linalacetat wieder ist der Hauptbestandteil des *Lavendelöls* aus den Blüten von *Lavandula spica*.

---

[1] Hauptanbaugebiete sind der Balkan, Südfrankreich und Persien. Für 1 kg Rosenöl werden ca. 4000 kg Blüten benötigt. „Rosenwasser" ist mit Rosengeruch imprägniertes Wasser und war schon im 8. und 9. Jh. bekannt.

Sehr viel häufiger aber sind noch die *zyklischen Monoterpene*, welche durch einen oder zwei Brückenschläge zustande kommen (vgl. Tabelle). Ein sehr häufiges monozyklisches, wahrscheinlich von obigen Alkoholen abzuleitendes Beispiel ist das Limonen (vgl. Tabelle), welches zusammen mit Citral (ein dem Geraniol entsprechender Aldehyd) den angenehmen Geruch des *Zitronenöls* und des *Zitronellöls* verursacht. Ersteres wird bekanntlich aus den Fruchtschalen, Blüten und Blättern der verschiedenen Citrusarten, auch *Agrumen* genannt (Orangen, Zitronen, Mandarinen, Bergamotten, Grapefruit = Pampelmuse u. a.), gewonnen, während letzteres von einem tropischen Gras (*Andropogon sp.*) stammt.

Durch Umklappen des Isopropylrestes in den Ring — eine richtigere Darstellung der tatsächlichen Verhältnisse — gelangt man z. B. zu dem sehr ver-

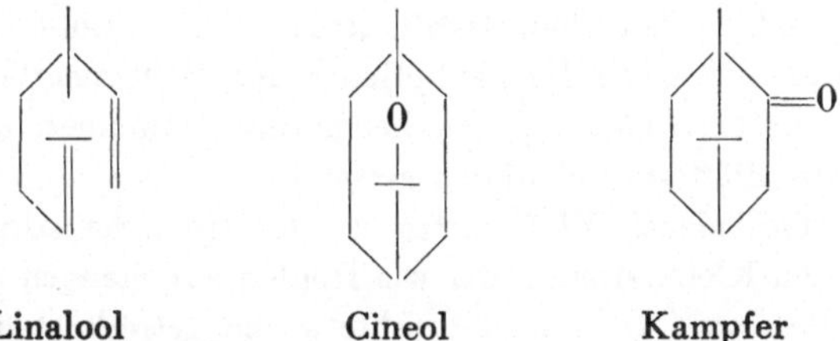

Linalool　　　　**Cineol**　　　　**Kampfer**

breiteten Cineol = Eucalyptol, das über 80% des südafrikanischen *Eucalyptusöls* aus den Blättern von *Eucalyptus globulus* und anderen aus Australien stammenden *Eucalyptus*-Arten ausmacht. Von hier ist es nicht mehr weit zum *Kampfer*, einem sekundären Oxydationsprodukt, das besonders reichlich im Holz des Kampferbaumes (*Cinnamomum camphora*) vorkommt. *Kampferöl* sublimiert leicht zum festen, gut kristallisierten Kampfer, oft schon in natura in den Spalten des Holzes. Sekundäre Oxydationsprodukte sind auch das Menthol und Carvon, Hauptbestandteile des *Pfefferminzen-* und *Kümmelöls* aus dem Kraut von *Mentha piperita* bzw. den Früchten von *Carum carvi*. Menthol entsteht erst über mehrere Zwischenstufen und kommt daher auch nur in wenigen Lippenblütler-Arten, besonders in den Minzen, vor.

Auch die nächste Polymerisationsstufe, die *Sesquiterpene*, tritt vorwiegend zyklisiert (mono- bis trizyklisch) auf; gewisse ätherische Öle bestehen fast ausschließlich aus Sesquiterpenen. Für die Geruchswirkung spielen sie aber eine untergeordnete Rolle. Sehr weit verbreitet ist z. B. das *Cadinen* (vgl. Tabelle), wichtig im Pfeffer.

Abschließend seien hier noch die wegen ihrer intensiv blauen Farbe *Azulene* oder *Blauöle* gennannten Kohlenwasserstoffe (Summenformel $C_{15}H_{18}$) erwähnt, die erst bei der Wasserdampfdestillation aus den „Proazulenen" der Pflanze, wahrscheinlich bizyklischen Sesquiterpenen durch Dehydrierung entstehen. Besonders reichlich finden sich diese im *Kamillenöl*, aus den Blütenköpfchen von *Matricaria chamomilla*.

In Österreich betrug die Anbaufläche für Heilgewürze und Duftpflanzen 1960 129 ha und im Durchschnitt der Jahre 1950 bis 1959 sogar 158 ha. Die Hauptanbaufläche steuerte das Burgenland mit 77 ha und Niederösterreich mit 34 ha bei.

6.1.2. Einige Gewürze

Die Geschmackswirkung der Gewürze beruht vorwiegend auf ätherischen Ölen, doch treten auch noch andere Wirkstoffe hinzu.

Aus der Familie der *Lauraceen* ist hier neben dem schon genannten Kampferbaum der Zimtstrauch (*Cinnamomum cassia* und *Cinnamomum ceylanicum*) und der Lorbeerbaum (*Laurus nobilis*) zu erwähnen. Der Ceylon-Zimtstrauch liefert von seinen zweijährigen Stockschößlingen eine besonders feine *Zimtrinde*, die gemahlen den *Zimt*, destilliert das *Zimtöl* ergibt. Vom Lorbeerbaum, einer charakteristischen Hartlaubpflanze der Mittelmeerländer, werden die getrockneten *Lorbeerblätter* als Küchengewürz verwendet, und auch das Lorbeeröl wird aus Blättern und Blüten gewonnen.

Unter den verschiedenen Pfefferarten ist der tropische schwarze Pfeffer (*Piper nigrum*), ein Kletterstrauch, der wie Hopfen auf Stangen gezogen wird, der wichtigste. Die *unreif* geernteten Früchte geben getrocknet und gemahlen den *schwarzen Pfeffer*, die *reifen*, vom Fruchtfleisch befreiten Samen (Endosperm) den *weißen Pfeffer*. Neben dem wirksamen Limonen und Cadinen ist auch das Alkaloid Piperin (5 bis 9%) vorhanden.

Wir reihen hier *Paprika*, d. i. die getrocknete und gemahlene Beerenfrucht der Solanacee *Capsicum annuum*, an, die zwar keine ätherischen Öle, sondern verschiedene rote Carotinoide (Capsanthin u. a.), Vitamine, besonders Vitamin C und A, Flavonoide und als wirksame scharfe Substanz Capsaicin, ein aromatisches Amin, enthält; letzteres findet sich hauptsächlich in den Epidermiszellen der Fruchtscheidewände und Plazenten.

Die Paprikapflanze wird in mehr als 50 Formen kultiviert, die man in drei Gruppen, Gemüse-, Tomaten- und Gewürzpaprika, einreihen kann. Je nach Bearbeitungsart des Gewürzpaprikas unterscheidet man „edelsüßen Paprika" aus reifen Früchten erster Sorte, wobei die Scheidewände, Kelch und Stengel entfernt und die Samen gewaschen werden. Für „halbsüßen Paprika" kommen die Scheidewände hinzu und für „scharfen Paprika" auch noch Kelch und Stengel. Zum Unterschied vom Pfeffer ist Paprika nicht schädlich, sondern als Vitaminträger sogar gesund.

Der tropische Muskatnußbaum (*Myristica fragans*) liefert die *Muskatnuß* und den sogenannten *Macis* oder die *Muskatblüte*. Die pfirsichähnliche Frucht springt im reifen Zustand zweiklappig auf und gibt, wie unser einheimisches Pfaffenkäppchen einen lebhaft roten Samenmantel (*Arillus*) frei; getrocknet ist das der Macis und der von seiner harten Schale befreite Samenkern die Muskatnuß.

Zu den *Myrtaceen* gehört der Gewürznelkenbaum (*Eugenia caryophyllata* und andere Arten), ein kleiner immergrüner Baum der Tropen. Die *Gewürz-nelken* sind die unreifen Blütenkospen. Aus den geringeren Sorten wird das vielseitig verwendete *Nelkenöl* gewonnen, das 70 bis 80% Eugenol (wichtig in der Zahnheilkunde), ein Phenylpropan, enthält.

Unreife Blütenknospen sind auch die *Kapern*, die aber hauptsächlich Senföle, Rutin und Saponine enthalten; sie stammen von *Capparis spinosa* (Kapernstrauch), einer auf Felsen und Mauern wild wachsenden Mittelmeerpflanze (Verfälschungen der Kapern durch Blütenknospen von Scharbockskraut, Sumpfdotterblume und Kapuzinerkresse).

Die ostasiatische Ingwerpflanze (*Zingiber officinalis*) ergibt aus ihren fingerdicken knotigen Wurzelstöcken *ungeschält* den *schwarzen, geschält* den *weißen Ingwer.* Zur Familie der *Zingiberaceen* gehören auch die *Elatteria*-Arten, deren Früchte als *Cardamomen* in den Handel kommen.

Eine ganze Reihe *einheimischer Gewürzpflanzen* stellen die *Umbelliferen,* z. B. Kümmel (*Carum carvi*), Fenchel (*Foeniculum vulgare*), Koriander (*Coriandrum sativum*), Anis (*Pimpinella anisum*), nicht zu verwechseln mit Sternanis, d. i. die Frucht von *Illicum*-Arten *(Magnoliaceen)*, deren Früchte als Gewürze dienen, während von der Petersilie (*Petroselinum sp.*), Liebstöckel, der „Maggi-Pflanze" (*Levisticum officinale*), Dill (*Anethum graveolens*) und Sellerie (*Apium graveolens*) die ganze Pflanze, Kraut und Wurzel, Verwendung finden. Nicht selten sind die Blätter-, Wurzel- und Samenöle der gleichen Pflanzenart verschieden.

Auch die *Labiaten* liefern neben Minzen, Salbei, Rosmarin, mit dem Kraut von Majoran (*Origanum majorana*) und Thymian (*Thymus vulgaris*) beliebte Küchengewürze.

Das aus Indien kommende *Curry*-Gewürz oder *Curry-Powder*, das auch bei uns immer mehr bekannt wird, ist eine Mischung verschiedener gepulverter Gewürze (bis zu 14 Arten), insbesondere der Früchte von *Carum ajowan*, einem Verwandten des Kümmels, von Koriadner, verschiedenen Pfefferarten u. a. m. Die gelbe Farbe hat es von der Gelbwurzel (*Curcuma sp.*), welche nach dem Abbrühen intensiv orange gefärbt ist, und außer Stärke (vgl. S. 56) auch noch in Sekretzellen ein scharf riechendes Öl und in Pigmentzellen einen gelben Farbstoff enthält. Die Eingeborenen benützen das Curry-Gewürz als Kaumittel.

Durch eine Besonderheit zeichnen sich die Kreuzblütler aus, wie etwa die hierher gehörigen *Senfarten.* Verwendung finden die Samen von schwarzem Senf (*Brassica nigra*) und weißem Senf (*Sinapis alba*), Kren (Meerrettich), Radieschen u. a. Ihren scharfen Geruch und Geschmack verdanken sie den Allyl-*Senfölen* $H_2C\!=\!CH\!-\!CH_2\!-\!N\!=\!C\!=\!S$, die allerdings in der Pflanze zum *Sinigrin* glycosidiert und sulfatisiert sind. Das Glycosid, wahrscheinlich ein Vakuolenstoff, ist geruchlos und erst bei Verletzung der Gewebe werden die Senföle frei, da die zunächst in anderen Zellen lokalisierte Glycosidase *Myrosin* (speziell auf S-Brücken eingestellt) durch die Zerstörung der Gewebe zu ihrem Substrat Sinigrin gelangt (Wirkung des Krenreißens!). Die freien

Senföle selbst haben die gleichen physikalischen Eigenschaften wie die ätherischen Öle. Entstehung und Herkunft sind noch unbekannt.

Chemisch sehr ähnlich, aber ohne Stickstoff, sind die *Lauchöle,* Hauptbestandteil des Öls der Zwiebel (*Allium cepa*) und des Knoblauchs (*Allium
sativum*): $CH_2 = CH—CH_2—S—S—CH_2—CH = CH_2$; sie sollen hauptsächlich in den Epidermen und Gefäßbündelscheiden, auch sonst vielfach bevorzugte
Orte sekundärer Stoffe, vorkommen. 1960 wurden in Österreich 16 421 t Zwie-
beln und 149 t Knoblauch geerntet.

Zur Familie der Hanfgewächse gehört der für die Bierbrauerei so wichtige
Hopfen (*Humulus lupulus*). Wir erinnern uns hier an den indischen Hanf, dessen harzartige Abscheidungen wir bei Besprechung der Rauschgifte (Haschisch)
erwähnt haben. Neben ätherischen Ölen, besonders Sesquiterpenen, die das
Aroma bedingen, sind Gerbstoffe und Harze, besonders aber die *Hopfenbitter-
säuren* (ca. 6%), d. s. chinolartige Verbindungen des Phloroglucins, für die
Geschmacksqualität des Bieres wichtig. Ziel der Hopfenkulturen sind die unreifen Fruchtstände, „Hopfendolden" genannt. An den Hochblättern dieser
Fruchtstände und den kleinen Nüßchen sitzen goldgelbe Drüsen (*Lupulus-
drüsen*), die, abgeschüttelt und aufgesammelt, das sogenannte „Hopfenmehl"
ergeben.

Ebenfalls nur anhangsweise nennen wir schließlich die zu den Orchideen
gehörige Vanillepflanze (*Vanilla planifolia*), eine tropische Kletterpflanze,
deren schotenähnliche Frucht die *Vanille* des Handels ist. Neben wenig ätheri-
schem Öl ist es ein Glycosid, wahrscheinlich eines Phenylpropans, das erst nach
längerer Gärung den Träger des Aromas, das Vanillin (4-Hydroxy-3-methoxy-
benzaldehyd) abspaltet, so daß die Vanille im *frischen* Zustand *geruchlos* ist.

6.2. Terpentine und Harze

Zyklische *Diterpene* finden sich nur mehr ausnahmsweise in ätherischen
Ölen vor. Sie sind dagegen meist trizyklisch als „Harzsäuren", z. B. Abietin-
säure (vgl. Tabelle S. 118), typisch für die Harze bzw. die festen, nicht flüchtigen
Bestandteile der ätherischen Öle und Balsame (= Weichharze). So ergibt z. B.
der Harzbalsam der Föhre (*Pinus sp.*) bei der Wasserdampfdestillation als
Rückstand das hauptsächlich aus Abietinsäure und deren Isomeren bestehende
Kolophonium und als Destillat das *Terpentinöl.* Letzteres ist vorwiegend ein
Gemenge von α- und β-Pinen, den weitverbreitetsten Terpenkohlenwasserstoffen

überhaupt. Das Mengenverhältnis dieser beiden Hauptkomponenten und auch die Begleitsubstanzen wechseln nach Art und Herkunft des Terpentinöls stark.

Die Praxis unterscheidet zwischen *Weichharzen* (Balsamen) und *Hartharzen*, doch dürfte die eigentliche Verfestigung und Verharzung durch Verdunstung der flüchtigen Anteile, Oxydations- und Polymerisationsvorgänge, erst sekundär und postmortal vor sich gehen. Die Harze, einschließlich der Kunstharze, sind besonders dadurch ausgezeichnet, daß sie ohne Kristallisierung in einen festen, glasartigen Zustand (organische Gläser!) übergehen. Bedingt ist dies bei den Naturharzen durch die Mischung der verschiedenen Stoffkomponenten, welche sich gegenseitig am Auskristallisieren behindern. Gewisse Naturharze, wie z. B. manche Kolophoniumarten, Kiefernbalsame, Benzoeharze u. a., neigen aber doch auch zur Kristallisation und Trübung. Außer verschiedenen Terpenen führen die Harze vielfach auch aromatische Stoffe, besonders Lignane, d. s. Biconiferyl-Verbindungen (vgl. S. 142), Stilbenderivate, Farbstoffe u. a. m. Manche Harze enthalten auch größere Mengen von Gummen, d. s. höhere verschleimende Kohlenhydrate, und man bezeichnet sie daher als Gummiharze.

Zunächst werden die Harze in mehr oder weniger flüssiger Form als *Balsame*, meist in charakteristische Harzgänge, abgeschieden, so vor allem im Holz der harzreichen *Nadelhölzer*[1], besonders der Föhre (= Kiefer). Die einheimische Schwarzföhre (*Pinus nigra*) liefert den Wiener-Neustädter-*Terpentin*[2], aus dem etwa 25% Terpentinöl und 70% Kolophonium (österr. Jahresproduktion ca. 4500 t) erhalten werden. Gewonnen wird dieser Harzbalsam durch das Anlegen sogenannter *Lachten*, d. s. Rindenschnitte, die bis in den Holzkörper reichen. Bei einem reinen *Harzungswald* der Schwarzföhre — für den nicht das Holz, sondern das Harz das Hauptprodukt ist, wie dies für die Schwarzföhren-Bestände im Steinfeld bei Wiener Neustadt und dem Piestingtal schon seit Jahrhunderten gilt — lassen sich in einem Zeitraum von 25 bis 30 Jahren bei beiderseitiger Ausharzung zwei Lachten bis zu 7 m Höhe, an starken Stämmen bis zu vier Lachten, anbringen. Die optimale Harzleistung einer Lachte beträgt 2,5 bis 3,5 kg pro Jahr. Die Bildung von Harzgängen und die Harzproduktion wird im allgemeinen durch den Wundreiz angeregt oder bei manchen Pflanzen (*Papiloniaceen*) überhaupt erst ausgelöst.

Besonders harzreich ist auch das Wurzelholz von Kiefern und anderen Nadelhölzern. Bei Kahlschlägerung können die Wurzelstrünke (= Stubben) aus dem Boden gesprengt oder herausgearbeitet und zerkleinert zur Harzgewinnung mittels Extraktion auf industrieller Basis (Benzol als Lösungsmittel) herangezogen werden. Diese Harzgewinnung spielt besonders in den USA eine Rolle.

---

[1] Eine Ausnahme bildet die Tanne, wo sich das Harz in der Rinde, in sogenannten „Harzbeulen", findet (vgl. Kanadabalsam).

[2] Die im Geschäftsgebrauch übliche Bezeichnung für Rohharz bzw. Harzbalsam. Das flüchtige Destillationsprodukt heißt Terpentinöl.

Neben der Lebendharzung und dem Extraktionsharz aus den Stubben fallen in den holzreichen und holzverarbeitenden Ländern in zunehmendem Maße Harzprodukte auch im sogenannten *Tallöl* an, das beim alkalischen Sulfatzell-stoffverfahren von Föhrenholz zu etwa 3% des Holzgewichtes entsteht. Das Tallöl besteht hauptsächlich aus Harzsäuren (35 bis 60%) und Fettsäuren.

Die wichtigsten Harzprodukte sind Kolophonium, Terpentinöl und die Tall-öl-Destillate (vgl. S. 128). Hauptanwendung der Naturharze in der Industrie: als Papierleim, als Bestandteil von Chemikalien und Pharmazeutika, Farben und Lacke, Textilappretur, als Ausgangsmaterial für Kunstharze u. a. m. Die heute so vielfältig erzeugten und verwendeten Kunstharze sind Kunststoffe von harzartiger Beschaffenheit (organische Gläser), die aber chemisch mit den Naturharzen nichts zu tun haben. Sie gewinnen gegenüber den Naturharzen, deren Aufbringung immer schwieriger und teurer wird, ständig an Boden.

6.2.1. Beispiele für Harze

Zu den *Weichharzen* gehört der schon erwähnte Terpentin verschiedener Föhrenarten und weitere Balsame, wie etwa der *Kanadabalsam*, ein Weichharz von kanadischen Tannenarten (*Abies balsamea* und *Abies canadensis*). Der Kanadabalsam findet für mikroskopische Dauerpräparate und als Linsenkitt in der optischen Industrie noch viel Verwendung. Die Gewinnung erfolgt hier durch Anstechen der sogenannten Harzbeulen in der äußersten Rinde, was alle zwei bis drei Jahre wiederholt werden kann.

Von südamerikanischen baumförmigen *Papiloniaceen* kommt der *Kopaiva-balsam* (von *Copaifera sp.*) und der *Perubalsam* (von *Myroxylon balsamum*), die beide medizinisch verwendet werden.

Unter den *Hartharzen* sind außer dem schon erwähnten Kolophonium (= Geigerharz) vor allem die als *Kopale* bezeichneten, schwer schmelzbaren, schon bernsteinähnlichen Harze wichtig — vielfach *fossil* von ausgestorbenen Baumarten oder *rezentfossil* von abgestorbenen Pflanzen, und zwar seit Jahr-tausenden —, die aus besonders hochmolekularen Harzsäuren bestehen; diese und die meisten anderen Harzsäuren sind noch ungenau bekannt. Rezentfossile Kopale, wie z. B. die *Kaurikopale* von der Kaurifichte (*Agathis australis*), die-nen, besonders wenn sie Insekteneinschlüsse aufweisen, als Bernsteinersatz. Die Hauptmenge der *Rezentkopale*, namentlich die billigeren *Kongokopale* (von afrikanischen *Copaifera*-Arten) und die *Manilakopale* (von der südostasiati-schen Conifere *Agathis dammara*) werden zur Erzeugung sehr harter und hoch-wertiger Öllacke für Außenanstriche (Autolacke usw.) verwendet. Zur Erken-nung von Harzen können Einschlüsse oder Abdrücke von Pflanzenteilen oder Geweberesten (Drüsen usw.) sehr wertvoll sein.

Von Bedeutung ist auch das Stockharz — gereinigt *Schellack* —, welches allerdings ein tierisches Exkret, und zwar von *Schildläusen* (*Lacshadia sp.*) auf verschiedenen südostasiatischen Pflanzen darstellt. Wird die rote, harzartige Masse (65—80% Harz, 4—8% Wachs), welche die Zweige überzieht, abgebrochen, so spricht man von Körnerlack, werden die ganzen Zweige eingesammelt, von Stocklack oder Stockharz. Der leicht auswaschbare rote Farbstoff fand früher als Lack-lack oder Lackdye auch Verwendung.

Ebenfalls zur Firniserzeugung dienen das kopalähnliche *Dammar* (harz) von *Shorea Wiesneri* und anderen südostasiatischen Pflanzen, ferner das *Mastix* genannte Harz von *Pistacia lentiscus*, einer baumförmigen *Rutacee* aus den Mittelmeerländern, besonders den griechischen Inseln, sowie das mastixähnliche *Sandarak*. Mehr pharmazeutisch verwendet werden *Storax-* (= Styrax-), *Guajak-* und *Benzoeharze*.

Das rote und das gelbe *Akaroidharz*, beide sehr reich an p-Cumarsäure, stammen von den seltsam gestalteten australischen Grasbäumen (*Xanthorhoea*-Arten) und finden wieder hauptsächlich für Firnisse und Polituren Verwendung.

Weihrauch (= Olibanum), der durch Anreißen der Rinde mehrerer in Somaliland heimischer *Boswellia*-Arten in Körnerform gewonnen wird, dient bekanntlich zum Räuchern. Hauptbestandteil ist das Triterpen Boswellinsäure. Zu Räucherzwecken dienen auch verschiedene *Burseraceen*-Harze, wie das brasilianische *Elemi* von *Bursera*-Arten und *Myrrhe*, besonders von *Commiphora abyssinica*, ein Gummiharz von bitterem Geschmack.

Das gelbe Farbharz *Gummigutt* (= Gutti) ist mit 15—25% Gummi auch ein Gummiharz. Mikroskopisch kleine Harzkügelchen sind in eine homogene Grundmasse eingestreut. Es wird durch Anzapfen verschiedener *Garcinia*-Arten der Familie *Guttiferales*, die in den Dschungeln Ceylons und Indiens heimisch sind, gewonnen. In Wasser zu einer Emulsion verrieben, entsteht die bekannte Malerfarbe Gummigutt.

Ein *Gummiharz* mit etwa 25% Gummi ist das veterinär-medizinisch als Pflaster verwendete und wegen seines widerlichen Geruches *Asa foedita* (= Asant) oder Teufelsdreck genannte Harz verschiedener *Ferula*-Arten. Es sind dies stattliche *Umbelifferen* Innerasiens, die, über der Wurzel- an- oder abgeschnitten, das an der Luft erstarrende Harz austreten lassen. Ein freiwillig aus den Blättern und Stämmen staudenförmiger *Ferula*-Arten ausfließendes Harz ist das sogenannte *Galbanum* (Mutterharz).

Einfuhr Westdeutschlands an Naturharzen 1955 in t

Kolophonium	51 689	Storax, Kopaiva- und Perubalsam	15
Kopale	2 847	Schellackrohstoffe, Körnerlack,	
Dammar, Acaroid, Benzoe, Elemi,		Stocklack, Schellack	4 430
Sandarak	1 306	Gummi arabicum	1 743
Weihrauch, Asant, Gutti,		Tragant	572
Galbanum u. a. Gummiharze	52		

Weltproduktion in 1000 t

	Kolophonium 773 (1957)	Terpentinöl 254 (1957)	Tallöl 350 (1955)
Davon USA	436	143	250
China	104	9	—
Portugal	44,4	16,8	?
UdSSR	15,1	40,8	?
Schweden	—	—	36,8

6.3. Tri- und Tetraterpene

Schon die offenen Diterpene besitzen wohl eine wichtige physiologische Bedeutung, etwa als Bestandteile der Blattfarbstoffe und mehrerer Vitamine, aber kaum eine technische. So auch die *Tetraterpene*, die als gelbrote bis rote Polyenfarbstoffe (vgl. Tabelle) in den Pflanzen als *Carotinoide*, bei den Tieren als Sehpurpur, vom Augenfleck des Einzellers bis hinauf zum menschlichen Auge, überall anzutreffen sind. Zu den Carotinoiden zählt der gelbe Farbstoff des Safrans, das *Crocetin* $C_{20}H_{24}O_4$, welches in den Narben der Krokusblüten zum *Crocin* glycosidiert vorkommt. Wie die Summenformel andeutet, handelt es sich um ein oxydiertes Spaltprodukt eines Carotinoids, das auch beim Sexualvorgang der Grünalge *Chlamydomonas* als „Anlockungsstoff" fungiert. *Safran*, d. s. die getrockneten und zerriebenen Krokusnarben (*Crocus sativus*), wurde früher zum Würzen und Färben von Nahrungsmitteln, besonders Butter, Kuchen und Teigwaren, verwendet.

Die außerordentlich mannigfaltig und fast nur zyklisiert vorkommenden *Triterpene* finden sich z. B. in Harzen, im Unverseifbaren fetter Öle, als Alkohole in Wachsen oder wie das *Betulin* (= Birkenkampfer, vgl. Tabelle S. 118) in der Birkenrinde, der es die weiße Farbe und gute Brennbarkeit verleiht. Auch die *Saponine*, Stoffe, welche die Oberflächenspannung des Wassers stark herabsetzen und es daher zum Schäumen bringen, gehören hierher. Es handelt sich allerdings ausnahmslos um Glycoside, deren Aglycone den Oxytriterpensäuren nahestehen. Reich an Saponinen sind die *Seifenrinde* (von *Quillaja saponaria*) und die einheimische Seifenwurzel oder *Seifenkraut* (*Saponaria officinalis*) sowie die levantinische ägyptische *Seifenwurzel* (*Gypsophila sp.*). Andere Saponine, wie z. B. das herzwirksame Digitalisglycosid, haben als Aglycon Steroide, welche ebenfalls mit den Triterpenen in Zusammenhang stehen. Die Biosynthese der Steroide erfolgt nämlich über das offene Triterpen Squalen.

6.4. Kautschuk, Guttapercha und Balata

Zum Unterschied von den eben genannten besitzen aber nun die *Polyterpene* eine ganz außerordentliche technische und wirtschaftliche Bedeutung in Form des *Naturkautschuks*. Die C_5-Bausteine (monomeres *Isopren*) sind hier in Kopf-Schwanz-Addition zu langen Ketten zusammengefügt, deren Endgruppen noch nicht genau bekannt sind. Die Polymerisationszahl liegt zwischen 1000 und 15 000, was einem Molekulargewicht von 70 000 bis 1 000 000 entspricht.

Die Polyterpene werden wahrscheinlich in Plastiden gebildet, dann aber frühzeitig als Tröpfchen von submikroskopischer bis mikroskopischer Größe unter weitgehendem Zerfall des Protoplasmas in den Zellsaft abgegeben. Es handelt sich immer um bestimmte Zellen, deren „Zellsaft" dadurch ein milchiges Aussehen erlangt. Dieser Milchsaft (= Kautschukmilch = *Latex*) dringt bei Verletzung der Pflanzenteile gleich hervor und gerinnt nach einiger Zeit an der Luft zu einer weißlich-gelblichen Masse. Die in der Flüssigkeit — technisch als „Serum" bezeichnet — suspendierten Kautschuktröpfchen besitzen eine Proteinhülle, die als Stabilisator wirkt und ihr Zusammenfließen verhindert. Wird diese durch Erwärmen, Säurezusatz oder Stehenlassen an der Luft zum Gerinnen gebracht, so verkleben die Tröpfchen zu einer käsigen, elastischen Masse, die beim Erwärmen (ca. 40° C) klebrig wird und leicht in organischen Lösungsmitteln, wie Benzol, Benzin oder Chloroform, löslich ist. Die Verwendung im großen konnte erst einsetzen, als Ch. GOODYEAR 1839, auf Vorgängern fußend, die Klebrigkeit durch Zugabe von 5 bis 8% Schwefel in der Hitze bei 150° C beseitigen und zugleich die Elastizität und Haltbarkeit erhöhen konnte. Durch das *Vulkanisieren*, so heißt dieser Vorgang, wird aus dem Kautschuk (d. i. indianisch: Holztränen) der technisch so vielseitig verwertbare Gummi,

Abb. 34. Modell eines plastisch-elastischen Körpers (nach F. H. MÜLLER).

der etwa von —50° bis +120° C gebrauchsfähig ist. Je nach der Menge des zugesetzten Schwefels erhält man ein lockeres molekulares Netzwerk (*Weichgummi*) und bei stärkerem Schwefelzusatz (30 bis 50%) ein enges molekulares Netzwerk und hornartig sprödes Produkt: *Hartgummi* oder *Ebonit*.

Das Kautschukmolekül ist fadenförmig (Abb. 34), wobei vom C_5-Baustein nur vier C-Atome in die Kette eingehen. Die hier vorkommenden Doppelbindungen ermöglichen beim Vulkanisieren die Bildung von Schwefelbrücken zwischen den Molekülfäden, wobei der Schwefel mit der CH_2-Gruppe neben der Doppelbindung reagiert und sich die Gruppierung $H-\overset{|}{\underset{|}{C}}-S_n-SH$ (mit n = 1—7) bildet; diese addiert sich mit dem —SH an die Doppelbindung eines benachbarten Makromoleküls usw.:

$$-CH_2-C\,(CH_3) = CH-CH-$$
$$|$$
$$S_{2-8}$$
$$|$$
$$-CH_2-CH-C\,(CH_3)-CH_2-CH_2-$$

Es darf dies aber nicht zu häufig geschehen (Hartgummi, ein *Duromer*), denn nur ein lockeres dreidimensionales Netzwerk. von verknäuelten, aber beweglichen, nicht durch H-Brücken kristallin verbundenen Kohlenstoffketten hat die gewünschten elastischen Eigenschaften (*Elastomer*), wobei bei Zug und Druck eine teilweise Ausrichtung der Fadenmoleküle erfolgt und der zuerst amorphe Kautschuk deutlich doppelbrechend wird (Abb. 35).

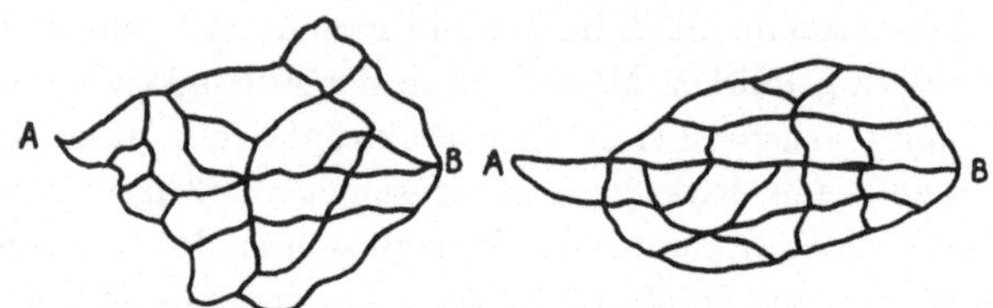

Abb. 35. Modell eines durch Vulkanisation räumlich vernetzten Kautschuks (nach F. H. MÜLLER). Links: unverstreckt. Rechts: verstreckt. AB=Zugrichtung.

Wegen der Starrheit an der C,C-Doppelbindung sind zwei isomere Formen möglich, die *cis-* und die *trans*-Form. In beiden Formen kommt das Polyisopren in der Natur vor. Naturkautschuk von *Hevea* ist ein fast reines (zu 98%) cis-1,4-Polyisopren und das ebenfalls natürliche Guttapercha und Balata, das analoge trans-1,4-Polyisopren (zu 97%) von geringerem Polymerisationsgrad. Beide schließen einander aus[1], und es gibt in der Natur keine Mischpolymerisate.

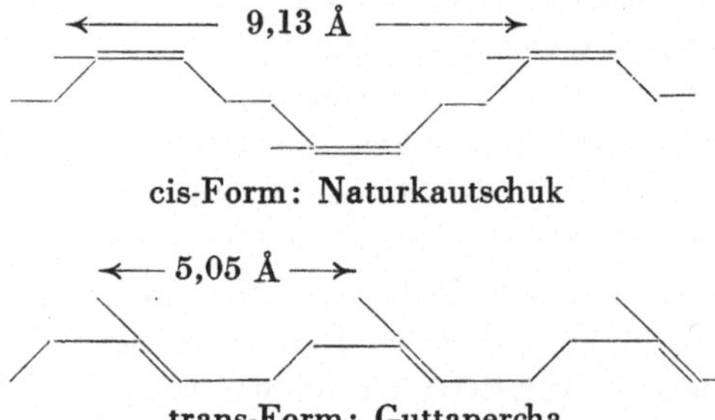

cis-Form: Naturkautschuk

trans-Form: Guttapercha

Guttapercha hat nur plastische und keine elastischen Eigenschaften mehr (*Plastomer*). Auch die offenen und zyklisch niedrigeren Terpene, die wir behandelt haben, bauen sich aus der trans-Form auf (vgl. Tabelle S. 118). Wir sehen hier wieder einmal, wie scheinbar ganz geringfügige Abweichungen im molekularen makromolekularen Strukturgefüge höchst wichtige Eigenschaften

---

[1] Die bisher einzige Ausnahme bildet Chicle von *Achras sapota*, wo sich sowohl Guttapercha als auch Kautschuk des *Hevea*-Typs fanden. (W. SCHLESINGER und H. M. LEEPER: Ind. Engng. Chem. *43*, 398, 1951.)

eines Stoffes bedingen können und von welch hohem und bewundernswertem Ordnungsprinzip die natürlichen Polymeren beherrscht werden.

Künstlicher Kautschuk, wie etwa „Buna" aus Butadien, „Buna S" mit 25% Styrol in der Kette, oder „Butylkautschuk" aus Isobutyl übertreffen zwar in manchen Eigenschaften, z. B. Ozonbeständigkeit, den Naturkautschuk beträchtlich, unterscheiden sich aber doch in mancher Hinsicht vom Naturprodukt infolge ihrer viel geringeren Regelmäßigkeit im molekularen Strukturgefüge. In jüngster Zeit ist hier nun ein weiterer Fortschritt zu verzeichnen, indem es durch stereoisomere Polymerisation mit Hilfe bestimmter Katalysatorsysteme gelungen ist, „synthetischen Naturkautschuk", ebenfalls ein hochprozentiges 1,4-Polymerisat, zu erzeugen, das nun in allen Eigenschaften dem Naturkautschuk schon sehr nahe kommt. Solche Cis-1,4-Polybutadiene, mit Buna S verschnitten, konnten sogar schon in die bisherige Domäne des Naturkautschuks, den LKW-Reifen, eindringen. Für höchst beanspruchte Flugzeugreifen wird allerdings noch immer ausschließlich Naturkautschuk eingesetzt, um die gefährliche Erwärmung der Reifen besonders beim Starten niedrig zu halten.

Naturkautschuk neigt zur *Autoxydation,* wobei einerseits ein oxydativer Abbau der Ketten und andererseits eine Verknüpfung der Ketten durch Sauerstoffbrücken erfolgt. Der Alterungsprozeß führt schließlich zu einem unlöslichen brüchigen Verhärtungsprodukt.

6.4.1. Kautschukpflanzen

In den pflanzlichen Milchsäften, die in zahlreichen Vertretern mehrerer Pflanzenfamilien auftreten, scheinen Polyterpene bzw. höhere Terpene nie ganz zu fehlen, aber nur in tropischen Pflanzen erreicht der Gehalt an Polyterpenen (Kautschuk) solche Werte, daß eine technische Gewinnung möglich und lohnend wird.

Aus der Familie der *Moraceen* sind hier mehrere mittel- und südamerikanische *Castilloa*-Arten und der tropische, auch bei uns als Blattpflanze sehr beliebte Gummibaum (*Ficus elastica*) zu nennen; beide spielten früher als Kautschukpflanzen eine größere Rolle.

Zu den *Compositen* gehören *Parthenium argentatum,* welche den mexikanischen *Guayula-Kautschuk* liefert und *Taraxacum koksaghyz,* eine in Rußland zur Kautschukgewinnung erfolgreich herangezogene Pflanze der gemäßigten Breiten.

Am wichtigsten sind aber die südamerikanischen *Euphorbiaceen Manihot Glaciovii* und besonders *Hevea brasiliensis.* Erstere ist eine Hochlandpflanze und liefert den *Cearakautschuk* (Ceará ist eine nordbrasilianische Landschaft) und letztere eine Tieflandpflanze, die den *Parakautschuk* ergibt (Pará ist der Name einer Provinz und Hafenstadt im Amazonasgebiet). Von dieser Pflanze wurden 1876 unter dramatischen Umständen im Auftrag der britischen Regierung Samen aus Brasilien in den Kew Garden nach London gebracht. Die daraus gezogenen Pflänzchen bildeten die Grundlagen für die großen Plantagen Malayas und Indonesiens. So kommt der Naturkautschuk des Welthandels heute fast zur Gänze aus Plantagenbeständen des Parakautschukbaumes (*Hevea brasiliensis*), eines stattlichen tropischen Baumes. Aus Brasilien stammend, wo die natürlichen Bestände längst vernichtet sind, wird der anspruchsvolle Baum heute hauptsächlich in Südostasien, in zunehmendem Maße auch in Afrika gezogen. Die Pflanzen bilden ganz allgemein den Milchsaft nur in bestimmten Zellen aus, meist in langgestreckten, verzweigten *Milchröhren* oder, wie bei *Hevea*, in gegliederten *Milchgefäßen*, die, aus einer teilweisen Verschmelzung langgestreckter Zellen bestehend, ein netzartiges Zellgeflecht ergeben. Dieses findet sich vor allem in der Rinde, nicht aber im Holz. Der Milchsaft bzw. Latex wird daher durch meist täglich wiederholtes geeignetes Anschneiden der Rinde bis knapp an das Cambium und Auffangen der Kautschukmilch in Gefäßen gewonnen. Bei schonender Zapfung können die einzelnen Bäume bis zu 20 Jahre genützt werden. Durch geeignete Düngung, verbesserte Gewinnungsverfahren und Züchtungserfolge konnte der Hektarertrag von ursprünglich 500 auf 2000 bis 2500 kg/ha erhöht werden. Durch die Entdeckung von Hemmstoffen bei der Biosynthese von Kautschuk (z. B. Brenztraubensäure) und ihre Beseitigung durch geeignete Maßnahmen werden weitere Ertragssteigerungen in Aussicht gestellt.

Hevea-Latex enthält durchschnittlich 30 bis 37% Kautschuk, 1,5 bis 2% Quebrachit bzw. Gerbstoffe, 0,4% Eiweiß, 0,3% Zucker, 0,5% Asche und rund 60 bis 70% Wasser. Die Werte unterliegen naturgemäß gewissen Schwankungen. Entgegen früherer Anschauung liegen etwa 85% der dispergierten Kautschuktröpfchen mit einem Durchmesser $< 0{,}21\mu$ unter der lichtmikroskopischen Auflösung, und nur der Rest erreicht eine Größe von 0,5 bis 3μ. In diesem Zusammenhang sei erwähnt, daß synthetische Latices sehr konstante Tröpfchendurchmesser aufweisen können, so daß sie in der Elektronenmikroskopie als Testobjekte zur Bestimmung der Vergrößerung benutzt werden. Es ist z. B. für die Tröpfchen von Dow-Latex 580-G, Lot 3584, einem Polystyrenlatex der Dow-Chemical Company, USA, ein Durchmesser von $0{,}259 \pm 0{,}0025\mu$, von anderen Autoren auch die Hälfte oder das Doppelte, gefunden worden.

Nur zu etwa 6% wird der Naturlatex entweder mit NH_3 konserviert oder als *Latexkonzentrat* mit 60% Kautschukgehalt in die Verbrauchsländer verschickt, wo er zum Imprägnieren von Geweben, zur Herstellung von Schaumgummi und Gummiwaren dient. Der weitaus größte Teil der gewonnenen Kautschukmilch wird aber durch Säurezusatz, z. B. 1% Essigsäure, zum Gerinnen gebracht und das Koagulat, eine käsige Masse, an Ort und Stelle zu „Smoked Sheets" oder „Crepes", d. s. bandartige Gebilde von *Rohgummi*, dem Ausgangsprodukt der Gummiindustrie, verarbeitet. Die schwarze Farbe des Rohgummis wird durch die künstliche Räucherung beim Gerinnungsvorgang hervorgerufen.

Welternte an Naturkautschuk in 1000 t

1934/38	1948/52	1960/61
982,6	1740	2030

Ausfuhr 1960		Einfuhr 1960	
	in 1000 t		
Malaya/Singapur	1094,8	USA	417,4
Indonesien	556,1	England	215,2
Thailand	169,7	Japan	183,5
Ceylon	106,4	Westdeutschland	154,2
Nigeria	58,1	Frankreich	141,1

Weltverbrauch an Natur- und Synthesekautschuk
(ohne Ostblock)

	Naturkautschuk		Synthesekautschuk		Gesamt
1950	1 750 200 t	75%	589 300 t	25%	2 339 500
1955	1 910 200 t	64%	1 079 600 t	36%	2 989 800
1961	2 146 300 t	52%	1 948 200 t	48%	4 094 500

Kautschukverbrauch 1961

	kg/Kopf
USA	9,4
England	5,2
Frankreich	4,5
Westdeutschland	4,2
Österreich, Schweiz, Skandinavien, Benelux	2,9

Kautschukverbrauch Österreichs

1950	1960
7335 t	19 778 t

Dabei betrug in Österreich der Anteil von Naturkautschuk 57% gegenüber 43% Synthesekautschuk, was im Einklang mit den meisten übrigen europäischen Ländern steht. In den USA ist 1961 der Anteil des Naturkautschuks am Gesamtverbrauch bereits auf 28% gesunken (425 000 t Naturkautschuk gegenüber 1 086 100 t Synthesekautschuk). Es muß aber gesagt werden, daß beide Rohstoffgruppen nicht miteinander konkurrieren, sondern sich vielmehr gegenseitig ergänzen. Überhaupt ersetzen die modernen Werkstoffe die herkömmlichen oft nicht, sondern vervollständigen sie und beide bleiben nebeneinander bestehen. Obigen Zahlen ist auch zu entnehmen, daß der in den letzten zehn Jahren beinahe verdoppelte Kautschukverbrauch aus dem Naturkautschukaufkommen allein nicht hätte gedeckt werden können.

Unter den Pflanzen der gemäßigten Zone gibt es nur eine Art, die besonders in Rußland seit den dreißiger Jahren in größerem Umfang, übrigens als Wildpflanze, feldmäßig gebaut wird. Es handelt sich um eine unserer *Kuh-*

blume (*Taraxacum officinale*) sehr ähnliche krautige Komposite: *Taraxacum koksaghyz*, die in den Milchgefäßen besonders der Wurzel einen technisch verwendbaren Latex bis zu 15% des Frischgewichts führt.

Verschiedene asiatische *Sapotaceen* (*Palaquium*- und *Payena*-Arten) enthalten in ihrem Milchsaft *Guttapercha*, andere (z. B. *Mimusops balata*) B a l a t a. Aus den in der Kultur strauchig gehaltenen Pflanzen gewinnt man diese Polyterpene durch Zerstückeln und Zermahlen der getrockneten Blätter und Zweige (*grüne* Guttapercha). Nach Übergießen und Verreiben mit heißem Wasser steigt das ausgefällte Guttapercha nach oben und kann abgeschöpft werden. Meist wird aber Guttapercha noch aus Wildbeständen wegen der Dickflüssigkeit der Milch durch Ringelung der gefällten Bäume gewonnen. Guttapercha steht chemisch dem Kautschuk nahe, physikalisch zeigt es jedoch wesentliche Unterschiede. Es ist bei niedriger Temperatur hart und unelastisch, bei mäßigem Erwärmen (45 bis 60°) erweicht es zu plastisch formbarer Masse und wird bei weiterem Erhitzen klebrig und teilweise zersetzt. Guttapercha wird von Meerwasser nicht verändert (Überseekabel!). Balata steht in ihren Eigenschaften zwischen Kautschuk und Guttapercha.

Verwendung finden Guttapercha und Balata vor allem als Isoliermaterial wegen der schlechten Wärme- und elektrischen Leitfähigkeit in der Kabelindustrie, für Behälterauskleidungen (Säure- und Laugenbeständigkeit), für Treibriemen, Transportbänder und medizinische Zwecke (z. B. Zahnprothesen). 1959 betrug die Weltproduktion 13 800 t, wovon Thailand allein 10 700 t lieferte.

Chicle, ein guttaperchaähnlicher Stoff aus dem Milchsaft des mittelamerikanischen *Sapotillbaumes* (*Achras sapota*), ist der Ausgangsstoff für die Kaugummierzeugung.

Zusammenfassende Literatur zu 6.

CHMELAR, J., Kautschuk. Wien: Österr. Gewerkschaftsbund, Gewerkschaft der Gemeindebediensteten, Bildungsreferat, 1953.

ELSIVIER's Fachwörterbuch für Kautschuk und Gummi, in 10 Sprachen. München: Oldenburg, 1959.

Encyclopedie technologique de l'industrie du caoutchouc. Red p. G. GENIN et B. MORISSON. Paris: Duno.

FISHER, H., Chemistry of natural and synthetic rubbers. New York: Reinhold, London: Chepman and Hall, 1957.

FREY, H. E., Methoden zur chemischen Analyse von Gummimischungen. 2. Aufl. Berlin-Göttingen-Heidelberg: Springer-Verlag, 1960.

GILDENMEISTER, E., und Fr. HOFFMANN, Die ätherischen Öle, 4. Aufl., 6 Bde. Berlin: Akademie-Verlag, 1956—1961.

GRIEFEL, C., Gewürze und gewürzhaltige Gemenge. Grundlagen und Fortschritte der Lebensmitteluntersuchung, Bd. 2. Berlin: A. W. Hayn's Erben, 1954.

HAUSER, E. A., Latex, sein Vorkommen, seine Gewinnung, Eigenschaften sowie technische Verwendung. Dresden und Leipzig: Th. Steinkopff, 1927.

HEEGER, E. F., Handbuch des Arznei- und Gewürzpflanzenbaues. Drogengewinnung Berlin: Deutscher Bauernverlag, 1956.

HEINEMANN, C., Kautschuk — Anbau und Düngung. Bochum: Ruhr-Stickstoff A. G. 1953.

Herbert, H., Die österreichische Kautschukindustrie. Praktische Chemie *13*, 145 (1962).

Introduction to Rubber Technology, Ed. E. M. Morton. New York: Reinhold, London: Chepman and Hall, 1959.

Kautschuk-Handbuch, Hrg. v. S. Boström, 4 Bde., 1 Supplement. Stuttgart: Berliner Union, 1959—1961.

Kisser, J., Die Abscheidung von ätherischen Ölen und Harzen. In: Handbuch der Pflanzenphysiologie, Bd. X. Hrg. v. W. Ruhland. Berlin-Göttingen-Heidelberg: Springer-Verlag, 1959.

Klukow, P., Die Praxis des Gummichemikers, Laboratoriumsbuch für Kautschuk und weichgummiähnliche Kunststoffe. Stuttgart: Berliner Union, 1954.

Kreuzer, W., Der einheimische Gewürzgroßhandel, seine Waren und seine warenbezogenen Kosten und Risken. Wien: Welthandel-Diss., 1946.

Kroeber, L., Zur Geschichte, Herkunft und Physiologie der Gewürz- und Duftstoffe. München: Lang, 1949.

Le Bras, J., Grundlagen der Wissenschaft und Technologie des Kautschuks. Stuttgart: Berliner Union, 1954.

Mazek-Fialla, K., Die Harzgewinnung in Österreich. 2. Aufl. Wien: Fromme-Verlag, 1947.

Sandermann, W., Naturharze, Terpentinöl, Tallöl, Chemie-Technologie. Berlin-Göttingen-Heidelberg: Springer-Verlag, 1960.

Sangerierg, Erika, Von Anis bis Zimt. Über unsere Küchengewürze. Wien-Stuttgart: Wancura, 1958.

Schulze, W., Gewürze und sonstige Würzmittel. Leipzig, 1955.

Treies, W., Zur Biochemie und Biogenese der Inhaltsstoffe ätherischer Öle. Berlin: Akademie-Verlag, 1954 (Sitz. Ber. Deutsch. Akad. Wiss., Berlin, Kl. f. Math. u. allg. Naturwiss., 1953/6).

Treloar, L. R. G., Natürlicher Kautschuk. Endeavour *11*, 92—96 (1952).

Ulmann, M., Wertvolle Kautschukpflanzen des gemäßigten Klimas. Berlin: Akademie-Verlag, 1951.

Wallich, A. W., Natural Rubber Production. Deutsche Kautschuk Ges., Vortragstagung 7.—10. 5. 1958 in Köln.

Weber, R., Pflanzengewürze und Gewürzpflanzen aus aller Welt. A. Ziemsen Verlag, 1958.

7. Zellwand

Bei Betrachtung einer Pflanzenzelle oder eines pflanzlichen Gewebes sind immer die Zellwände das Auffallendste. So ist auch der zelluläre Aufbau des Pflanzenkörpers zuerst an der Zellwand, am Flaschenkork nämlich, von Robert Hooke 1665 entdeckt worden. Die Zellwand überdauert den lebenden Inhalt der Zelle und macht immer einen erheblichen Anteil, in vielen Fällen, z. B. bei den Hölzern, fast allein die Trockensubstanz aus.

Die Zellwand wird sehr früh, zugleich mit der Zellteilung, zunächst als dünne plastische Zellhaut angelegt. Die Festigkeit turgeszenter, d. h. frischer, voll gespannter Pflanzengewebe kommt durch die Wechselwirkung von Zellwandspannung und (osmotischem) Vakuolendruck zustande. Ihre Festigkeit und Elastizität verdankt schon die erste jugendliche Zellhaut der Anwesenheit von *Zellulose*.

Der Aufbau der pflanzlichen Zellwand ist am leichtesten aus ihrer Entstehung zu verstehen. Zunächst werden in jenem Bereich, in dem eine Zellwand ausgebildet werden soll, wie es scheint, unter Mitwirkung des endoplasmatischen Retikulums (vgl. S. 11), saure, gut quellbare Kohlenhydrate von halbfester gelartiger Konsistenz in Form von Bläschen oder Tröpfchen abgeschieden. Bei diesen Kohlenhydraten handelt es sich um Polyosen, d. h. um niedrigere Polymeren verschiedener Pentosen (Xylose, Arabinose) und verschiedener Hexosen (Glucose, Galactose, Mannose u. a.). In diese *plastische Grundsubstanz* werden sehr bald auf eine noch nicht näher bekannte Weise, sicher aber enzymatisch gesteuert, vom Protoplasma her sogenannte *Mikrofibrillen* aus Zellulose eingeflochten bzw. mehr oder weniger mächtig abgelagert. Bei Pilzen bestehen die Mikrofibrillen nicht aus Zellulose, sondern aus dem sehr ähnlichen stickstoffhältigen *Chitin*. Viele Algen, insbesondere aber die Blaualgen und Bakterien, weisen einen abweichenden Bauplan und eine andere Zusammensetzung der Zellwände auf.

7.1. Gerüstsubstanz: Zellulose

Der *Baustein* der Zellulose ist der in den Pflanzen am meisten verbreitete Zucker *D-Glucose*. Phosphorylierte Bausteine werden auf eine noch unbekannte Weise zu langen gestreckten Ketten zusammengefügt. Der durchschnittliche Polymerisationsgrad wird zu 8000 und mehr angegeben, dürfte aber in der nativen Zellwand noch viel höher liegen. Da die *Verknüpfung* der Zuckerbausteine *β-glucosidisch* erfolgt, wechseln die seitlichen primären Alkoholgruppen ihre Richtung, was zusammen mit der gestreckten Form der Ketten (vgl. S. 40) die Ausbildung von H-Brücken zwischen den Molekülfäden und damit die Ausbildung eines Kristallgitters begünstigt. Es bildet sich hiebei ein schwach *monoklines Kristallgitter* mit zweizähliger Schraubenachse in der b-Achse. Der Elementarbereich (Abb. 36) schneidet je zwei Glucosebausteine von 1 + 4/2 Ketten heraus, die senkrecht zur Flachrichtung durch Wasserstoffbrücken fest verbunden sind. Die mittlere Kette wird als gegenläufig zu den vier anderen angenommen.

Es gibt noch ein anderes, bei gewissen Algenzellwänden, besonders aber bei regenerierter Natronzellulose auftretendes Kristallgitter, das lockerer und viel monokliner ($\beta = 40°$—$62°$) ist, was mit einer Lockerung der Wasserstoffbrücken zusammenhängen dürfte. Man unterscheidet daher zwischen *Zellulose I*, der ganz vorwiegend die natürliche native Zellulose angehört, und der *Zellulose II*, praktisch gleichbedeutend mit regenerierter Zellulose.

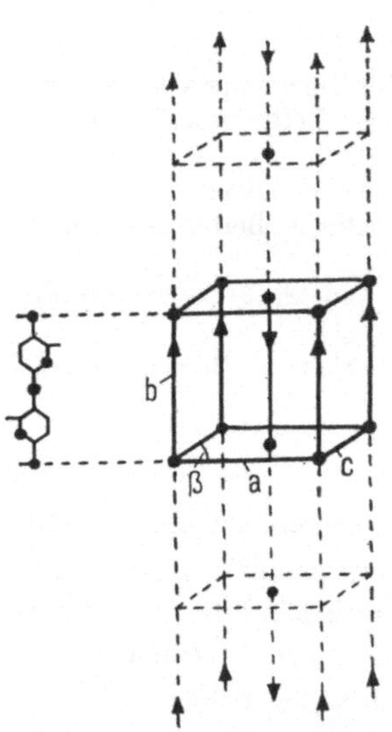

Abb. 36. Elementarkörper der Zellulose (nach K. KÜRSCHNER).
a) 8,20 Å, b) 10,30 Å, c) 7,83 Å. β 84° 23′.

In der Flachrichtung der Molekülketten (002-Ebene) ist wegen der senkrecht dazu stehenden Wasserstoffbrücken eine Spaltung nicht leicht möglich. Spaltflächen der langen Kristallite sind vielmehr die Diagonalflächen des Elementarbereiches (101- und 10$\overline{1}$-Ebene). Ein von oben, d. h. in Richtung der b-Achse, betrachteter Zellulosekristallit zeigt daher die Zelluloseketten in einer eigentümlichen Diagonalstellung (Abb. 37), die bei Zellulose II noch stärker ausgeprägt ist. Die Tendenz der Zellulosemoleküle zum kristallinen Ordnungszustand scheint auch die Ursache für die Bildung von Mikrofibrillen zu sein.

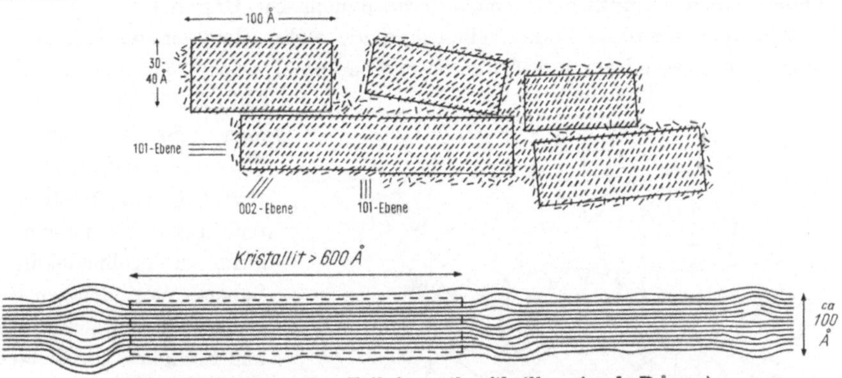

Abb. 37. Struktur der Zellulosemikrofibrillen (nach RÅNBY).
Oben: Im Querschnitt. Unten: Im axialen Längsschnitt.

Aus dem isländischen Moos (*Cetraria islandica*) und auch aus Hafermehl ist mit kochendem Wasser ein Polysaccharid *Lichenin* extrahiert worden, das ebenso wie die Zellulose nur aus Glucose besteht. Es finden sich jedoch nur zu etwa drei Vierteln β-1,4-glucosidische und im Rest β-1,3-glucosidische Bindungen. Obwohl nicht bekannt ist, ob es sich beim Lichenin wirklich um einen Zellwandstoff handelt, liegt die Vermutung nahe, daß hier ein Zellulose-Vorläufer vorliegen könnte.

7.1.1. Mikrofibrillen

In der pflanzlichen Zellwand werden niemals einzelne Zellulosemoleküle, sondern weitgehend *kristallin geordnete* Einheiten aus ungefähr 200 bis 300 Molekülen, sogenannten *Mikrofibrillen*, gefunden (Abb. 37). Sie sind bei geeigneter Präparation im Elektronenmikroskop gut zu sehen als flexible Bänder mit einer Breite von 7 bis 10 nm[1], einer Dicke von 3 bis 5 nm und besitzen eine unbekannte, wahrscheinlich sehr beträchtliche Länge von vielleicht 1 bis 2 μ. Die Mikrofibrillen selbst bestehen ihrerseits aus mehreren ungefähr

---

[1] Die gebräuchlichen Längenmaße sind:　μ　(Mikron)　　= 0,001 mm
　　　　　　　　　　　　　　　　　　　nm　(Nanometer)　= 0,000001 mm
　　　　　　　　　　　　　　　　　　　Å　(Ångström)　　= 0,0000001 mm

4 nm dicken *Elementarfibrillen* mit einer größeren Anzahl gebündelter *Zellu
losekettenmoleküle.* Die elektronenmikroskopische Feststellung von Mikro
fibrillen kann geradezu als Zellulosenachweis gelten. Die Oberfläche dei
Mikrofibrillen ist glatt und wird von weniger geordneten (*parakristallinen*)
Zellulose- oder Hemizellulose-(Xylan-)Molekülen gebildet. Auch in der Längs
richtung der Mikrofibrillen treten ungeordnete *Lockerstellen* mit Hemizellulose
auf, die durch elektive Jodeinlagerung elektronenmikroskopisch sichtbar ge
macht werden können. Diese periodischen, auch an Kunststoff-Fibrillen gan:
ähnlich auftretenden Lockerstellen, oft als Querstreifen über ganze Fibrillen
bündel, haben vermutlich allgemein-thermodynamische Ursachen.

Wichtiger als diese Lockerstellen sind die mehr oder weniger langen, in
natürlichen Zustand wassererfüllten Zwischenräume, welche man zwischen der
Mikrofibrillen anzuneh
men berechtigt ist. Ii
diese *interfibrillären Spalt
räume* können Füllsubstan
zen, Farbstoffe und ander
nicht zu großmolekular
Substanzen eindringen. Be
geeigneter Molekülforn
und Fähigkeit zur Wasser
stoffbrückenbildung kön
nen solche Stoffe von de:
Zellulose adsorbiert wer
den. Jod gibt an der reifei
Zellwand keine, an der ju
gendlichen Zellhaut höch
stens eine leichte Gelbfär
bung. Offenbar sind di
interfibrillären Räume zι
weit oder zu schmal, un
den blauen J_2-OH-Kom

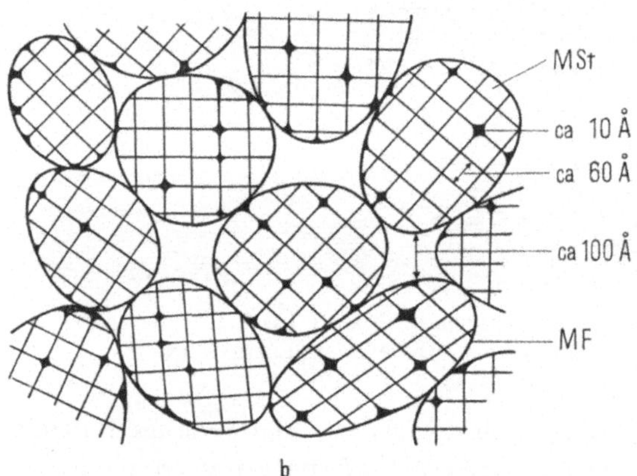

Abb. 38. Submikroskopische Struktur einer Zellwand im
Querschnitt (nach Frey-Wyssling).
MF = Mikrofibrillen, die jeweils aus ca. 20 Mizellar-
strängen (MSt) bestehen. Zwischen den Mizellarsträngen
(schwarz gehaltene) Intermizellarräume, zwischen den
Mikrofibrillen Interfibrillarräume.

plex zu ergeben (vgl. S. 41). Das ändert sich aber, wenn eine leichte Quellun
mit $ZnCl_2$-, Schwefel- oder Phosphorsäure vorausgeht oder mit der Jodeinwirkun
einhergeht. Durch eine Dehnung der Wasserstoffbrücken klaffen, wahrscheinlic
im parakristallinen Bereich der Mikrofibrillen, lineare Hohlräume zwischer
Zellulosemolekülen auf, in welche die Jodmoleküle eindringen und den blauei
Linearkomplex bilden können (vgl. S. 173).

Die *Mikrofibrillen* sind in der Zellwand das *Gerüstmaterial* par excellence
durch sie werden die Zellwände (zug)fest und elastisch. Ihre Entdeckung ist ers
durch das Elektronenmikroskop ermöglicht worden, nachdem allerdings durcl
polarisations- und röntgenoptische Methoden ihre Existenz schon postulier
worden war. Abb. 38 gibt die von Frey-Wyssling 1937 indirekt erschlossen

Darstellung der Zellwand-Mikrofibrillen wieder. Lichtmikroskopische sichtbare Streifungen an Zellwänden beruhen auf groben und ungleichen Bündelungen von parallel gelagerten Mikrofibrillen.

7.1.2. Primärwand — Sekundärwand

In die Grundsubstanz werden die Mikrofibrillen zunächst isotrop und sehr locker eingelagert, womit die Primärwandbildung eingeleitet ist. Im *Streckungswachstum*, das anisodiametrische Zellen sehr früh durchlaufen, erfährt die noch

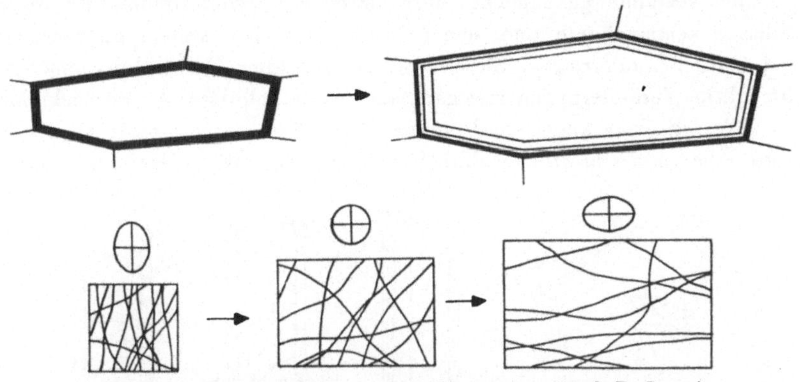

Abb. 39. Multinet-Wachstum nach ROELOFSEN (nach P. SITTE).
Links: Jugendliche Zelle im Primärwandstadium. Rechts: Zelle im Streckungswachstum und Sekundärwandbildung. Umorientierung der Mikrofibrillen und gleichlaufende Änderung der Doppelbrechung (Indexellipsen!).

plastische Primärwand eine Dehnung, die eine passive Umorientierung bzw. Ausdehnung der Mikrofibrillen in der Streckungsrichtung bewirkt (Abb. 39). Während des *Flächenwachstums* der Zellwand werden ständig mindestens soviel neue Mikrofibrillen gebildet, als zur Erhaltung der Zellwandfestigkeit notwendig sind. Die neuen Mikrofibrillen werden, wie es scheint, schichtenweise mehr und mehr parallel und senkrecht zur Streckungsrichtung angelagert (*Multinet-Wachstum* nach ROELOFSEN. s. Abb. 39) und bilden so eine Übergangsschicht (S₁-Schicht, vgl. Abb. 40) aus. Die

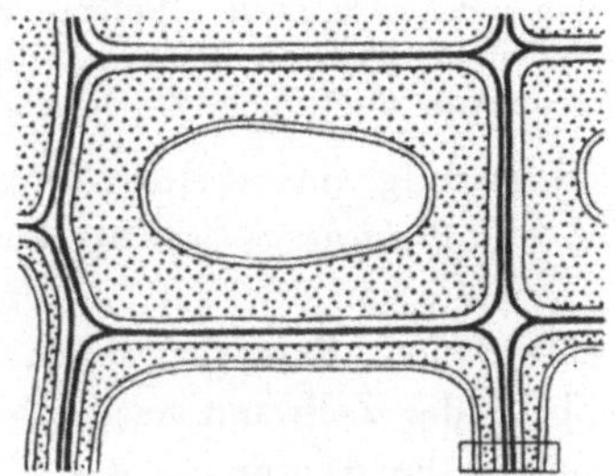

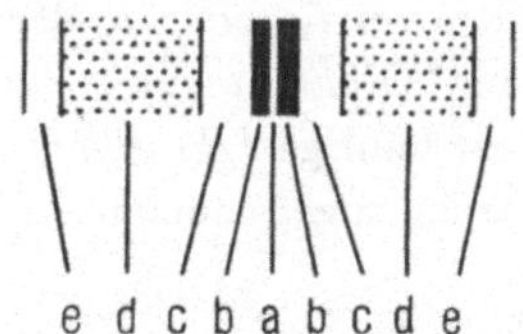

Abb. 40. Schema der pflanzlichen Zellwand (nach KERR und BAILEY). Oben: Übersichtsbild, entsprechend etwa einer Fichtenholztracheide. Unten: Vergrößerter Ausschnitt.
a) Mittellamelle
b) Primärwand
c) äußere Sekundärwand = S₁-Schicht
d) zentrale Sekundärwand = S₂-Schicht
e) innereSekundärwand = S₃-Schicht = Tertiärwand

jugendliche Zellhaut im Gewebe besteht somit aus einer *Mittellamelle* (a), die aus der Grundsubstanz hervorgeht und die Zellen miteinander verklebt, sowie den *beiden Primärwänden* (b), die aus locker in die Grundsubstanz eingelagerten Mikrofibrillen bestehen.

Die jugendliche Zellhaut ist aber nur ein Übergangsgebilde, da nach Erreichen der endgültigen Zellgröße noch immer Mikrofibrillen gebildet und angelagert werden. So stellt sich nach dem anfänglichen Flächenwachstum vielfach ein ausgesprochenes *Dickenwachstum* der Zellwand ein. Dieser durch *Apposition* zustande gekommene, durch strenge *Parallel*ordnung der Mikrofibrillen gekennzeichnete und seiner Masse nach bei weitem überwiegende Anteil heißt *Sekundärwand*. Sie besteht bei typischer Entwicklung und ohne nachträgliche Veränderungen fast ganz aus reiner Zellulose. An der Sekundärwand läßt sich von außen nach innen eine dünne, meist recht eigenwillig gebaute *Übergangsschicht* (S_1-Schicht), dann die eigentliche Sekundärwand als

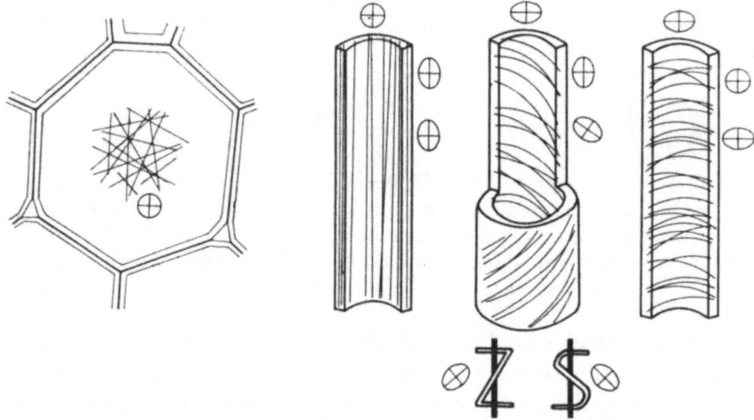

Abb. 41. Texturschema pflanzlicher Zellwände (nach P. SITTE).
Von links nach rechts: Folien-, Fasern-, Schrauben-, und Röhrentextur. Das optische Verhalten ist durch die Indexellipse angegeben, ferner der Drehsinn der Schraubentextur als S- oder Z-Schraube an der dem Beobachter zugekehrten Zellwand.

oft mächtig entwickelte *Zentralschicht* (S_2-Schicht) und manchmal noch eine *Abschlußschicht* (S_3-Schicht), auch *Tertiärwand* genannt, unterscheiden (Abb. 40).

Wie schon erwähnt, sind in der Primärwand und auch bei isodiametrisch entwickelten Parenchymzellen die Mikrofibrillen meist isotrop, d. h. in der Ebene der Zellwand nach allen Richtungen gleichmäßig verteilt. Man nennt eine solche Anordnung der Mikrofibrillen *Folientextur* (Abb. 41). Bei langgestreckten Zellen, den Fasern und wasserleitenden Gefäßzellen sind die Mikrofibrillen vorwiegend in der Längsrichtung (*Fasertextur*) bzw. in der Querrichtung (*Röhrentextur*) entwickelt (Abb. 41). Eine Zwischenstellung nimmt die sehr häufige *Schraubentextur* ein, bei der nach der Gangrichtung in der dem Beschauer zugewendeten Zellwand eine S- oder Z-Schraube unterschieden wird (Abb. 41).

7.2. Füllsubstanzen — Inkrusten

Nicht selten werden Zellwände während oder nach ihrer Sekundärwandbildung inkrustiert, d. h. ihre mikrokapillaren Hohlräume (interfibrillären
Spalträume) und Lockerstrukturen der Grundsubstanz mit Füllsubstanzen
organischer oder anorganischer Natur versehen. Füllsubstanzen können schließlich ein integrierender und mengenmäßig beträchtlicher Bestandteil der Zellwand werden.

7.2.1. Lignifizierung

Die wichtigste Inkrustation ist die mit *Lignin* bzw. die *Verholzung* von
Zellwänden. Sie setzt etwa gleichzeitig mit der Sekundärwandbildung ein. Der
Füllstoff, der alle verfügbaren Hohlräume der Zellwand mit einer starren
amorphen Masse erfüllt, ist das Lignin. Man hat sehr zutreffend die von
Gerüstsubstanz (Zellulosemikrofibrillen) durchzogene lignifizierte Zellwand mit

„armiertem Beton" verglichen. Wie
der Beton zunächst flüssig ist, so
werden auch die Ligninbausteine
Coniferin (im Nadelholz) und
Syringin (mehr im Laubholz, vgl.
S. 83) als lösliche bzw. diffusible
Glucoside vom Protoplasma gebildet und wahrscheinlich zunächst im
Zellsaft angereichert. Beide Glucoside sind z. B. im *Kambialsaft* von
Nadelbäumen nachgewiesen. Bei
einem jungen Jahresring eines
Koniferentriebes fängt die Ligninbildung etwa in der sechsten Zell-
reihe in den Zellecken (Interzellu-
lar-Primordien) an und beginnt in
den drei nächsten Zellreihen in
die Mittellamellen auszustrahlen

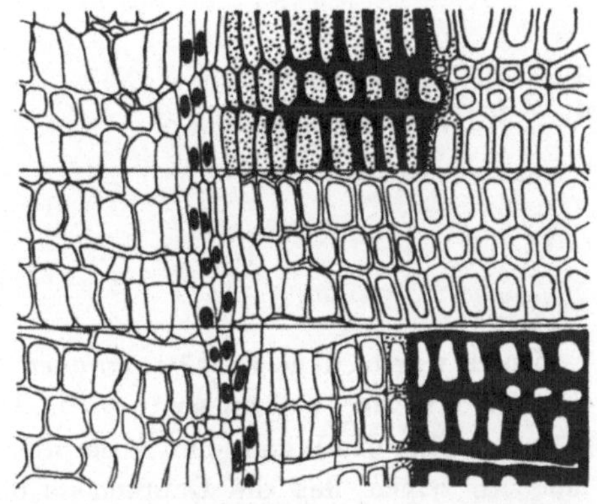

Abb. 42. Ligninbildung im jungen Jahresring
(nach F\REUDENBERG).
Oben: Nachweis der Glucosidase mit Indican
(vgl. S. 100). Mitte: Unbehandelt. Unten:
Nachweis des Lignins mit Phloroglucin/HCl.

(Abb. 42). Dort und auch in den noch jüngeren Zellen läßt sich eine β-Gluco-
sidase nachweisen, welche die genannten Glucoside in Zucker und *Coniferylalkohol* bzw. *Sinapylalkohol*, zwei Phenylpropane (vgl. S. 60), spaltet. Eine
ebenfalls in diesen Zellwänden vorhandene Dehydrase bewirkt die Entstehung
verschiedener hochreaktiver Radikale aus den Agluconen, welche spontan etwa
in der folgenden Weise zu einem dichten amorphen dreidimensionalen Gebilde,
dem nativen Lignin, polymerisieren. Es genügt also, daß die beiden Glucoside
Coniferin und Syringin in die enzymdurchtränkten Zellwände gelangen, um den
Verholzungsvorgang auszulösen.

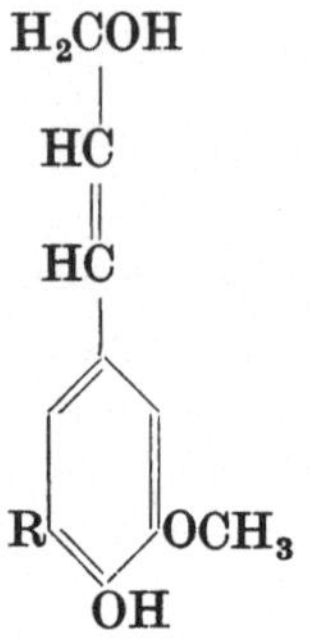

R = H (Coniferylalkohol)
R = OCH₃ (Sinapylalkohol)

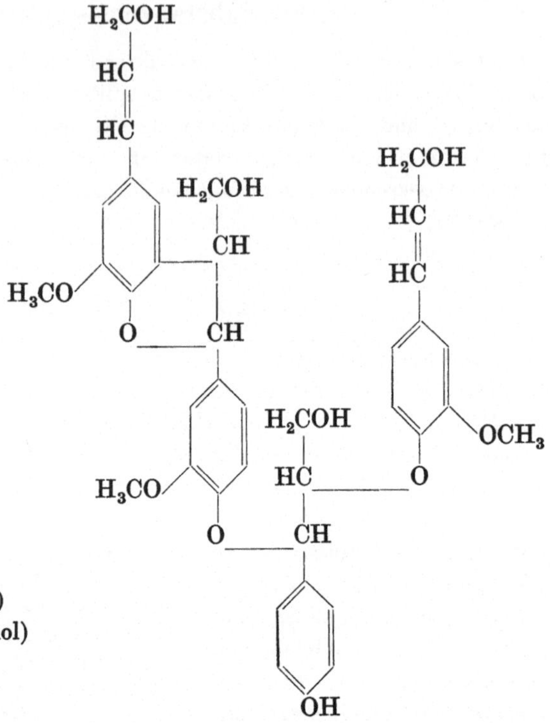

Tetrameres Polymerisationsprodukt

    Durch verschiedene *Färberreaktionen* (Phloroglucin-Salzsäure, Mäule-Reaktion u. a.), am elegantesten durch UV-Mikroskopie — als aromatischer Körper besitzt das Lignin eine Absorptionsbande mit Maximum bei 280 nm —, läßt sich zeigen, daß die Hauptmasse des Lignins, nämlich 70% und mehr, im Bereich der Mittellamelle abgelagert ist, während der Rest sich auf die eigentliche Sekundärwand (S_2-Schicht) verteilt (vgl. S. 147). Die gegenseitige Durchdringung von Füll-, Grund- und Gerüstsubstanz ist eine so innige, daß eine saubere Trennung nicht ohne gegenseitige Verluste möglich ist. Interessante Erscheinungen bieten hier die *holzzerstörenden Pilze*, welche nicht selten die beiden Wandkomponenten Lignin und Zellulose ungleich schnell abbauen. So löst z. B. der gefürchtete Hausschwamm *Merulius domesticus*, der im Zellumen auf der S_3-Schicht wächst, die Zellulose der S_2-Schicht auf, und übrig bleibt das bräunliche, brüchige Ligninskelett der Mittellamellen (*Braunfäule*). Ein anderer Nadelholzzerstörer, *Trametes radiciperda*, baut zuerst das Lignin ab und läßt die stark gequollenen weißlichen Sekundärwände zurück (*Weißfäule*).

    Die Verholzung erfaßt zunächst die Wasserleitungsgewebe, dann die Stütz-elemente und andere, z. B. Kork-, Parenchym- und Marktstrahlzellen, aber auch

Einzelzellen können verholzen (Steinzellen). Verholzte Zellen sind außerordentlich *druckfest*, während die *Zugfestigkeit* allein auf die Zellulose-Mikro-
fibrillen der Gerüstsubstanz zurückzuführen ist. So weist z. B. das Druckholz
(Astholz) einen höheren Ligningehalt und auch eine andere Ligninverteilung
in der Zellwand auf als normales Holz. Durch die Verholzung bestimmter
Gewebe ist es den Landpflanzen erst möglich geworden, sich in ihrem Streben
zum Sonnenlicht als gewaltige Bäume über ihre Mitkonkurrenten zu erheben
und auch die Wurzeln tief zum Grundwasser hinab zu senken. Die Dauerhaftigkeit der verholzten Gewebe, die nur von spezialisierten Pilzen und Bakterien
angegriffen werden können, ermöglicht ein Pflanzenleben über Jahrhunderte.

7.2.2. Holz

Das wichtigste Ergebnis der Lignifizierung ist das Holz, ein aus *Wasser-
leitungs*bahnen, *Festigungs-* und *Speicherung*selementen hervorgehender Ge-
webekomplex lignifizierter Zellen, die zum größeren Teil in der Vertikal- und
zum kleineren Teil in der Radialrichtung eines Zylinders entwickelt sind. Echtes
Holz bilden nur zweikeimblättrige Pflanzen[1], wobei die im Stengelquerschnitt
zunächst ringförmig angeordneten Gefäßbündel in bestimmter Weise zu einer
Gesamtheit vereinigt werden (Abb. 43). Im sogenannten *sekundären Dickenwachstum*, das über viele Jahre andauern kann, werden vom *Cambium*, einer
jugendlich und teilungsfähig bleibenden Gewebeschicht, immer neue Zellen
nach innen wie nach außen gebildet (Abb. 43). Der *primäre Siebteil* der
Gefäßbündel (Transport der Assimilate: Zucker usw.) gestaltet sich zur
(sekundären) Rinde, der *primäre Holzteil* (Wasserleitung) zum (sekundären)
Holz(teil) um. Die primären *Markstrahlen* werden um die ebenfalls horizontal
und radial verlaufenden sekundären Markstrahlen vermehrt. Auch wird die
Epidermis durch *Kork*gewebe (Periderme) und schließlich durch die *Borke*
(Abb. 30, 43) ersetzt. Nach der Winterruhe beginnt das Cambium schlagartig
mit seinen Zellteilungen und bildet nach außen neue, funktionstüchtige Siebröhren und nach innen das meist heller erscheinende *Frühholz*, dem im Sommer
und Herbst das dunklere *Spätholz* folgt. So bleibt der Jahreszuwachs meist als
Jahresring mehr oder weniger gut erkennbar. Unter dem Mikroskop enthüllt
sich nun der Aufbau einer bestimmten Holzart als so charakteristisch, daß es
möglich ist, selbst kleinste Splitter an Hand geeigneter Schnitte einwandfrei zu
diagnostizieren. In schwierigen Fällen ist es hiezu nötig, Schnitte in allen drei
Raumrichtungen, nämlich *Querschnitt* (Hirnschnitt), *Radialschnitt* (Spiegel-
schnitt, die Markstrahlen „spiegeln") und *Tangentialschnitt* (Fladenschnitt),
auszuführen (Abb. 44; Tafel 3, 4). Die mikroskopische Bestimmung seltenerer
Hölzer darf man sich allerdings nicht zu leicht vorstellen; unter Umständen

---

[1] Einkeimblättrige Pflanzen mit über dem Stammquerschnitt verstreuten Gefäßbündeln, wie z. B. die Palmen, bilden zwar faserig verholzende Stämme, aber kein
richtiges Holz; desgleichen Baumfarne u. a. m.

sind nur die großen Holzforschungsinstitute mit ihren umfassenden Vergleichs-
sammlungen mikroskopischer Präparate in der Lage, genaue Bestimmungen
durchzuführen, wobei man von den früher üblichen Bestimmungsschlüsseln
bereits zum Lochkartensystem übergegangen ist.

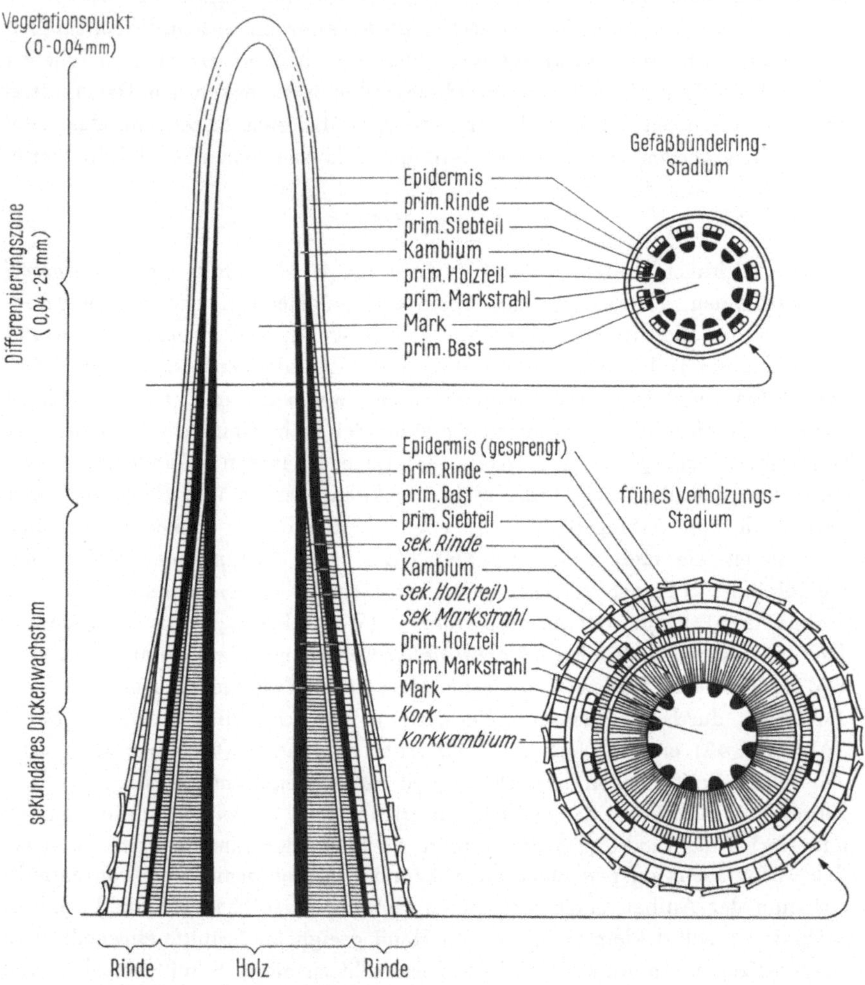

Abb. 43. Schematischer Längsschnitt durch einen verholzenden Stengel einer zwei
keimblättrigen Pflanze (nach D. VON DENFFER).

Die wichtigsten *Zellsorten* (Abb. 45), aus denen sich das Holz aufbaut
sind kurz folgende: 1. die *Tracheiden*, d. s. langgestreckte, zur Wasserleitung
dienende Zellen, deren Querwände noch ganz erhalten geblieben sind; 2. die
Tracheen, ebenfalls langgestreckte, aber breitere Wasserleitungszellen, deren

Querwände ganz aufgelöst oder leiterförmig durchbrochen sind, wodurch meterlange Kapillarröhrchen entstehen; 3. *Holzparenchym*, d. s. kürzere Zellen, die länger am Leben bleiben und meist der Speicherung (Stärke, Fette usw.) dienen; 4. die *Libriformzellen* oder Holzfaserzellen, d. s. wieder langgestreckte Zellen mit verdickten Zellwänden und schmalem Lumen. Sie stellen die Festigkeitselemente der Laubhölzer dar, deren Hauptmasse sie auch ausmachen.

Mikroskopisch leicht zu unterscheiden sind Nadelhölzer und Laubhölzer. Das *Nadelholz* besteht zu 90% aus Tracheiden und der Rest aus Parenchym,

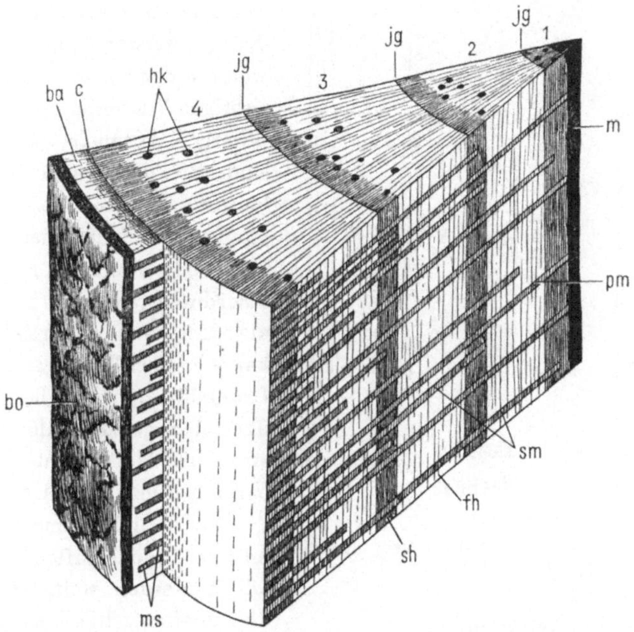

Abb. 44. Stück eines vierjährigen Föhrenstammes, im Winter geschnitten (nach SCHENK). ba=Bast, bo=Borke, c=Kambium, fh=Frühholz, hk=Harzkanal, jg=Jahresgrenze, m=Mark, ms=Markstrahl des Bastes, pm=primärer Markstrahl, sh=Spätholz, sm=sekundärer Markstrahl, 1, 2, 3, 4=die aufeinanderfolgenden Jahresringe.

hauptsächlich in den waagrechten Markstrahlen, wo es dem radialen Stofftransport und der Stoffspeicherung dient. In der Längsrichtung gibt es, von etwaigen *Harzgängen* abgesehen, die auch in den Markstrahlen vorkommen können, ganz überwiegend nur Tracheiden. Es sind dies längliche Zellen, die im Frühjahrsholz der Jahresringe mit weitem Lumen und dünnen Wänden der Wasserleitung, im dunkler gefärbten Spätholz mit schmalem Lumen und dicken Wänden mehr der mechanischen Festigung dienen (Tafel 3). Für die Nadelhölzer charakteristisch sind die großen *Hoftüpfel* mit zentralem Torus in den Radialwänden der Tracheiden (Tafel 3). Sie können sich ventilartig öffnen

und schließen und dienen als Durchlaßpforten für den Transpirationsstrom.
Verholzte Zellwände, die zu Recht mit armiertem Beton verglichen werden,
sind infolge des dichteren Gefüges durch die Lignininkrustation für Wasser
wesentlich weniger durchlässig als reine hydrophile Zellulosezellwände.

Bei den *Laubhölzern* sind für die beiden Hauptfunktionen, Wasserleitung
und mechanische Festigung, verschiedene Zellsysteme entwickelt worden. Die
Wasserleitung ist hier neben den Tracheiden hauptsächlich Sache der Tracheen (= Gefäße), langgestreckter, aber auch breiter Zellen, deren Querwände ganz oder teilweise aufgelöst und die also zu richtigen Wasserleitungsröhren kapillarer Ausmaße verschmolzen sind. Bei den *ringporigen* Laubhölzern können sie am Querschnitt schon mit freiem Auge als Poren oder Punkte in ringförmiger Anordnung und im Längsschnitt als sogenannte Nadelrisse leicht erkannt werden. Bei *zerstreutporigen* Laubhölzern sind die Tracheen über den ganzen Jahresring verstreut und bleiben unter der Sichtbarkeitsgrenze (Tafel 4).

Die Festigkeit und die mechanischen Eigenschaften der Laubhölzer werden weitgehend durch die Libriformzellen (= Holzfasern) bedingt, länglichen, zugespitzten, faserartigen Zellen mit schmalem Lumen und dicken Zellwänden, welche die Hauptmasse der Laubhölzer bilden. Parenchymzellen sind in den Markstrahlen und im

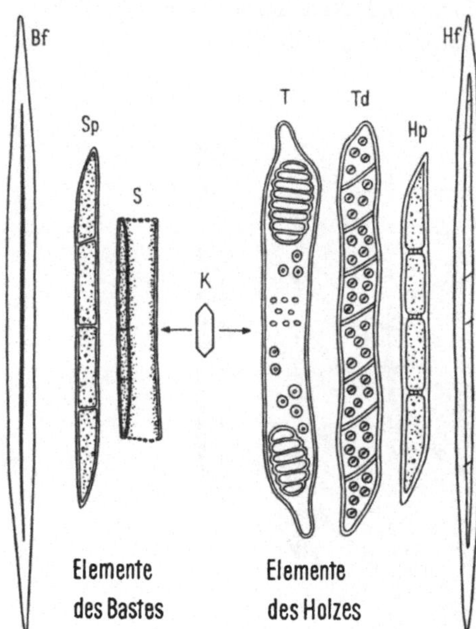

Abb. 45. Zellarten des Laubholzes (nach
H. WALTER).

K = Kambiumzelle
S = Siebröhre mit Geleitzellen
Sp = Sieb- oder Bastparenchym
Bf = Bastfaser
T = Leitertrachee
Td = Schraubentracheide
Hp = Holzparenchym
Hf = Holzfaser (Libriform)

Holzkörper (Holzparenchym) ebenfalls reichlich vorhanden. Nur die äußeren,
manchmal auch nur der äußerste Jahresring, dienen wirklich der Wasserleitung[1]:
die inneren älteren Jahresringe dagegen erleiden bald eine mehr oder weniger
starke Veränderung, die sogenannte Verkernung. Diese äußert sich oft, aber
nicht immer, in einer auffallenden dunklen Verfärbung des *Kernholzes*, das dann

---

[1] So ist es auch zu erklären, daß z. B. hohle Weidenstrünke noch frische Triebe
ansetzen können.

vom äußeren hellen Ring des *Splint(holzes)* deutlich absticht. Die Bildung eines Farbkerns wird durch bestimmte Farbstoffe und Gerbstoffe (vgl. S. 67) bewirkt, die, vor allem von den langlebigen Holzparenchymzellen gebildet, auf die anderen Elemente des Holzkörpers übergreifen und besonders im Zellumen abgelagert werden. Dabei scheinen enzymatische Oxydationen und spontane Polymerisationen um sich zu greifen, die an die Verholzungsvorgänge erinnern und im Endeffekt den Farbkern der Hölzer ergeben. Durch die Verkernung, besonders durch die Inkrustierung mit Gerbstoffen, wird die Dauerhaftigkeit des Holzes biologischen Holzzerstörungen gegenüber wesentlich erhöht.

Auch anorganische Inkrustationen, etwa mit Kalk und Kieselsäure, sind häufig und an der Kernbildung beteiligt. Für gewisse Holzarten charakteristisch ist ferner die *Thyllenbildung*, worunter man das bruchsackartige Einwachsen von Parenchymzellen in die angrenzenden, funktionslos gewordenen Gefäße versteht, die dann von einem dichten Speichergewebe erfüllt zu sein scheinen. Nicht immer ist das Kernholz dunkler gefärbt als der Splint, sondern die Unterschiede machen sich in der Härte geltend. Der ältere Holzkörper stirbt ohne Farbänderung ab und bildet das durch eindringende Luft oft heller als der Splint erscheinende *Reifholz*. Reifholzbäume sind z. B. Fichte, Tanne, Feldahorn, Linde und Birne.

So erweist sich dann die Mikroskopie des Holzes als sehr kompliziert, aber auch als sehr gesetzmäßig. Nicht viel anders steht es mit der Submikroskopie, von der wir nur anführen wollen, daß die S_2-Schicht verholzter Zellwände häufig aus sich gesetzmäßig überkreuzenden Schichten parallelisierter Mikrofibrillen besteht, die in amorphes Lignin eingebettet sind oder zwischen denen sich dünne Ligninschichten befinden (*Sperrholzkonstruktion*, Abb. 46). Bei gewissen Koniferenhölzern hat sich die S_3-Schicht unter dem Elektronenmikroskop als höchst charakteristische „Warzenschicht" erwiesen (Abb. 46).

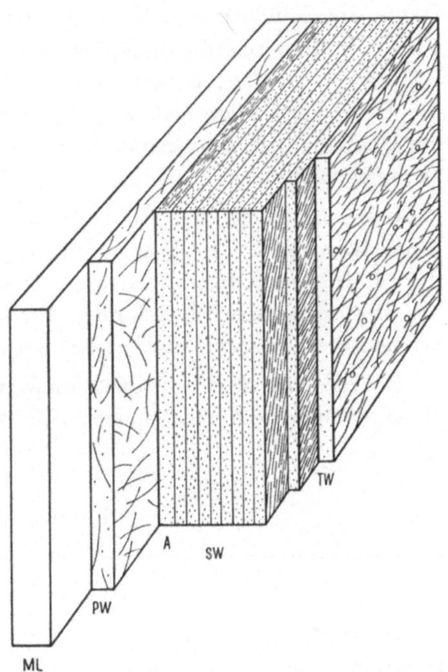

Abb. 46. Schematische Darstellung der Zellwand einer Nadelholztracheide (nach LIESE). ML=Mittellamelle, PW=Primärwand, A= Außen- oder Übergangsschicht der Sekundärwand (S_1-Schicht), SW=Sekundärwand (S_2-Schicht), TW=Tertiärwand (S_3-Schicht, Warzenschicht).

Unter der ungeheuren Zahl von Hölzern, namentlich den Laubhölzern, gibt es die seltsamsten Extreme. So hat z. B. das *Balsa-* oder *Korkholz* (von *Ochroma lagopus*, *Ceiba-*, *Bombax-* und anden tropischen *Papiloniaceen*-Arten) eine Dichte (sogenannte Rohwichte) von 0,16 g/cm³, während das westindische *Pockholz* (von *Guaiacum officinale*) eine solche von 1,23 aufweist und somit auf Wasser nicht mehr schwimmt. Die Dichte der verholzten Zellwand (sogenannte Reinwichte) ist dagegen für alle Hölzer nahezu gleich: 1,56 g/cm³, wobei die Dichte der Zellulose zu 1,58 und des Lignins zu 1,38 bis 1,41 angenommen wird. Die Unterschiede der Rohwichte beruhen also auf der Dicke der Zellwände, von welcher, zusammen mit der Stärke der Lignineinlagerung, auch die Härte eines Holzes abhängt. Alle Anisotropien, wie etwa die der Härte, der Quellung bzw. Schwindung und anderer technologischer Größen, leiten sich zwanglos vom mikroskopischen Aufbau des betreffenden Holzes ab.

Ursprünglich war das Holz nur Bau- und Brennstoff. Man nimmt an, daß heute noch 40% der Holzaufbringung der gesamten Welt als Brennstoff dienen. In den Industriestaaten ist Holz längst ein unentbehrlicher Rohstoff der chemischen Industrie geworden, der allerdings zum Teil schon wieder durch synthetische Kunststoffe ersetzt und verdrängt zu werden beginnt.

Neben dieser direkten Rohstoffnutzung besitzen größere und selbst kleinere Waldbestände noch eine andere lebenswichtige Bedeutung: als klima- und

Holzeinschlag 1960

	Nadel-	Laub-
	Holzeinschlag 1960 in 1000 Festmeter	
Schweden	40 900	5 100
Westdeutschland	16 799	8 479
Polen	13 900	2 300
Frankreich	13 100	28 850
Österreich	10 418	1 657
ČSSR	9 953	2 670
Ostdeutschland	6 462	1 235
Jugoslawien	3 948	12 844
Schweiz	2 330	1 020
Italien	1 613	15 701
Europa	179 440	129 355
UdSSR	296 660	72 340
USA	218 150	92 917
Kanada	86 603	10 110
Welt	877 815	Südamerika 124 950
		Afrika 126 070
		Asien 164 590
		Welt 754 630

wasserregulierender Faktor, der die landwirtschaftlich nutzbaren Böden vor Erosion und Versteppung schützt. Im Hochgebirge ist der Wald der einzige wirksame Wildbach- und Lawinenschutz. Nicht selten werden die „Wohlfahrtswirkungen" des Waldes schon wichtiger als seine Rolle als Rohstoff- und Energielieferant.

	Gesamteinschlag 1960 in Mill. m³	Laubholz %	Nadelholz %	Industrieholz %	Brennholz %
Nordamerika	408	25	75	88	12
UdSSR	369	20	80	71	29
Europa	311	42	58	68	32
Asien	301	78	22	47	53
Südamerika	155	81	19	15	85
Afrika	130	97	3	14	86
Zentralamerika	36	67	33	21	79
Pazifische Region	22	69	31	69	31

Holzverbrauch 1959 in dm³/Kopf

	total	Brenn-	Industrie-	Säge-	Furnier-	Zeitungs-	anderes	Faserplatten
		holz		holz		Papier		
Schweden	2305	685	1620	450	8,4	25,0	84	24,5
Frankreich	965	420	545	165	6,9	13,0	41	3,3
Schweiz	890	270	620	235	6,0	15,0	70	3,3
Westdeutschland	735	70	665	190	9,4	8,7	62	4,9
Österreich	725	210	515	225	5,0	9,2	31	5,6
England	645	10	635	170	10,7	22,0	70	2,6
Italien	585	310	275	85	2,8	4,9	23	5,2
Ostdeutschland	570	30	540	220	2,7	4,3	40	0,7
USA	1930	260	1670	500	45,9	35,0	148	9,1
UdSSR	1790	600	1190	455	5,7	1,6	13	0,7

7.2.3. Einheimische Hölzer

Nach den „Ergebnissen der österreichischen Waldbestandsaufnahme 1952/56" (Bd. 1—8, herausgegeben vom Bundesministerium für Land- und Forstwirtschaft und der Forstlichen Versuchsanstalt Mariabrunn in Schönbrunn, Wien, 1957—1960) gliedern sich die stockenden Holzmassen unserer Hochwälder (ausgenommen Staatswaldungen und Betriebe mit Wirtschaftsplanung, die ca. 31% ausmachen) nach Holzarten wie folgt (in 1000 Volumsfestmeter):

	Steier-mark	Kärnten	Nieder-öster-reich	Tirol	Ober-öster-reich	Salz-burg	Vorarl-berg	Burgen-land
Fichte	35 654	37 584	21 067	28 028	21 761	12 046	7 808	1624
Tanne	2 501	1 938	4 496	2 673	6 321	2 606	3 208	138
Lärche	6 180	6 806	1 919	3 512	514	2 415	43	120
Föhre	10 840	5 625	13 403	2 555	3 504	144	202	4573
Zirbe	75	107	2 920[1]	450	2	76	1	36[1]
Nadel-hölzer	55 250	52 060	43 805	37 218	32 102	17 287	11 262	6491
Buche	1 567	1 320	3 364	—	2 714	1 270	825	447
Eiche	275	19	412	—	164	11	5	476
Hartlaub-hölzer	139	25	300	—	420	101	56	50
Weichlaub-hölzer	173	54	109	—	66	71	3	56
Laub- · hölzer	2 154	1 418	4 185	—	3 364	1 453	889	1029

[1] Schwarzföhre.
Hartlaubholz: Ulme, Hainbuche, Ahorn, Esche, Robinie, Nußbaum u. a.
Weichlaubholz: Pappel, Weide, Birke, Erle u. a.

Wie ersichtlich, ist unter den Nadelhölzern (Weichhölzern) das *Fichten*holz (*Picea excelsa*) mit Abstand das wichtigste. Vom harzfreien *Tannen*holz (*Abies alba*) nur mikroskopisch sofort zu unterscheiden (Tafel 3), ist es von heller, weißlich-gelblicher Farbe. Weich und gut bearbeitbar, findet es als Bau- und Grubenholz, in der Tischlerei für weiche, billige Möbel, als Blindholz und dann vor allem als Ausgangsmaterial für die Papier- und Zellstoffindustrie und alle Arten der Holzveredelung die weiteste Anwendung. Fichten- und Tannenholz, dieses zäher und fester als jenes, sind Reifhölzer. Wichtig sind ferner die Föhren (Kiefern), und zwar besonders die *Rotföhre* (*Pinus silvestris*), der gegenüber die nur im pannonischen Bereich verbreitete *Schwarz-föhre* (*Pinus nigra*) und die *Zirbe* (*Pinus cembra*), ein Charakterbaum des Hochgebirges, als Holzlieferant an Bedeutung zurücktreten. Das Föhrenholz ist sehr harzreich und mit zahlreichen senkrechten und radialen Harzgängen versehen. Die Harzgänge der Föhrenarten sind von *dünnwandigen* Epithelzellen, die der Fichtenarten von *dickwandigen* Epithelzellen ausgekleidet. Besonders die Schwarzföhre bildet richtige Pech- oder Harzungswaldungen (vgl. S. 125). Das Föhrenholz ist ein typisches Kernholz, dessen bräunliche Verfärbung aber erst einige Zeit nach dem Fällen unter Einwirkung des Luftsauerstoffes eintritt (fakultativer Farbkern!). Wegen seiner Elastizität wird es viel zu Sportgeräten (Schiern, Barren usw.) verwendet.

Ein Kernholzbaum ist auch die in den Alpen weitverbreitete harzführende *Lärche* (*Larix decidua*), die ein sehr geschätztes Bauholz ergibt. Das Kernholz ist charakteristisch rötlich und leicht zu erkennen, während der schmale Splint gelblich gefärbt bleibt. Erwähnt sei noch das harte, zähe und schöne Holz der *Eibe* (*Taxus baccata*), das im Kern noch rötlichbrauner ist als das Lärchenholz und meist sehr enge Jahresringe (Härte!) aufweist. Im Mikroskop fällt es gleich durch die schraubenförmigen Verdickungsleisten in den Tracheiden auf.

Von den *ringporigen* Laubhölzern nennen wir die Eiche, Ulme (= Rüster), Esche und Robinie (falsche „Akazie"). Das *Eichen*holz, von gelblich-brauner Farbe (Kernholz), von *Quercus robur* und anderen Eichenarten, läßt die Frühjahrsgefäße sehr deutlich als Poren bzw. Nadelrisse und charakteristisch breite Markstrahlen mit freiem Auge erkennen. Als hartes und dauerhaftes Holz findet es besonders bei Wasserbauten, für Faßdauben und -böden, für Parkettböden und für schwere, wertvolle Möbel (oft auch nur Eichenfurniere) Verwendung.

Rotbraun ist das Kernholz der *Ulme* (*Ulmus campestris*) und gelb der breite Splint. Auffallend sind hier die tief rotbraunen Markstrahlen (die Kernfarbstoffe diffundieren nicht ab!), während die Nadelrisse viel weniger deutlich hervortreten.

Das *Eschenholz* (*Fraxinus excelsior*), das in der Wagnerei bevorzugte Holz, ist heller, mit fakultativem Farbkern; Poren bzw. Nadelrisse ebenfalls sehr deutlich (Tafel 4). Die Verfärbung des Kernholzes stellt sich erst unter Lufteinwirkung an schon vorhandenen Kernholzfarbstoffen ein, wobei aber nur der Zellinhalt der Markstrahlparenchymzellen gefärbt erscheint.

Das Holz der (falschen) *Akazie* (*Robinia pseudacacia*) ist an seinem grünstichig-braunen Kernholz leicht zu erkennen. Die Poren sind zwar groß und deutlich, aber vollkommen von Thyllen verstopft. Wie die Roßkastanie nach den Türkenkriegen zu uns aus Kleinasien gelangt ist, so ist auch die Robinie durch den französischen Botaniker ROBIN 1609 aus Nordamerika nach Frankreich gebracht worden — der erste Baum wächst und gedeiht noch im Jardin-des-plantes zu Paris — und hat sich, so wie die Roßkastanie, über ganz Europa verbreitet. Besonders häufig ist die Robinie in sandig-trockenen Gebieten.

Die meisten einheimischen Laubhölzer gehören zu den *zerstreutporigen*, unter welchen wieder die (*Rot*)*buche* (*Fagus silvatica*) die wichtigste ist (vgl. Tabelle oben). Das Kernholz — ein fakultativer Kern mit denselben Färbungsverhältnissen wie bei der Esche — ist meist leicht rötlich, hart und gut brennbar. Buchenscheiter sind das beste und beliebteste Brennholz (vgl. Tabelle unten). Am auffallendsten sind die dunklen, im Tangentialschnitt spindelförmigen Markstrahlen in regelmäßiger Anordnung. Auch das Buchenholz ist längst ein wertvoller Rohstoff für die holzverarbeitende und -veredelnde Industrie geworden. So werden insbesondere Möbelfurniere, Faßdauben, Parkettböden, Sperrholz, Zierleisten, Hartfaser- und Spanplatten aus Buche hergestellt.

Die *Hain*buche oder *Weißbuche (Carpinus betulus)* besitzt, wie die verwandte *Birke (Betula alba)*, ein helles Holz. Es ist das härteste einheimische Nutzholz. Das etwas gelblichere Birkenholz ist ein typisches Splintholz, ganz ohne Kern und wesentlich weicher (Weichlaubholz! Vgl. oben). Das Birkenholz ist wegen seines welligen Faserverlaufes öfters „geflammt", eine Eigenschaft, die man bei Furnieren sehr schätzt.

Helles Holz haben auch die *Ahornarten* Bergahorn *(Acer pseudoplatanus)*, Spitzahorn *(Acer platanoides)* und Feldahorn *(Acer campestris)*, letzterer etwas rötlich. Appetitliche Ahorntischplatten finden sich noch in manchen Bauernstuben.

Fast weiß ist das Holz der *Zitterpappel* oder *Aspe (Populus tremula)*, ein kernloses Splintholz, während die anderen *Pappelarten*, Schwarzpappel/Pyramidenpappel *(Populus nigra)* und die Silberpappel *(Populus alba)*, einen schwach gefärbten Kern bilden (Tafel 4). Das Pappelholz ist weich, filzig und von den Zündhölzern her jedermann bekannt.

Ein beliebtes Furnierholz liefert der *(Wal)*nußbaum *(Juglans regia)* in verschiedenen Spielarten, z. B. als besonders schön und lebhaft gefärbte kaukasische Nuß. Das Kernholz zeigt verschiedene ineinander verschwimmende Brauntöne und sogar auch deutlich sichtbare Poren bzw. Nadelrisse. Bei Nuß, Erle, Birke u. a. Hölzern wird der Maserwuchs, d. i. eine verkrüppelte, knorrigbucklige Stamm- und Wurzelbildung, zur Erzeugung gemaserter Furniere mit unregelmäßiger, sonderbarer Zeichnung der Jahresringe besonders geschätzt. Der Maserwuchs wird durch Kälterisse, bakterielle Infektionen (Baumkrebs!), durch Beschneiden bzw. Störung der Astentwicklung u. dgl. ausgelöst.

Schöne Furnierhölzer ergeben auch die wilden und kultivierten Obstbäume, insbesondere Kirsche *(Prunus avium)*, Birne *(Pirus communis)* und Apfel *(Pirus malus)*. Das Kernholz des Kirschbaumes dunkelt an der Luft zu einem schönen Goldbraun nach. Kirsche darf zu unseren schönsten Hölzern gerechnet werden und war z. B. im Biedermeier, wo man mit feinem Gefühl den einheimischen Furnierhölzern den Vorzug gab, sehr beliebt. Der Birnbaum besitzt ein sehr dichtes und gleichmäßiges Holz, das heute meist schwarz gebeizt und gedämpft, d. h. mit Dampf erhitzt wird, wobei alle Hölzer mehr oder weniger nachdunkeln. Ein dichtes dunkelrot-braunes Kernholz hat der Apfelbaum.

Erwähnen müssen wir schließlich auch noch das *Linden*holz *(Tilia parvifolia* und *Tilia grandifolia)*, welches weich, gut schneidbar und biegsam das Bildhauerholz und Bildschnitzerholz darstellt. Höchste Meisterwerke der Spätgotik, wie etwa die großen donauländischen Schnitzaltäre von Kefermarkt, von Mauer bei Melk, der Zwettler-Altar in Adamsthal bei Brünn und die Salzburger Pacher-Madonna, sind aus Lindenholz.

Verbrauch des Nadelholzeinschlages 1960 in 1000 Festmeter

	Sägeholz Furniere Schwellen	Schliff Zellstoff Grubenholz	anderes Industrie-holz	Gesamt-industrie-holz	Brenn-holz
Österreich	7 178	1 910	615	9 698	720
Westdeutschland	9 840	4 810	1949	16 599	200
Ostdeutschland	3 540	1 836	614	5 960	502
Schweiz	1 230	445	225	1 900	430
Schweden	17 500	21 000	600	39 100	1 800

Verbrauch des Laubholzeinschlages 1960 in 1000 Festmeter

	Sägeholz Furniere Schwellen	Schliff Zellstoff Grubenholz	anderes Industrie-holz	Gesamt-industrie-holz	Brenn-holz
Österreich	400	236	161	797	860
Westdeutschland	3 010	1 000	1540	5 557	2 922
Ostdeutschland	804	278	145	1 236	—
Schweiz	140	15	55	210	810
Frankreich	6 950	1 490	1410	9 850	19 000

7.2.4. Ausländische Hölzer

Sie spielen hierzulande hauptsächlich als *Furnierhölzer*, in der Kunsttischlerei, bei der Erzeugung von Musikinstrumenten u. dgl. eine Rolle. In den Erzeugerländern werden sie vielfach noch als Brennholz, dann besonders als Bauholz, als Schiffsbauholz, für Eisenbahnschwellen u. dgl. verwendet. Die früher wichtige Gewinnung von Farbstoffen aus Farbhölzern (vgl. S. 86) hat nicht mehr viel Bedeutung, während die Gerbstoffextrakte aus Hölzern immer noch eine Rolle spielen (vgl. S. 67).

Eine Besonderheit der tropischen Hölzer ist das leicht erklärliche Fehlen von Jahresringen. Manchmal finden sich jahresringähnliche Zeichnungen, die aber oft andere Ursachen haben.

Zu den bekanntesten Furnierhölzern zählen Mahagoni und Palisander bzw. Rosenholz. Das echte *Mahagoni* stammt von dem mittel- und südamerikanischen Laubbaum *Swietenia mahagoni*. Im Kern braun bis mahagonirot, von sehr verschiedener Zeichnung und mit deutlichen Nadelrissen, erschweren schief verlaufende Fasern die Oberflächenglättung, erhöhen aber den schönen Seidenglanz. Zum Unterschied vom afrikanischen *Sapeli-Mahagoni* (von *Pseudocedrela*-Arten) läßt es sich aber doch gut bearbeiten und polieren.

Das *Palisander*- und *Rosenholz* gehört zu den feinsten und vornehmsten Luxushölzern. Beide stammen hauptsächlich von verschiedenen brasilianischen *Dahlbergia*- und *Jacaranda*-Arten, baumförmigen *Papionaceen*. Das Riopalisander ist im Kern dunkel braunviolett, marmoriert, oft fast schwarz und mit deutlichen Poren bzw. Nadelrissen versehen. Das echte Bahia-Rosenholz ist viel heller, sehr fein in der Faser und zeigt oft eine schöne karminrote und gelbe Streifung, die sich allerdings gewöhnlich nicht allzulange hält.

Ein eigenwilliges Furnierholz ist auch das echte brasilianische *Zebraholz* oder *Zebrano*, von *Cynometra*- und *Microberlinia*-Arten, baumförmigen *Caesal-*

piniaceen. Das stark nadelrissige Holz zeigt auf gelblich-bräunlichem Grund dunkelbraune Zonen. *Whitewood,* das zuerst grüne, dann an der Luft nachbräunende weiche Kernholz des *Tulpenbaumes (Liriodendron tulipifera),* der vereinzelt auch in unseren Parkanlagen vorkommt, ist das beste Absperrfurnier. Darunter versteht man bis 3 mm dicke Platten, die das Blindholz einschließen, um das Furnier vor dem „Arbeiten" des Holzes zu schützen.

Das sonderbare *Ebenholz* (von verschiedenen *Diospyros*-Arten) verdankt sein schwarzes, bräunliches oder auch gelbliches Kernholz dem dunklen Inhalt aller oder der meisten Zellen, dessen chemische Natur (entwässertes Lignin?) noch fraglich ist. Ebenholz ist ein sogenanntes Gewichtsholz, d. h. es wird nach Gewicht, derzeit 1 kg = 1 DM, verkauft.

Das durch Sportgeräte bekannt gewordene *Hickory*-Holz von *Carya*-Arten (*Juglandaceen*) des gemäßigten Nordamerika ist ringporig und gleicht nicht nur äußerlich dem Eschenholz, sondern wird wie dieses auch zu Erzeugnissen, die Elastizität erfordern, wie z. B. Schiern, Wagenteilen usw., verarbeitet.

Das *Teakholz* der stattlichen „indischen Eiche" *Tectona grandis* ist in den Tropen ein sehr geschätztes Bau- und Schiffsbauholz. Nadelrissig und von ähnlicher, aber dunklerer Farbe als unser Eichenholz, ist es sehr dauerhaft und wegen seines großen Gehaltes an Calciumphosphat und Kieselsäure termitenfest. In den Tropen sind nämlich nicht Pilze und Bakterien, sondern die Termiten die ärgsten Holzzerstörer.

Schließlich erwähnen wir noch die *Bleistiftzeder* oder den virginischen Wacholder (*Juniperus virginiana*), einen Nadelbaum des atlantischen Nordamerika, der ein homogenes, weiches, rötlichbraunes, für Bleistiftfassungen unübertroffenes Holz liefert.

Ebenfalls sehr gleichmäßig und sehr fein, aber hart und von gelblicher Farbe ist das *Buchsbaumholz,* dessen beste Sorte aus den Mittelmeerländern kommt (*Buxus sempervirens*). Es eignet sich vortrefflich für feinste Schnitzereien (Schachfiguren), für Druckstöcke (Holzschnitte) usw.

7.2.5. Mineralisierung

Bei der Verkernung des Holzes spielen meist auch Mineralisierungsvorgänge mit, wobei hauptsächlich Kalium- und Calciumkarbonate sowie Kieselsäure, seltener Mangan- und Eisensalze den toten Zellwänden eingelagert werden. Die Härte eines Holzes beruht indessen nicht auf mineralischen, sondern einzig auf der Lignineinlagerung bzw. der Dicke der Zellwände und damit der Anatomie des betreffenden Holzes. Nicht selten erreichen die mineralischen Inkrusten, namentlich bei SiO_2-Einlagerung, so hohe Werte, daß beim Ausglühen eines Gewebes die Konturen der Zellwände als sogenanntes Spodiogramm in allen Einzelheiten erhalten bleiben. Sehr schön zeigen das die stark verkieselten Epidermen der Gräser, Riedgräser und verschiedener Sumpfpflanzen, z. B. der

Schachtelhalme, welch letztere eben wegen ihres hohen Kieselsäuregehaltes als „Zinnkraut" früher zum Geschirreinigen Verwendung fanden.

Auffallend ist der Umstand, daß an ein und demselben Standort nur gewisse Pflanzenarten nicht selten massive und charakteristische Inkrustationen aufweisen, selbst dann, wenn der Boden arm an dem betreffenden Mineral ist. Nebst der unerläßlichen Voraussetzung von löslichen, im Bodenwasser in gewissen Mengen vorhandenen Mineralformen scheint vor allem die Fähigkeit der Pflanzen zur Bildung geeigneter Transportformen, wohl meist in organischer Festlegung (Chelate!), darüber zu entscheiden, ob ein Mineralstoff über die Wurzelhaare (Wurzelrinde) hinaus in den Transpirationsstrom und mit diesem an die Stätten seiner Ab- bzw. Einlagerung gelangt.

Höchst eigenartig und auch für technische Belange von einer gewissen Bedeutung sind die Gehäuse der *Kieselalgen (Diatomeen)*, deren tertiäre Ablagerungen als Polierschiefer Verwendung finden: Die quartären Ablagerungen, als *Kieselgur* oder Diatomeenerde bezeichnet, stellen wertvolle Adsorbentien dar (Dynamiterzeugung!). Die schachtelförmigen Schalen sind schon lichtmikroskopisch außerordentlich fein und charakteristisch gezeichnet bzw. perforiert; ihre komplizierte Architektonik konnte erst elektronenmikroskopisch aufgeklärt werden.

Nicht um mineralische Inkrustationen handelt es sich dagegen bei den auffallenden Kalkabscheidungen gewisser Wasserpflanzen, wie etwa der Laichkräuter und Armleuchtergewächse unserer Seen und Teiche, oder bei den sogar gebirgsbildenden Abscheidungen der *Kalkalgen*. So verdankt z. B. der in der Umgebung Wiens so häufige *Leithakalk* seine Existenz hauptsächlich der Kalkalge *Lithothamnion*. Zu dieser Kalkabscheidung kommt es so, daß diese Pflanzen dem im Wasser gelösten Calciumbicarbonat Kohlensäure, die zur Assimilation benötigt wird, entziehen, wodurch unlösliches Calciumcarbonat als mehr oder weniger dicke, die Pflanzenoberfläche überziehende Kruste ausgefällt wird.

Sehr verbreitet in pflanzlichen Geweben sind die dem Mikroskopiker wohlbekannten Calcium-Oxalat-Kristalle, welche zwar hauptsächlich in verschiedener Tracht in Zellsäften, gelegentlich aber auch in Zellwänden und ausgetrockneten Zellen überall dort auftreten, wo in der Pflanze Ca^{++} und Oxalsäure aufeinandertreffen. Technische Bedeutung kommt ihnen nicht zu.

7.3. Sekundärwandprodukte

Die typische Sekundärwand besteht fast ausschließlich aus dicht gepackten Zellulosemikrofibrillen, wobei meist noch ein schichtenförmiger Bau nachgewiesen werden kann. Bei langgestreckten Zellen, Fasern im weiteren Sinn, ist der Schichtenbau oft besonders deutlich, wobei die Mikrofibrillen innerhalb einer Schicht streng parallel verlaufen, aber von Schicht zu Schicht die Richtung nicht selten beträchtlich ändern.

Überhaupt sind die natürlichen Pflanzenfasern (Baumwolle, Flachs, Hanf usw.) Sekundärwandprodukte par excellence; sie sollen aber der Einheitlichkeit halber erst mit den übrigen Textilfasern zusammen im Kapitel 8. behandelt werden.

Den Hauptbestandteil der Sekundärwand, die Zellulose, kann man auch aus verholzten Zellwänden durch Entfernen des Lignins auf chemischem Weg in großem Maßstab gewinnen, und in der Tat ist das Holz die Hauptquelle für die Zellulosegewinnung.

7.3.1. Zellstoff

Die Entlignifizierung erfolgt heute meist nach dem *sauren* Bisulfit-Verfahren oder dem fast noch wichtigeren *alkalischen* Sulfat-Verfahren. Das Rundholz (Schleifholz) wird zuerst maschinell entrindet, zu Hackschnitzeln zerkleinert und im Bisulfitverfahren in großen Kochern (bis 350 m³ Inhalt) mit Kochsäure (6 bis 7% SO_2, 0,8 bis 1,0% CaO) bei 125 bis 140⁰ C 12 bis 16 Stunden lang gekocht.

Beim alkalischen Sulfatverfahren, das sich auch für harzreiches Föhrenholz, für Kernhölzer, auch tropischen Ursprungs, und kleinstückiges Abfallholz eignet, wird in kleineren Kochern vier bis sechs Stunden bei 7 bis 8 atü und 170⁰ C mit Na_2S gekocht. Dieses gibt durch Hydrolyse $Na_2S + H_2O = NaOH + NaSH$, wobei sowohl das Natrium mit der phenolischen OH-Gruppe des Lignins reagiert als auch die Schwefelwasserstoffgruppe in das Ligninmolekül eintritt und es löslich machen.

Durch das Herauslösen des Lignins und der leichter hydrolysierbaren Grundsubstanzen, die ja im Bereich der Mittellamelle vorwiegend lokalisiert sind, zerfällt das Holz in Einzelzellen, es wird *mazeriert*. Mit den Ablaugen geht fast die Hälfte der Holzsubstanz, vornehmlich Lignin, in die Abwässer oder in die Verbrennungsöfen. Das Sorgenkind der Holzwirtschaft ist bis heute das Lignin. Trotz 1600 Patenten ist noch immer die Verbrennung, namentlich der Schwarzlauge des Sulfatprozesses bei gleichzeitiger Rückgewinnung der Chemikalien, die wirtschaftlichste Ligninverwertung. Ohne eine „große Lösung" der Ligninfrage bleibt die holzchemische Industrie nur eine Industrie der Zelluloseverwertung.

	Zellulose	Pentosane	Lignin	Extraktivstoffe	Mineralasche
Nadelhölzer	ca. 58%	ca. 14%	ca. 30%	ca. 4%	ca. 0,5%
Laubhölzer	ca. 60%	ca. 26%	ca. 27%	ca. 3%	0,5%

Die Entlignifizierungsrückstände werden gewaschen, gebleicht, getrocknet und zu Zellstoff(pappe) gepreßt und geschnitten, sofern der Zellstoff nicht gleich weiterverarbeitet wird. *Zellstoff* besteht somit aus den mazerierten Einzelzellen des betreffenden Holzes (meist Fichte, Föhre, Buche, Pappel usw.), die man nach ihren charakteristischen, aus der Holzanatomie bekannten Kennzeichen im Mikroskop identifizieren kann, welche aber keine Holzreaktionen mehr geben. Die Zellen bestehen nur mehr aus dem Zelluloseanteil der Sekundärwand, welche von Füllsubstanz ganz und von der Grundsubstanz weitgehend (bis auf gewisse Reste; die sogenannten Hemizellulosen) befreit ist.

Zellstoff ist nun seinerseits wieder das Ausgangsprodukt für die Papier- und Kunstfasererzeugung auf Zellulosegrundlage wie auch für die Zelluloid- und Zellophanprodukte. Zur Zellwoll- und Kunstseidenerzeugung wird der (Sulfit-)Zellstoff nach seiner Alkalilöslichkeit charakterisiert und rein konventionell α-, β- und γ-Zellulose unterschieden:

α-Zellulose ist der in 17,5% NaOH (Mercerisierlauge) bei 20⁰ C unlösliche Anteil des Zellstoffs, also vorwiegend hochmolekulare Zellulose.

β-Zellulose ist der bei dieser Behandlung in Lösung gehende, mit Säuren aber wieder ausfällbare Anteil, also höhermolekulare Grund- und Begleitsubstanzen (Hemizellulosen), besonders Pentosane.

γ-Zellulose ist der auch mit Säuren nicht mehr ausfällbare Anteil an Holzpolyosen (Hemizellulosen).

Holzstoffproduktion 1960 in 1000 t (lufttrocken)

	total	mechanisch	chemisch	halbchemisch	andere Faserstoffe
Österreich	706	179	526	—	—
Westdeutschland	1490	671	519	—	52
Ostdeutschland	623	270	349	4,4	44
Schweiz	238	130	100	8	4
Schweden	4975	1100	3875	—	—

7.3.2. Papier

Zur Papiererzeugung eignen sich praktisch alle Faserstoffe, doch setzt in der Praxis die Preislage des Rohmaterials enge Grenzen. So wird die Hauptmasse des Papiers (Zeitungs- und Rotationspapier) aus *Holzschliff* oder Halbzellstoff, dem fallweise Zellstoff beigemengt ist, erzeugt. Holzschliff wird, wie der Name schon sagt, durch richtiges Schleifen mit großen Schleifsteinen gewonnen. So wird also durch mechanische Einwirkung allein das Holz zu Bruchstücken von der Größenordnung einer oder weniger Zellen zerrissen. Der hohe Kraftbedarf kann beträchtlich herabgedrückt werden, wenn man vorgedämpftes Holz verwendet. Der so erhaltene *Braunschliff* — beim Dämpfen werden die Hölzer nicht nur weich bzw. biegsam, sondern sie dunkeln auch nach — eignet sich vortrefflich für Packpapier und harte Pappen.

Einen ungeahnten Aufschwung hat in den letzten Jahren die Erzeugung von *Halbzellstoff* erfahren, der sich für manche Papiersorten noch besser eignet als Zellstoff. Hier geht dem Schleifen eine milde chemische Behandlung zur leichteren Lösung der Mittellamellen voraus, so daß sich mit einer Ausbeute von 70 bis 85% sehr brauchbarer Papierrohstoff ergibt.

Von den *Weißschliffen* ist nur der Pappelschliff wirklich weiß, während Fichten-, Tannen- und Föhrenschliff mehr gelblich sind und gebleicht werden müssen. Durch das Bleichen werden gewisse adsorbierte Stoffe (Phenole, Flavonole, Gerbstoffe) nur verändert, nicht entfernt, weshalb Schliffpapiere bei längerem Liegen an Licht und Luft wieder bräunlich werden. Holzschliffpapier zeigt zerfasert im Mikroskop je nach Fasersortierung des Schliffes stark deformierte Zellen oder mehr Gewebefetzen, welche deutliche Farbreaktionen auf Holz ergeben.

Das *Papier* selbst besteht aus einem Faserstoff, einem Klebemittel (Papierleim) und einem Füll- oder Beschwermittel. Als Faserstoffe dienen Holzschliffe, Zellstoffe, z. B. auch Strohzellstoff, Halbzellstoffe, Lumpenstoffe (Leinen-, Hanf- und Baumwollhadern), Baumwollfilz (vgl. S. 171) und auch spezielle Papierfasern, die gemahlen und aufgeschlämmt verarbeitet werden. Im Mahlprozeß muß man zwischen „röscher“, d. i. glatt schneidender, und „schmieriger“, d. i. zerquetschender, ausfransender Mahlung der Faserstoffe unterscheiden, erstere mit scharfen, letztere mit stumpfen Messern oder Steinwalzen. Nach dem Mahlen ist das Leimen ein wichtiger Arbeitsprozeß, wobei hauptsächlich aus Naturharzen hergestellte Harzleime zu etwa $^1/_4$% bis 2% des Papiergewichtes zur Anwendung kommen. Die meisten Papiere werden noch mit einem weißen, feingemahlenen Mineral beschwert, und zwar mit Kaolin, Bariumsulfat (Blanc fix), Gips, Talk, Kalk, Magnesit, Titanweiß u. a., die auf eine Korngröße von $< 60\mu$ gebracht werden müssen. Der Füllstoff kann von einigen % bis 40% des Papiergewichtes, z. B. bei Bibeldünndrucken, ausmachen. Zur *Papierveredelung*, insbesondere zur Schaffung naß- und chemikalienfester Papiere, werden in zunehmendem Maße geeignete Kunstharze zur Veredlung „in der Masse“, d. h. als Papierleim im normalen Arbeitsgang, herangezogen.

Die *Papierblattbildung*, d. h. die Verklebung der Fasern, wird nicht sosehr durch das Leimen, als vielmehr durch zelleigene Klebstoffe (Hemizellulosen bzw. Pentosane, Pectine usw.) bewirkt, wobei auch die Fasermorphologie eine ausschlaggebende Rolle spielt (Abb. 47). Dabei kommt es weniger auf die Faserlänge, wie man früher annahm, als vielmehr auf die Größe der Berührungsfläche (OH- bzw. Wasserstoffbrückenbildung!) an. So lassen sich auch aus Parenchymzellen, z. B. des Balsaholzes oder den kurzen Markzellen des Maisstrohes, verhältnismäßig feste Papiere herstellen. Dünnwandige Fasern mit großem Lumen (Bandtyp), wie z. B. die Fasern des sehr leichten Holzes (Wichte 0,295) des afrikanischen Schirmbaumes (*Musangu Smithii*), ergeben pergamentartige Papiere. Aus dickwandigen Fasern mit engem Lumen (Röhrentyp), wie etwa die Holzfaserzellen der „afrikanischen Eiche" (*Lophira sp.*), deren Holz sehr dicht und schwer ist (Wichte > 1), erhält man lockere löschpapierartige Papiere. Eine Mittelherstellung nehmen unsere einheimischen Nutzhölzer, wie Zitterpappel (*Populus tremula*), Buche und Eiche, ein. Ein Mischtyp liegt auch bei den Nadelhölzern vor, da ihr Frühholz dem Bandtyp und das Spätholz dem Röhrentyp zuneigt (vgl. S. 145). Zelleigene Klebstoffe waren es auch vorwiegend, die im altägyptischen *Papyrus* die dünnen, kreuzweise übereinandergelagerten und dann zusammengepreßten Streifen aus dem Mark des *Cyperus papyrus* zusammenhielten. Das richtige Papier erfanden die Chinesen im Jahre 105 v. Chr. Sie verwendeten die Faser des Maulbeerbaumes.

Die Araber lernten die Kunst des Papiermachens durch chinesische Kriegsgefangene zu Samarkand im Jahre 751. Sie vervollkommneten die Technik und verbreiteten sie in der ganzen westlichen Welt. Kein Papier im heutigen Sinne ist dagegen das echte *chinesische Reispapier*, sondern dünn geschnittenes Parenchymgewebe aus dem Mark von *Aralia papyrifera*. Auch das Papier der Maya und Azteken war kein richtiges „Papier", denn die Maya und Azteken gewannen ihr Papier (*Amatl*) aus der abgeschälten

	Typ	Form im Papierblatt u. Papierart
1	Schirmbaum (Musanga)	Dichtes Papier Pergament-Charakter
2	Lophira	Lockeres Papier Löschpapier-Charakter
3	Populus tremula (ähnlich: Birke, Buche, Eiche etc.)	Eigenschaften zwischen denen von 1 u. 2

Abb. 47. Papierblattbildung (nach SANDERMANN).

Rinde des gelben wilden Feigenbaumes (*Ficus petiolaris*), der mit dem Maulbeerbaum verwandt ist. Man schälte die Rinde in Streifen von etwa 60 cm Länge und 30 bis 40 cm Breite vom Baume ab, weichte sie in Wasser ein, um sie geschmeidig zu machen und ihr den zähen weißen Saft zu entziehen, und klopfte sie dann mit gerippten Klöppeln glatt. Auf diese Weise wurden aus den Rindenstreifen etwa meterbreite „Papier"-Bögen gewonnen.

Eine spezielle und sehr wertvolle Papierfaser ist die zur Herstellung des japanischen *Kodzopapieres* verwendete Faser aus der Rinde des *Papiermaulbeerbaumes* (*Broussonetia papyrifera*). Im Mikroskop an einer charakteristischen „Hülle" leicht zu erkennen, wird sie 1 bis 2 cm lang, was dem Kodzopapier besondere Eigenschaften verleiht, denn die Faserlänge unserer Papiere erreicht höchstens einige Millimeter.

Durch entsprechende Wahl der Roh- und Faserstoffe und durch geeignete Aufbereitung können, wie nachstehende Zusammenstellung zeigt, die verschiedensten Papiersorten erzeugt werden:

Papiersorte	Mahlung	Leimung	Flächen-gewicht g/m²	Verschiedenes
Schreibpapier	schmierig	voll	30—70	gefüllt, Sulfitzellstoff
Zeitungspapier	rösch	schwach	50—52	gefüllt mit Kaolin, 80% Holzschliff, bis 20% Sulfitzellstoff
Buchdruckpapier	rösch	schwach	60—100	100% Sulfitzellstoff, 10—15% gefüllt
Dünndruckpapier	rösch	schwach	20—40	100% Sulfitzellstoff, stark gefüllt (TiO_2)
Packpapier	schmierig	$^1/_2$—$^3/_4$	80—150	meist Sulfatzellstoff, auch Sulfitzellstoff und etwas Schliff
Sackpapier	schmierig	schwach	75	meist Kraftzellstoff, mehrere Lagen
Zigarettenpapier	stark schmierig	—	—	hoher Füllstoffzusatz ($MgCO_3$), gebleichter Sulfatzellstoff
Pergamentpapier	schmierig	—	30—80	aus stark gemahlenem Sulfitzellstoff
Kreppapier	rösch	schwach	ca. 20	Schliff und verschiedene Zellstoffe
Filtrierpapier, Saugpapier	rösch	keine	80—250	Sulfitzellstoff und Baumwolle, Glaswolle

Papier- und Kartonproduktion 1960 in 1000 t

	total	Zeitungspapier	Druck- und Schreibpapier	anderes Papier	Kartone
Österreich	592	138	169	184	101
Westdeutschland	3434	230	799	1521	884
Ostdeutschland	810	89	176	277	268
Schweiz	480	90	129	131	130
Schweden	2151	282	266	965	338

7.3.3. Holzfaserplatten

Die Herstellung von Holzfaserplatten hat mit der von Papier und Papp‹ viel gemein. So kann man Faserplatten direkt aus Holzschliff erzeugen, insbe sondere aus dem gröberen faserigen Abfall, dem sogenannten *Raffineurstoff* (Fein-)Schliff selbst als Rohstoff zu verwenden dürfte unrentabel sein, da de‹ Kraftbedarf zu hoch ist und richtiges Faserholz verwendet werden müßte.

Deshalb hat die Holzfaserplattenindustrie eigene Zerfaserungsverfahren ent wickelt, die es ihr erlauben, gerade auch das Abfallholz gewinnbringend z‹ verarbeiten. Diese *Zerfaserungs-* oder *Defibrillierungsverfahren* gehen, wie be‹ der Erzeugung von Braunschliff oder Halbzellstoff, darauf aus, durch Ein‹ wirkung von Dampf oder Chemikalien die Mittellamelle zu erweichen und da‹ nach die Hackschnitzel mechanisch in Einzelzellen bzw. Fasern zu zerlegen. De‹

Angriff auf die Mittellamellen erfolgt hier nicht durch Herauslösen des Lignins, sondern der Grundsubstanzen, insbesondere der sogenannten Hemizellulosen. Da die Laubhölzer mehr leicht angreifbare Hemizellulosen enthalten (vgl. Tab. S. 156), wird bei ihnen die Mittellamelle schon bei niedrigeren Temperaturen angegriffen als bei Nadelhölzer. Der Kraftbedarf für die Zerfaserung liegt daher bei Laubhölzern nicht unerheblich tiefer. Gewöhnlich werden aber doch hauptsächlich Nadelhölzer und besonders Sägeholzabfall zu Faserplatten verarbeitet.

Es gibt eine ganze Reihe verschiedener Verfahren, die sich oft nur in unwichtigen Einzelheiten unterscheiden und wo auch die bei der Papierfabrikation erwähnten Stufen: Defibrillierung — Mahlung — Fasersortierung — Leimung (auch mit Kunstharzen) — Blattbildung und Trocknung durchlaufen werden. Ein auffallender Unterschied ist natürlich die viel größere *Auflaufstärke*, die bis 25 cm betragen kann. Der weitere Arbeitsgang ist verschieden, je nachdem ob (ungepreßte) *Dämmplatten* oder Hartplatten erzeugt werden sollen. Erstere werden, ähnlich dem Papier, auf einem Rollentrockner gefertigt, während zu *Hartplatten*erzeugung die feuchten Faserplatten in hydraulische Heizplattenpressen überführt und dort zunächst stark gepreßt werden. Die Hauptmenge des Wassers wird durch Druck, der Rest durch Verdampfen entfernt. Aus den Pressen, die bis zu 25 Etagen aufweisen können, und nach erfolgter Trocknung kommen die Platten in eine Klimakammer, wo sie auf einen mittleren Feuchtigkeitsgehalt eingestellt und anschließend besäumt werden, um Dehnungen und Werfungen der Platten hintanzuhalten. Meist folgt auch noch eine oberflächliche Nachhärtung durch Hitze (160° bis 180° C) oder durch trocknende Öle. Überhaupt besteht in der *Oberflächenbehandlung* der Platten eine große Vielfalt (Färbung, Lackierung, Prägung, Perforierung), oder man formt zusammen mit Papier, Hartpapier, Furnieren, Metallblättern usw. sogenannte *Verbundplatten*.

Besonders leichte Platten sind die *Schaumfaserplatten*. Man erhält sie durch geeignete Behandlung der Fasermasse, z. B. durch Versetzen mit alkalischer Ablauge und Durchblasen von Kohlensäure, wodurch sich ein steifer Faserschaum ergibt. Nach Abtropfen des überschüssigen Wassers kann der Faserschaumkuchen zu den Platten weiter verarbeitet werden.

	Wichte bzw. Rohwichte g/cm³ (lufttrocken)
Schaumfaserplatten	0,065—0,080
Hochporöse Holzfaserplatten	0,12 —0,18
Poröse Holzfaserplatten	0,18 —0,40
Halbharte Holzfaserplatten	0,40 —0,80
Harte Holzfaserplatten	über 0,85
Extraharte Holzfaserplatten	über 0,85
Fichtenholz	0,47
Buchenholz	0,72

Produktion von Holzfaserplatten 1960 in 1000 t

	total	Hartplatten (gepreßt)	Dämmplatten (ungepreßt)
Österreich	58	42	16
Westdeutschland	166	131	35
Ostdeutschland	47	47	—
Schweiz	20	10	10
Schweden	608	541	67

7.4. Grundsubstanzen

Flüssige bis gelartige Kohlenhydrate der Grundsubstanz sind, wie erwähnt, die ersten Stoffe, die bei der Zellwandbildung auftreten. In der weiteren Entwicklung werden sie immer mehr von der Zellulose überflügelt und können zudem nachträglich durch Füllsubstanzen, z. B. Lignin in Holzzellen, nahezu ersetzt werden. Gewöhnlich bleiben sie aber in mikroskopisch nachweisbarer Menge vor allem in den Mittellamellen als Pektine erhalten.

7.4.1. Pektine

Die Pektine der *Mittellamelle* stellen eine ausgezeichnete Kittsubstanz dar, durch welche die Zellen eines Gewebes gut miteinander verklebt werden. Sie besitzen aber auch elastische Eigenschaften, wodurch keine starre, sondern eine elastische Verbindung der einzelnen Zellelemente gewährleistet erscheint. Den gelartigen, plastischen Aggregatzustand, den auch die Pektine zunächst haben, verdanken sie dem Aufbau aus *Galacturonsäure*, welche fadenförmige Polymerisate mit einem DP von 100 bis 200 bildet. Galacturonsäure leitet sich von D-Galactose ab, indem die primäre Alkoholgruppe zu einer COOH-Gruppe oxydiert ist. Wie bei allen Zuckerpolymerisaten haben die Zuckerbausteine Ringform (Pyranose- bzw. Furanoseform). Die zunächst vorhandenen *Pektinsäuren*

Pektinsäure $R = H$
Protopektin $R = Ca^{++}$ od. Mg^{++}
lösliches Pektin $R = CH_3$

werden sehr bald durch die mit dem Transpirationsstrom herangeführten Ca^{++}- und Mg^{++}-Ionen nach Art eines Ionenaustauschers zu unlöslichen *Protopektinen* verknüpft (Abb. 48). Die Brückenschläge oder Haftpunkte sind nur locker, wodurch eine gewisse Plastizität erhalten bleibt, und können auch leicht, besonders in späteren Entwicklungsstadien, durch eine enzymatische Methylierung gesprengt werden. Das auf diese Weise besonders in reifenden Früchten vorhandene *lösliche* Pektin mit höherem Methoxylgehalt ist es auch, welches

technisch gewonnen und zum Gelatinieren von Marmeladen („Einsiedehilfe"),
zum Eindicken von Fruchtsäften u. dgl. Verwendung findet.

Pektinreich sind viele saftige, noch nicht ganz vollreife Früchte, wie Äpfel,

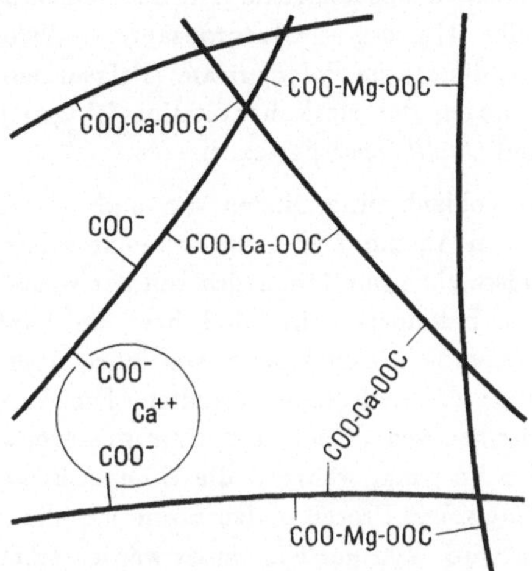

Abb. 48. Pektinverknüpfung in Fruchtgelee
(nach P. SITTE).

Birnen, Quitten, Zitronen und Orangen. Bei der Reinigung des Zuckerrübenroh-
saftes und aus der Pulpe (ausgelaugte Schnitzel) wird ebenfalls Pektin durch
Fällung mit Calcium gewonnen.

	Pektin in frischem Material %	Pektin in wasserfreiem Material %
Apfelrester	1,5—2,5	15—18
Zitronenpulp	2,5—4,0	30—35
Orangenpulp	3,5—5,5	30—40
Rübenpulp	1,0	25—30
Karotten	0,62	7,14

Eine *Gelatinierung* durch Pektine erfolgt nur bei Vorhandensein von genügend Zucker und Säuren (pH 2 bis 3)[1]; die kolloidale Pektinlösung geht
dann in ein dreidimensionales Zucker-Säure-Pektin-Gel über, das hauptsächlich
durch Wasserstoffbrücken zwischen den Pektinketten zusammengehalten wird.
Die dazu nötige Annäherung der Pektinketten wird erst durch die dehydrati-
sierende Wirkung der Zucker und durch die Abnahme der negativen Ladungs-
punkte (Zurückdrängung der COOH-Dissoziation) ermöglicht.

---

[1] Daher z. B. Marmeladen aus unreifen bzw. noch nicht vollreifen Früchten besser gelatinieren als solche aus vollreifen Früchten.

7.4.2. Zellwandschleime und Gummen

Aus Galactose wird durch Oxydation Galacturonsäure und aus dieser durch Decarboxylierung die Pentose *Arabinose*. Neben dieser für die Pektine und Schleime charakteristischen Bausteinreihe tritt uns namentlich bei den Gummen noch die analoge Reihe Glucose — Glucuronsäure — *Xylose* entgegen. Gerade die *Polyuronide*, d. s. die sauren Polymerisate (Polysäuren) aus den genannten Bausteinen, neigen wegen der stark hydratationsfähigen COOH-Gruppen zur Verquellung; sie sind *Quellkörper* par excellence.

Quellungsfähige Kohlenhydrate finden sich auch als Schleime in gewissen Vakuolen, wie schon im Abschnitt über die vakuolären Kohlenhydrate erwähnt wurde. Die Zellwandschleime nun leiten sich von der Grundsubstanz ab, an der bestimmte Zellwände besonders reich sind bzw. im Laufe der Entwicklung werden. Die *Verschleimung* schreitet dabei von innen nach außen vor, und die Mittellamellen bleiben oft noch lange erhalten. Die Verschleimung, wie sie namentlich an Epidermen von Samen und Unterwasserpflanzen zu beobachten ist, gilt als normaler Vorgang, während die *Gummibildung* oder der Gummifluß als ein *pathologischer* Prozeß aufzufassen ist, der möglicherweise von Bakterien verursacht wird. Von der *Gummosis* werden schon ganz junge Zellen erfaßt, in denen statt der Sekundärwand Gummi gebildet wird. Von diesen Gummosisherden werden dann gesunde, schon ausdifferenzierte Gewebe angesteckt und die Zellwände von außen nach innen vollständig „eingeschmolzen". Die verquellenden Gummimassen treten als Gummifluß aus dem Pflanzenkörper hervor. Die Gummosis kann Triebe und ganze Stämme zerstören.

Zellwandschleime bestehen aus Grundsubstanzen (Pektinen und anderen Polysacchariden), denen in manchen Fällen Zellulose (elektronenmikroskopisch nachweisbare Mikrofibrillen) eingelagert sind. In den Gummen wird nie Zellulose gefunden, wohl aber stets Glucose, die möglicherweise von abgebauter Zellulose stammt. Alle Polyuronide sind in heißem Wasser löslich und mit Alkohol ausfällbar (Dehydrierungseffekt!). Schleime trocknen meist zu einem weißlichen, lufthältigen Aerogel und die Gummen zu einem dichten, glasig amorphen Xerogel ein. Im übrigen sind die chemischen Unterschiede zwischen Schleimen und Gummen gering und die Benennung schwankend.

Als Beispiel nennen wir die *Leinsamen*, deren Epidermisaußenwand bei der Befeuchtung nach ein bis zwei Stunden zu verschleimen beginnt und mächtig aufquillt. Die Samen werden klebrig und bleiben lange feucht.

Zellulosereiche Schleime zeigen oft sehr schöne Doppelbrechung, wie z. B angefeuchtete und verschleimende *Kressensamen* (*Lepidium sativum*). Ein zellu losehältiger Schleim ist auch der *Tragant*, der oft als Tragant-Gummi gehandelt wird. Er entsteht in bestimmten *Astralagus-Arten* des Nahen Ostens durch Ver schleimung des Markgewebes und der primären Markstrahlen. Aus diesen dornigen Sträuchern kann der Schleim durch Trockenrisse der Rinde von selbst austreten oder durch künstliche Einschnitte zum Ausfließen gebracht werden, wobei er blattartig erstarrt (Blättertragant).

Viele Unterwasserpflanzen, besonders *Algen*, besitzen an ihrer äußeren, mit dem Wasser in Berührung stehenden Oberfläche verschleimende und dadurch reibungsvermindernde Zellwände. Diese in kaltem Wasser begrenzt quellenden Zellwandschichten werden meist als *Gallerten* bezeichnet. Die marinen Algenschleime oder Gallerten zeichnen sich vielfach durch ihren Gehalt an Schwefel aus (Sulfatgallerten), indem neben COOH-Gruppen vor allem OSO_3H auftritt. Die beiden bekanntesten Sulfatgallerten sind *Agar* (-Agar) und *Carrageen* (= irländisches Moos). Sie werden durch Auskochen bestimmter Rotalgen gewonnen und erstarren bemerkenswerterweise selbst aus heißer, dünnflüssiger Lösung (1,5%) beim Abkühlen zu sehr steifen Gallerten.

Agar stammt von *Gelidium*-Arten der mittelamerikanischen und südasiatischen Küsten und Carrageen von *Chondrus crispus* und *Gigartina mammilosa* und anderen Seetangen, auch der nördlichen Meere. Carrageen gibt bei der Hydrolyse D-Galactose und Sulfat, Agar auch noch L-Galactose. Die Polymerisate bestehen aus über 100 Monomeren in 1,3- und 1,4-glucosidischer Bindung.

Auch die Braunalgen, bei denen übrigens bereits Zellulose in den Zellwänden auftritt, enthalten charakteristische Zellwandschleime. Sie bestehen aus *Fucan*, *Fucoidan* und *Alginsäure* und stellen auch ein wichtiges großtechnisches Produkt dar. Bei Alginsäure handelt es sich um pektinähnliche Substanzen aus Zuckersäuren (Polymannuronsäuren und Guluronsäuren), die in der Lebensmittelindustrie zum Eindicken und Erzeugen schaumiger oder kleisterartiger Massen die weiteste Anwendung finden.

Von den echten Gummen, Produkten der Gummosis, nennen wir nur das *Kirschgummi* und das *arabische Gummi*. Kirschgummi stammt von *Prunus*- und *Amygdalus*-Arten, deren Gummifluß zu großen farblosen oder bräunlich glasigen Tropfen erstarrt. Kirschgummi ist zum Unterschied von arabischem Gummi nicht vollständig wasserlöslich. Gummi arabicum und *Senegalgummi* werden aus verschiedenen *Acacia*-Arten gewonnen, wobei durch Einschnitte in die Rinde das Ausfließen des Gummis aus den Gummosisnestern des Phloems erleichtert wird. Die Chemie und der makromolekulare Aufbau sind, wie bei allen Schleimen und Gummen, äußerst kompliziert. Schon die Polymerisationseinheit Arabinsäure erweist sich als ein netzartiges Polymer aus Galactose-Glucuronsäure und anderen Zuckern. In den Handel kommt arabisches Gummi in mehreren, nach Herkunft, nach Farbe, Durchsichtigkeit und Wasserlöslichkeit unterschiedenen Sorten und Qualitäten in Form rundlicher oder länglicher Stücke. Die Verwendbarkeit der Pflanzenschleime und Gummen ist eine sehr vielfältige und reicht von medizinisch-pharmazeutischen Zwecken über Nahrungs- und Genußmittelindustrie, kosmetische Industrie bis zur Textilappretur, zu Druck- und Malerfarben (neben Eiweiß das Bindemittel der gotischen Malerei), zur Zigarren-, Leder-, Zündholz-, Bleistiftindustrie u. a. m. (vgl. Tab. S. 127).

Chemismus von Zellwandschleimen und Gummen

Leinsamenschleim von *Linum usitatissimum*	Gal	G	—	X	R
Tragantschleim von *Astragalus gummifer*	Gal	G	A	X	F
Kirschgummi von *Prunus avium*	Glu	G	A	X	M
Arabisches Gummi von *Acacia senegal*	Glu	G	A	—	R

Gal	D-Galacturonsäure	Glu	D-Glucuronsäure
G	D-Galactopyranose	X	D-Xylopyranose
A	L-Arabofuranose	M	D-Mannopyranose
F	L-Fucose (6-desoxy-L-Galactose)	R	L-Rhamnopyranose (6-desoxy-L-Mannose)

7.5. Anlagerungssubstanzen — Adkrusten

Grund-, Gerüst- und Füllsubstanzen sind mehr oder weniger hydrophil, in der Pflanze wasserdurchtränkt, ja sogar durchflutet. Jene Zellwände, welche an Luft, namentlich an die Außenluft, grenzen, weisen hydrophobe Wandkomponenten auf, die einerseits die Pflanze vor raschem Austrocknen und andererseits vor dem Aufplatzen im hypotonen Regenwasser schützen. So finden wir alle oberirdischen Teile der Pflanzen von einem dünnen, der Epidermisaußenwand aufliegenden Häutchen überzogen, das sich mit Fettfarbstoffen färben läßt und als *Cuticula* (= Häutchen) bezeichnet wird. Die Cuticula ist immer eine Auflagerung (Adkruste) auf die Oberhaut (Epidermis) der Pflanze und wird als fettartige Substanz niemals von Zellulose (Zellulosemikrofibrillen) durchdrungen.

Die Substanz der Cuticula, das *Cutin*, besteht aus einem Netzpolymerisat von Oxyfettsäuren, welches schwer und nur teilweise verseifbar ist. Wegen des Säurecharakters ist die Hydrophobie nicht immer vollständig (semihydrophil!), so daß bei gewissen feuchtigkeitsliebenden Pflanzengruppen (Hygrophyten, auch gewissen Mesophyten) Wasserdurchlässigkeit bzw. Ionendurchlässigkeit besteht; undurchlässig jedoch sind die Cuticeln und Cuticularschichten der auf einen besonders sparsamen Wasserhaushalt eingestellten Xerophyten (= Trockenpflanzen).

Wachse, d. h. Ester höherer Fettsäuren mit höheren aliphatischen Alkoholen, können sowohl in der Cuticula als auch auf der Cuticula vorkommen. Bei den Pflanzenwachsen handelt es sich allerdings streng genommen nicht immer um Ester, sondern meist um bloße Gemische von Wachsalkoholen (auch zyklischen) und Wachsfettsäuren, wobei C_{24}- bis C_{34}-Ketten vorherrschen. Bei gewissen Wachsen, besonders den Cuticularwachsen z. B. der Äpfel, Birnen, Kohlblätter usw., kommen noch echte Paraffine mit einer ungeraden Anzahl von C-Atomen, besonders C_{27}- bis C_{31}-Ketten, hinzu.

Sehr einfach und elegant lassen sich die Wachse, insbesondere die *Wachseinlagerungen*, polarisationsmikroskopisch nachweisen, da sie in bezug auf die Längsrichtung der Abscheidung *negativ doppelbrechend* sind, während sich reines Cutin als optisch isotrop erweist. Dies ist nun deswegen so auffallend, weil die

Zellwände wegen ihres Zellulosegehaltes gewöhnlich positiv doppelbrechend sind. Hiezu kommt noch, daß beim Erwärmen die Wachse schmelzen und die negative Doppelbrechung verschwindet, sich aber beim Abkühlen wieder in alter Stärke einstellt. Im übrigen sind die Doppelbrechungserscheinungen an Zellwänden keineswegs so einfach, da sie von der geometrischen Form der Zellwand, der submikroskopischen Struktur (Textur), und von ihrer stofflichen Zusammensetzung (Wienersche Mischkörper-Theorie) abhängen.

Die negative Doppelbrechung der Pflanzenwachse rührt daher, daß sie wie die normalen Paraffine im rhombischen System, und zwar in Form feinster Schüppchen oder Plättchen, kristallisieren, in denen die Kohlenstoffketten senkrecht stehen (Abb. 49). Die Zellulose kristallisiert hingegen in Fibrillenform, indem sich die Molekülfäden der Länge nach aneinanderlegen.

Negativ doppelbrechende, also wachshältige Cuticeln weisen an Querschnitten im Elektronenmikroskop einen ganz feinen Schichtenbau auf, der so zustande kommt, daß in die Cutinmasse *unimolekulare Wachsfilme* eingebettet

Abb. 49. Anordnung der Moleküle und optisches Verhalten von submikroskopischen Wachsschüppchen (links) und Zellulosekristalliten (rechts).

sind, deren Moleküle senkrecht zu den Schichtflächen stehen. Der Wachsgehalt ist hier aber eine Ausnahme und der Schichtenbau nicht so ausgeprägt und so deutlich wie bei der verkorkten Zellwand (vgl. unten).

Die appetitlichen bläulich-weißen Überzüge, der leicht abwischbare „Reif“, z. B. auf Pflaumen, Weinbeeren, auf Rotkraut- und Kohlblättern u. dgl., sind *Wachsauflagerungen* auf der Cuticula. Durch ihre Hydrophobie verhindern sie eine Benetzung mit Wasser, die besonders bei vollreifen, zuckerreichen Früchten zu einer starken, osmotisch bedingten Wasseraufnahme und damit zum Platzen und Aufreißen der Früchte führt. Diese Wachsauflagerungen zeigen manchmal schon im Lichtmikroskop charakteristische „Ausblühformen“, deren bizarre Gestalten und aus Schuppen zusammengesetzte Formen im Elektronenmikroskop noch viel deutlicher werden.

Wie alle Pflanzenstoffe, werden auch das Cutin und die Pflanzenwachse vom Protoplasma, und zwar in Form einer submikroskopischen Dispersion flüssiger Vorstufen, gebildet und wahrscheinlich auf Grund physikalischer Oberflächenkräfte an die äußeren, an Luft grenzenden Oberflächen der hydrophilen Zellwände abgedrängt. Dort erfahren sie noch physikalisch-chemische Änderungen durch Oxydation und Polymerisation zu mehr oder weniger festen, chemisch widerstandsfähigen Substanzen, wie dem Cutin oder den kristallisierten Wachsausblühungen.

7.5.1. Wachse

Einige tropische Pflanzen bringen Wachse in solchen Mengen hervor, daß sie durch Abklopfen, Abkratzen oder Auskochen der betreffenden Pflanzenteile leicht gewonnen werden können. Am wichtigsten ist wohl das von den fächerförmigen Blättern der Karnauba- oder Wachspalme (*Copernicia cerifera*) stammende *Karnauba-Wachs*. Schmutzig-gelbgrüne Wachsschüppchen überziehen die Blätter dieser Palme des tropischen Brasiliens und ergeben gereinigt ein hellgrünes, hartes, geruch- und geschmackloses Wachs mit einem Schmelzpunkt von 80^0 bis 86^0 C. Ein Baum liefert $^1/_2$ bis 2 kg Wachs jährlich.

Fünf- bis zehnmal soviel ergibt eine andere südamerikanische Wachspalme (*Ceroxylon andicola*), deren Stamm mit einer dicken Wachskruste überzogen ist. Dieses „Wachs" besteht aber zu zwei Dritteln aus Harzen und nur zu einem Drittel aus einem dem Karnauba-Wachs sehr ähnlichen Wachs.

Raphia-Wachs fällt als Nebenprodukt bei der Gewinnung der Raphia-Faser aus den Blättern der Raphia-Palme (*R. ruffia*) an (vgl. S. 182); es besteht fast zur Gänze aus höheren aliphatischen Alkoholen. Ein kommerzielles Wachs ist auch *Japan-Wachs* von den Beeren des japanischen Wachsbaumes (*Rhus succedanea*).

Die Pflanzenwachse finden hauptsächlich in der Schuhcremeerzeugung, auch in der Lackindustrie und für Polituren Verwendung.

Das wirtschaftlich bedeutungsvollere *Bienen-Wachs*, das wichtigste unter den Insektenwachsen, ist ein Stoffwechselprodukt der Biene. Seiner chemischen Zusammensetzung nach unterscheidet es sich kaum von den Pflanzenwachsen. Es besteht aus dem in Alkohol löslichen *Cerin*, einem Gemisch aus C_{26}- und C_{30}-Fettsäuren, und vor allem aus *Myricin*, einem Gemisch aus Palmitinsäure und C_{28}- bis C_{34}-Alkoholen. Der Myricylalkohol (C_{26}- und C_{28}-Alkohol) ist auch der Hauptbestandteil des Zuckerrohr-Wachses.

Prozentuelle Verteilung von Wachsfettsäuren und Wachsalkoholen auf verschiedene Kettenlängen

	Fettsäuren	primäre Alkohole	
		Karnauba-Wachs	Raphia-Wachs
C_{18}	3	—	—
C_{20}	11,5	—	—
C_{22}	9	—	—
C_{24}	30	1	—
C_{26}	12	4	—
C_{28}	—	5	40
C_{30}	—	14	40
C_{32}	—	51	20
C_{34}	—	22	—

7.5.2. Kork

Außer der Cuticula oder Cuticularschicht mit etwaigen Wachsauf- oder -einlagerungen bildet die Pflanze auch noch ein eigentliches Abdichtungsgewebe aus, das man als *Periderm* oder *Korkschicht* bezeichnet. An Stengeln und Wurzeln mehrjähriger Pflanzen wird die Epidermis später durch ein Periderm ersetzt, was sich an den Stengeln durch einen Farbwechsel von Grün nach Grau und Braun schon äußerlich zu erkennen gibt. Die Korkzellen werden dabei von einem unterhalb der Epidermis entstehenden Bildungsgewebe (= Phellogen) ganz neu gebildet, und zwar so, daß sie reihenweise lückenlos aneinanderschließen. Ihre Undurchlässigkeit für Wasser und Luft erlangen die Korkzellen dadurch, daß — anders als bei der nachträglich außen aufgelagerten Cuticula — ihre ganze Sekundärwand aus Suberin- und Korkwachsanlagerungen aufgebaut wird. Das *Suberin* ist leichter verseifbar als Cutin, also weniger polymerisiert bzw. vernetzt und besteht aus höheren, besonders C_8-, C_{18}- und C_{22}-Oxyfettsäuren. In die isotrope Suberinsubstanz sind in regelmäßigen Abständen von 3 bis 17 nm unimolekulare Wachslamellen eingelagert, deren Molekülketten wieder senkrecht zur Schichtfläche stehen (Abb. 50) und die negative Doppelbrechung der verkorkten Zellwand bewirken. Die Sekundärwand der Korkzellen ist völlig zellulosefrei und insofern

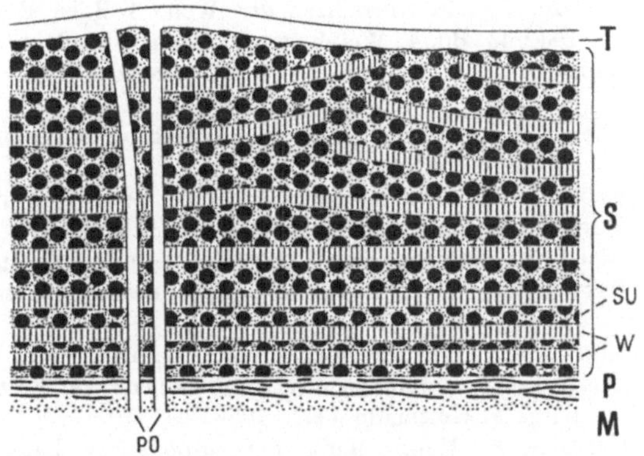

Abb. 50. Schema der Zellwand des Flaschenkorks (nach P. SITTE).
M = Mittellamelle, P = Primärwand, S = Sekundärwand = Suberinschicht mit Wachsfilmen (W) und Suberinlamellen (SU), T = Tertiärwand, PO = „Poren" = verstopfte ehemalige Plasmodesmenkanäle.

wieder eine Anlagerung (Adkruste) an diese. Zellulosemikrofibrillen treten nur in der Primärwand beiderseits der Mittellamelle und allenfalls in der innersten Schicht (Tertiärwand) auf. Die Bildung dieser abnormen Sekundärwand bedeutet eine so einseitige Beanspruchung des Protoplasmas, daß die Verkorkung, wie meist auch die Verholzung, das Ende des Zellebens bedeutet. Verkorkte Zellen sind immer tot und die ursprünglich in der Zellwand vorhandenen Tüpfel, d. s. Wanddurchbrechungen, verstopft.

Obwohl nun Periderme keiner mehrjährigen Pflanze fehlen, liefert den technisch brauchbaren Kork des Handels, der eine besonders mächtige Peridermwucherung darstellt, praktisch nur die *echte Korkeiche* (*Quercus suber*). Sie gedeiht am besten im westlichen Mittelmeergebiet, in Spanien, Portugal und

Algerien. Die Gewinnung der Korkrinde erfolgt in der Weise, daß die jungen, etwa 10 cm dicken Bäume zuerst einmal geschält werden, wobei der sogenannte „männliche" Kork, ein rissiges, nur zu Korkmehl brauchbares Produkt, gewonnen wird. Erst jetzt ergeben alle zehn bis zwölf Jahre erfolgende Schälungen den hochwertigen „weiblichen" Kork. Die Schälungen können bis zu einem Alter von 150 Jahren des betreffenden Baumes durchgeführt werden, doch ergeben 50 bis 100 Jahre alte Bäume den besten Kork. Die abgeschälten Korkplatten werden in kochendes Wasser getaucht, gepreßt und dann getrocknet. Kork ist immer noch unübertroffen als billiger Flaschenverschluß und wird gern verwendet zur Herstellung leichter Schuhsohlen, Schwimmgürtel usw. Korkmehl schließlich ist als Füllstoff für die Erzeugung von Linoleum, Korkstein und Isoliermaterialien wichtig.

Zusammenfassende Literatur zu 7.

BÄRNER, J., Die Nutzhölzer der Welt. 4 Bde., Bd. 1—3. Neudamm: J. Neumann, 1942/43, Bd. 4. Weinheim: J. Cramer, 1962.

BEGEMANN, H. F., Lexikon der Nutzhölzer. Verl. u. Fachbuchdienst Emmi Kittel, 8905, Mering bei Augsburg, 1963.

Chemie der pflanzlichen Zellwand. Hrg. v. E. TREIFER. Berlin-Göttingen-Heidelberg: Springer-Verlag, 1957.

CROKE, G. B., Cork and the Cork Tree. London: Pergamon Press, 1961.

DOPF, K., Unsere Nutzhölzer. Wien: Fromme-Verlag, 1949.

DURST, J., Handbuch der Nutzhölzer. Leipzig: Fachbuchhandlung, 1959.

FREY-WYSSLING, A., Die pflanzliche Zellwand. Berlin-Göttingen-Heidelberg: Springer-Verlag, 1959.

GÖHRE, K., Werkstoff Holz. 2. Aufl. Leipzig: Fachbuchverlag, 1961.

GOTTWALD, H., Handelshölzer, ihre Benennung, Bestimmung und Beschreibung. Hamburg: F. Holzmann Verl., 1958.

GREGUSS, P., Holzanatomie der europäischen Laubhölzer und Sträucher. Budapest: Akadémiai Kiadó, 1959.

Handbuch der Papier- und Pappenfabrikation. 2. Aufl. Lfg. Nr. 1. Wiesbaden: Dr. Sändig Verl., 1961.

HOWES, F. N., Vegetable Gums and Resins. Chronica Botanica. Comp. Waltham, Mass., USA, 1949.

KINZEL, H., Über Pektinstoffe. Österr. Apotheker-Zeitung, 1952, Folge 20.

KOLLMANN, F., Technologie des Holzes und der Holzwerkstoffe. 2. Aufl., Bd. I u. II. Berlin-Göttingen-Heidelberg: Springer-Verlag, 1951, 1955.

KÜRSCHNER, K., Chemie des Holzes. Berlin: VEB Deutscher Verlag d. Wissenschaften, 1962.

MAAS, H., Alginsäure und Alginate. Heidelberg: Straßenbau, Chemie u. Technik Verlagsges. m. b. H., 1959.

Mikroskopie des Holzes und des Papiers, Bd. V, Teil 2 des Handb. d. Mikroskopie in der Technik. Hrg. v. H. FREUND. Frankfurt a. Main: Umschau Verl., 1951.

PRESTON, R. D., The Molecular Architecture of Plant Cell Walls. London: Chapman and Hall, 1952.

ROELOFSEN, P. A., The plant cell wall. LINSBAUER/Handbuch der Pflanzenanatomie, 2. Aufl., Bd. III, Teil 4, Abteilung Cytologie. Berlin-Nikolasee: Gebr. Bornträger, 1959.

SANDERMANN, W., Grundlagen der Chemie und chemischen Technologie des Holzes. Leipzig: Akad. Verlagsges. Geest u. Portig, 1956.

SCHMIDT, E., Mikrophotographischer Atlas der mitteleuropäischen Hölzer. Neudamm: Verl. v. J. Neumann, 1941.

SCHWANKL, A., Welches Holz ist das? Kosmos-Naturführer, 2. Aufl. Stuttgart: Franckh'sche Verlagsbuchhandlung, 1951.

SEIFERT, K., Angewandte Chemie und Physikochemie der Holztechnik. Leipzig: Fachbuchverlag, 1960.

TRENDELENBURG, R., Das Holz als Rohstoff. Neu bearbeitet von H. MAYER-WEGELIN. Berlin: C. Hanser Verl., 1955.

VORREITER, L., Technologie des Holzes und der Holzwerkstoffe, 3 Bde. Wien: Fromme-Verlag, 1949—1963.

SERGEJEWA, A. S., Chemie des Holzes und der Zellulose. Dresden und Leipzig: Th. Steinkopff, 1959.

8. Fasern

Die Fasern sind vor allem als Rohstoffe für die Textilindustrie von Interesse. Die Textilien, welche für die menschliche Bekleidung, für alle Arten Stoffbezug, viele technische Belange usw. unentbehrlich sind, bestehen aus *natürlichen* oder *künstlichen* Textilfasern. Es sind dies etwa 10 bis 50 μ breite Fäden aus organischer Substanz, die entweder als unendlicher Faden (Naturseide, Kunstseide, Nylon usw.) direkt oder zu einem Garnfaden verzwirnt, zu dem betreffenden Gewebe verwoben werden; viel häufiger treffen wir aber auf sogenannte Stapelfasern, d. s. Fäden endlicher Länge (mehrere Zentimeter bis Meter), die zu Garnen versponnen sind. Aus den Garnen werden dann die verschiedensten Textilien gewoben, gestrickt usw. Der Anwendungsbereich der gröberen Fasern und Borsten erstreckt sich von rohen Geweben (Jutesäcken, Plachen) und Flechtwerk aller Arten (Matten, Teppiche, Abstreifer) bis zur Erzeugung von Besen, Bürsten und Pinseln.

Zur Einteilung der Fasern vergleiche man die Zusammenstellung auf S. 206.

8.1. Pflanzenfasern

Wie schon erwähnt, handelt es sich bei den Pflanzenfasern um typische *Sekundärwandprodukte*. Am deutlichsten ist der Typ der Zellulose-Sekundärwand in den hochwertigen Pflanzenfasern ausgebildet, die übrigens, pflanzenanatomisch gesehen, ganz verschiedenartiger Herkunft sein können.

8.1.1. Baumwolle

Bei der Baumwolle handelt es sich um ein echtes *Pflanzenhaar*, d. h. um Einzelzellen, die aus den Epidermiszellen der Samenschale durch mehr oder weniger starke Verlängerungen hervorgehen.

Das Streckungswachstum einer gewissen Anzahl von Epidermiszellen beginnt schon in der sich öffnenden weißen, gelben oder roten Blüte der *Baumwollstaude* (*Gossypium*), eines xerophilen Strauches arider Zonen der Tropen, und dauert etwa 20 bis 25 Tage. Der größte Teil dieser Epidermiszellen erreicht nur einige Millimeter und bildet einen dichten, der Samenschale angeschmiegten Filz, auch *Grundwolle* genannt. Sie ist ebenfalls ein wichtiges Nebenprodukt bei der Aufarbeitung der Baumwollsamen (vgl. S. 109) und dient hauptsächlich als Papierfaserstoff. Die eigentliche „Baumwolle", welche als weiße oder gelbliche Watte aus den reifen, trockenen, sich öffnenden Samenkapseln hervordringt, besteht aus 2,5 bis 5,5 cm langen *Samenhaaren.*

Während der ersten drei Wochen der Kapselreifung, in der Phase des Streckungswachstums, wird nur eine dünne Primärwand ausgebildet, welcher in den folgenden drei Wochen eine kräftige Sekundärwand angelagert wird. Hierauf stirbt die Zelle ab und kollabiert zu einem bandartig flachen Gebilde. In diesem eingetrockneten Zustand werden die Baumwollhaare bzw. die Kapseln gepflückt, maschinell von den Samen befreit, gereinigt und in große Ballen verpackt und verschickt. Die Abtrennung der Samenkerne (= *Egrenieren*) geschieht nach maschineller Reinigung in Säge- oder Walzenegreniermaschinen.

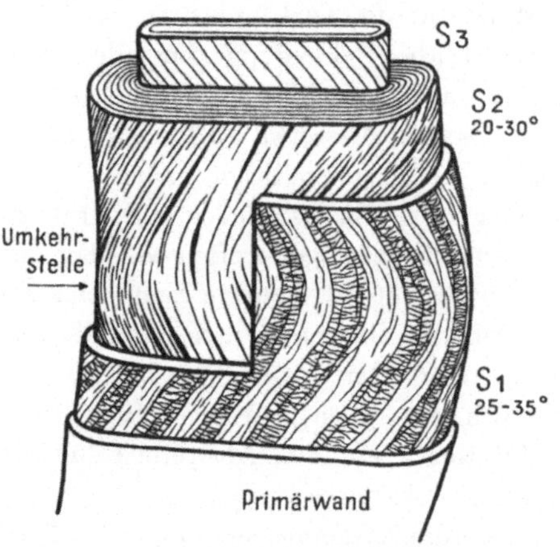

Abb. 51. Strukturschema der Sekundärwand eines reifen, trockenen Baumwollhaares (nach ROELOFSEN). S_1, S_2, S_3 = Sekundärwandschichten.

Beim ersten Egrenieren bleiben die kurzen Fasern unter 10 mm Länge noch am Korn haften. Erst beim nochmaligen Maschinendurchgang lassen sich auch diese Fasern und die Grundwolle (*Linters*) abtrennen. Aus 100 kg Rohbaumwolle gewinnt man auf diese Weise.

35 kg Baumwolle,

 5 kg Linters,

10 kg Baumwollsaatöl,

30 kg Preßkuchen (Kernfleisch),

20 kg Kapselschalen.

In dem kollabierten Zustand zeigen die Baumwollhaare im Mikroskop eine charakteristische *schraubenförmige Drehung*, an der sie sogleich erkannt werden können (Tafel 5). Der Drehsinn wechselt je nach Sorte verschieden oft; auf dieser Drehung, die durch die submikroskopische Struktur der S_2-Schicht bedingt ist, beruht die gute Spinnbarkeit der Baumwolle. Ferner läßt sich häufig, namentlich bei leichter Anquellung, eine schräge *Streifung* erkennen, die gleichzeitig mit der schraubenförmigen Drehung ihre Richtung wechselt. Die Streifung rührt von der S_1-Schicht her und teilt sich der Primärwand samt ihrer dünnen Cuticula mit. Die S_1-Schicht, wie immer verhältnismäßig dünn, besteht nämlich aus dichtgebündelten Mikrofibrillen, die einen Wechsel aus glatten und querverbundenen Zonen elektronenmikroskopisch erkennen lassen (Abb. 51).

Genau entgegengesetzt verlaufen die ca. 30° gegen die Faserachse geneigten Mikrofibrillen der S_2-Schicht, welche die Hauptmasse der Zellwand darstellt und aus 20 bis 25 Schichten besteht. Auch hier haben wir wieder die gleichen

Umkehrstellen. Den schichtenförmigen Aufbau kann man an dünnen, nachträglich angequollenen Querschnitten auf das Schönste zeigen, und es werden, in Übereinstimmung mit der Dauer des Dickenwachstums, diese Schichten als *Tages-*(Zuwachs-)*Ringe* gedeutet, wobei der Massenzuwachs hauptsächlich des Nachts erfolgen soll. Die so gebaute mächtige S_2-Schicht verursacht nicht nur die schraubenförmige Drehung des kollabierten Haares, sondern bestimmt auch dessen sonderbares polarisationsoptisches Verhalten. Es wechseln hier nämlich in N—S- und O—W-Stellung Zonen mit Additions- und Subtraktionsfarben ab, die durch kurze isotrope Stellen (Umkehrstellen!) verbunden werden. Die Zahl der (Halb-)Drehungen ist von der Sorte und vom Reifegrad (Entwicklung der S_2-Schicht!) abhängig und beträgt etwa 60 bis 300. Nach innen, gegen den ehedem vom Protoplasma und der Vakuole erfüllten Hohlraum (das sogenannte Lumen), schließt sich noch eine dünne S_3-Schicht (= Tertiärschicht) an, welche u. a. die Protoplasmareste enthält und bei der Verquellung als zentraler Schlauch sehr deutlich in Erscheinung tritt. Überhaupt erfolgt stärkere Quellung, z. B. in *Cuoxam,* in sehr charakteristischer Weise als sogenannte *Kugel-* oder *Tonnenquellung,* indem durch die aufplatzende und zu Ringen zusammengeschobene Cuticula Einschnürungen zwischen den kugel- oder tonnenförmigen Aufquellungen bewirkt werden. In einer konzentrierten Lösung von Kupferhydroxyd in Ammoniak, abgekürzt Cuoxam — eigentlich Kupfertetramin $[Cu(NH_3)_4]^{++}$ —, quillt Zellulose unbegrenzt und geht schließlich in Lösung. Cuoxam löst auch Seidenfibroin (vgl. S. 191) und Kollagen, lauter Substanzen, deren Fadenmoleküle ganz oder z. T. durch Wasserstoffbrücken zu Kristalliten zusammengehalten werden. Die Lösung erfolgt durch Sprengung der Wasserstoffbrücken, indem Kupfer (oder auch andere Metalle) in noch nicht genau bekannter Weise komplexbildend an die Stelle des Wasserstoffs treten. Frühzeitig abgestorbene, sogenannte „tote Haare“, die keine S_2-Schicht aufweisen, lassen sich an dem Fehlen der Schraubendrehung, polarisations- und fluoreszenzoptisch, sowie färberisch leicht nachweisen. Häufigeres Auftreten toter Haare bedeutet mindere Qualität. Das vollwertige „reife“ Baumwollhaar besteht zu 96% aus Zellulose, der Rest verteilt sich auf Hemizellulose, Pektin (je 1%), Lipide (0,6%) und Cutin (0,3%). Mit *Chlorzinkjod* zeigt sich eine *blau-rötliche Färbung* (J_2-OH-Komplex).

Die faserliefernden *Kulturvarietäten* der Baumwolle lassen sich in zwei Formenkreise, *Gossypium herbaceum* (Zahl der Chromosomen in den Körperzellen: 2 n = 26) und die tetraploide *Gossypium hirsutum* (4 n = 52), einteilen. Der erste Formenkreis umfaßt die Baumwollsorten der Alten Welt, insbesondere die *indische* Baumwolle mit grober, kurzer Faser.

Zum zweiten Formenkreis gehört die *Upland*-Baumwolle, die verbreitetste in den USA, welche auch in andere Länder vorgedrungen ist. Sie ist kurz- bis langstapelig und von weißer bis gelblicher Farbe. Ferner gehören hierher die *Sea-Island*-Baumwolle der Westindischen Inseln mit feiner, langstapeliger Faser und die *südamerikanische* Baumwolle, mittel- bis langstapelig.

Die hochwertigen *ägyptischen* Baumwollsorten sind vermutlich Mischformen des zweiten Formenkreises. Die ägyptischen Fasern sind fein und seidig, mittel- bis langstapelig und haben besonders hohen Marktwert.

Neben den allgemeinen Qualitätseigenschaften, wie Kapselgröße, Früh-, Mittel- oder Spätreife, Feinheit, Glanz und Schraubendrehung der Faser, wird die Handelsware vor allem auch nach der Faserlänge, der sogenannten *Stapellänge*, beurteilt. Hiebei gilt kurzstapelig 1 Zoll (= 25,4 mm), mittelstapelig $1^1/_{32}$ bis $1^3/_{32}$ Zoll und langstapelig $1^1/_8$ Zoll.

Wichtige Kennzahlen nicht nur für die Baumwolle, sondern für alle Textilfasern sind die *Reißfestigkeit* bzw. die Reißlängen. Bei ersterer wird die Belastung bezogen auf den Querschnitt, in kg/mm^2 angegeben, die zum Zerreißen der Faser führt. Wegen der Inhomogenität der Naturfaserquerschnitte sind diese Angaben mit einer gewissen Unsicherheit behaftet. Einige Zahlen der Reißfestigkeit finden sich auf S. 197.

Man hat sich daher vielfach mit der Angabe der sogenannten *Reißlänge* beholfen, welche jene Länge eines Fadens oder Garnes angibt, bei der diese, senkrecht aufgehängt, unter ihrem eigenen Gewicht reißen würden. Nachstehende Tabelle bringt einige Reißlängen in Kilometern:

Faser	Reißlänge in km
Baumwolle	25—26
Flachs	42—53
Hanf	30—60
Zellwolle	22—28
Perlon	50
Schafwolle	8—12
Rohseide	33—34
Stahl	9,55

Der Vergleich von Reißlängen ist allerdings nur dann sinnvoll, wenn die Fasern das gleiche spezifische Gewicht aufweisen. Dieses beträgt bei hochwertigen Pflanzenfasern 1,50 bis 1,55, bei tierischen Fasern 1,24 bis 1,30, bei Zellulose- und Proteinkunstfasern 1,29 bis 1,50 bzw. 1,25 bis 1,30 und bei den wichtigeren Synthesefasern 1,13 bis 1,65. Dagegen beträgt das spezifische Gewicht von Stahl 7,6.

Baumwollgarne und -gewebe werden manchmal stark gespannt einer kurzzeitigen Einwirkung von Mercerisierlauge (17,5% NaOH) unterworfen, wodurch sie einen schönen, seidenartigen Glanz annehmen und die Färbbarkeit verbessert wird. Durch diese Behandlung verlieren die Fasern nämlich ihre rauhe Cuticula und quellen etwas unter Verkürzung auf. Solche *mercerisierte* Baumwolle zeigt im Mikroskop nur mehr ein ganz enges Lumen, keine Schraubendrehung und auch keine Kugelquellung mehr in Cuoxam. Aus Veränderungen der Innenstruktur (Anordnung der Zellulosemoleküle parallel zur Achse) resultiert auch eine *höhere* Reißfestigkeit.

Die Baumwolle steht mengenmäßig immer noch an erster Stelle aller Textilfasern der Weltwirtschaft. Sie wird allerdings meist nicht rein, sondern mit
geeigneten Kunstfasern gemischt verarbeitet.

Baumwollproduktion 1960/61 in 1000 t

USA	3 107
Mexiko	437
Nord- und Zentralamerika	3 640
Brasilien	483
Peru	130
Argentinien	122
Südamerika	830
Indien	959
Pakistan	304
Türkei	176
Syrien	111
Iran	99
China	2 410
Asien	4 190
Ägypten	478
Sudan	114
Afrika	920
Total	10 900

Baumwollimporte 1960 in 1000 t

Japan	701,4	Polen	126,8
Westdeutschland	350,3	Belgien	106,9
Frankreich	326,5	ČSSR	103,0
England	279,8	Ostdeutschland	100,3
Italien	275,3	Schweiz	45,0
Indien	204,7	Österreich	28,0

Baumwollexport 1960 in 1000 t

USA	1 708,7	Peru	100,2
Ägypten	374,2	Pakistan	88,5
Mexiko	316,0	Syrien	81,3
Sudan	105,5		

8.1.2. Kapok, Akon (Pflanzendaunen, Pflanzenseiden)

Wir treffen hier wieder auf *echte Pflanzenhaare*, d. h. durch Verlängerung
von Epidermiszellen entstandene einzellige Fasern, wie bei der Baumwolle.
Farbe, Aussehen und Glanz ist indessen ganz anders, und im Mikroskop geben
sich diese Pflanzenhaare als *röhrenförmige* Gebilde mit ovalem bis rundem
Querschnitt zu erkennen, wobei die Zellwände verhältnismäßig dünn bleiben.

Charakteristisch für die einzelnen Faserarten sind leistenartige Zellwandver-
dickungen, die in der Richtung der Zellachsen verlaufen. Infolge stärkerer
Verholzung sind die Zellwände steif, so daß sich die Fasern bei Deformierung
nicht, wie üblich, verbiegen, sondern knicken. In der trockenen Handelsware
sind die Fasern lufterfüllte Röhren, die, in Wasser gebracht, sogleich kapillar
Wasser ansaugen, wobei die Restluft in Form länglicher Luftblasen eingeschlos-
sen wird; das Bild erinnert an die Libelle einer Wasserwaage und ist charakteristisch für die Pflanzendunen und -seiden (Tafel 5). *Kapok* erfüllt als
gelbliche, seidig glänzende Wollmasse die trockenen und aufspringenden
Samenkapseln, aus der dann die Fasermasse hervorquillt, und erinnert also
auch insofern an die Baumwolle. Bei diesen *Pflanzendaunen* oder -dunen,
wie sie wegen ihrer Verwendung auch genannt werden (vgl. unten), sitzen
die Haare aber nicht am Samen, sondern an der inneren Fruchtwand (Pericarp),
aus deren Epidermiszellen sie durch Längenwachstum hervorgehen. Kapok
stammt von den sogenannten Wollbäumen: *Ceiba pentandra = Eriodendron
anfractuosum* aus dem Sudan und verschiedenen brasilianischen *Bombax*-Arten.
Die Haare von *Ceiba pentandra* enthalten ca. 12% Lignin, und auch die
Pflanzenseiden sind relativ stark verholzt. Das Lignin scheint hier wieder
hauptsächlich im peripheren Bereich der Zellwand, in der transversal orientierten S_1-Schicht und Primärwand lokalisiert zu sein, deren Querorientierung
auch das optische Verhalten der Fasern bestimmt. Man beobachtet an diesen
Fasern bei geeigneter Behandlung Kugelquellung!

Bei den *Pflanzenseiden* handelt es sich wieder um Samenhaare von
besonders schönem Seidenglanz, die aber ebensowenig wie die Pflanzendaunen
zum Verspinnen taugen. Sie bekrönen die Samen fallschirmartig, wodurch sie,
wie die Flugfrüchte (Achänen) unserer Kuhblume, vom Wind weit verbreitet
werden. *Akon* wird vor allem von der *Asclepiadaceae Calotropis gigantea* aus
dem tropischen Asien gewonnen. Andere Pflanzenseiden kommen von *Asclepias
cornuti = Asclepias syriaca* aus der Neuen Welt sowie von indischen *Apo-
cynaceen: Strophantus dichotomus* und *Beaumontia grandiflora.*

Infolge der Verholzung sind diese Fasern brüchig und von geringer Reißfestigkeit und auch zu glatt, um versponnen werden zu können. Sie eignen
sich aber ausgezeichnet als *Stopfmaterial* für alle Arten von Polsterungen, ja
sie sind sogar das beste Stopfmaterial überhaupt. Wegen seines hohen Luft-
gehaltes (vgl. oben) eignet sich Kapok ausgezeichnet zum Ausstopfen von
Rettungsgürteln. $^1/_2$ kg Kapok vermag einen erwachsenen Menschen im Wasser
zu tragen.

8.1.3. Flachs, Hanf, Ramie und Jute (Weichfasern)

Es handelt sich hier um *Stengelfasern* dikotyler Pflanzen, die pflanzen-
anatomisch als *Bastfasern* zu bezeichnen sind und, zu Bündeln vereinigt, im
Parenchym der primären Rinde, also ganz peripher nicht weit unter der
Epidermis vorkommen. Aus ihrer Lage und ihren mechanischen Eigenschaften

läßt sich schließen, daß die Bastfasern ganz allgemein zur Festigkeit der von ihnen durchzogenen Organe, besonders Stengeln, Blattstengeln und Blättern, nicht unwesentlich beitragen. Vor allem wird die Widerstandsfähigkeit auf Zug, biegende und scherende Kräfte erhöht, wofür letzten Endes wieder die Gerüstsubstanz Zellulose verantwortlich zeichnet.

Schon beim Hanf und insbesondere dann bei ausdauernden Pflanzen (z. B. Lindenbast, vgl. unten) bildet auch das sekundäre Phloem Bastfasern aus. Ganz allgemein kommen die langgestreckten Bastfasern durch bevorzugt eindimensionales Wachstum (Spitzenwachstum) zustande, wobei sie sich zwischen die übrigen Zellen des umgebenden Parenchyms vorschieben (gleitendes Wachstum). Während im mittleren Bereich der Bastzellen schon die S_2-Schicht aufgebaut wird, verharren die Zellenden noch im Primärwandstadium. Zur *Gewinnung* der Fasern werden die geernteten (bzw. gerauften) Stengeln von Flachs, Hanf usw. zuerst *geriffelt*, d. h. mit eisernen Kämmen von den Samen und Seitenästen befreit, und dann einer sogenannten *Röste* oder Rotte unterworfen. Es ist dies ein biologischer Abbau, eine Art „Gärung“, bei der durch pektinabbauende Bakterien zunächst einmal die Mittellamellen der Parenchymzellen angegriffen werden, wodurch die Gewinnung der Bastfasern bzw. die Entfernung von Holzkörper und Parenchym wesentlich erleichtert wird. Die Röste kann durch einfaches, wochenlanges Liegenlassen auf dem Felde (Tauröste), im fließenden oder stehenden Wasser (Wasserröste) erfolgen. Eine Mazeration ist auch im Heißwasser in Beton-Röstbassins und im Dampf oder auf rein chemischem Wege möglich. Das Herauslösen der Bastbündeln geschieht dann maschinell durch *Brechen*, *Knicken* und *Schwingen* im trockenen Zustand. Aus 100 kg geriffeltem Flachsstroh werden 75 kg Röststroh erhalten, 25 kg sind Röstverlust. Das Brechen, Knicken und Schwingen läßt 20 kg Fasermaterial übrig, das sich zur Hälfte auf sogenannten Schwingflachs und Röstschwingwerg verteilt. Beim *Hecheln* und *Spinnen* treten weitere Verluste bzw. Hechelwerg auf, so daß schließlich 5,5 kg Flachsgarn auf 100 kg geriffeltes Flachsstroh kommen.

Die so gewonnene „technische Faser“ besteht nicht aus Einzelzellen (Einzelfasern), sondern aus mehr oder weniger mächtigen und oft recht langen Faserbündeln, die auch ein charakteristisches Querschnittsbild zeigen. Im übrigen weisen die Faserquerschnitte (Einzelfaser wie technische Faser) größe Unterschiede auf, je nachdem, aus welchem Stengelbereich sie stammen, welcher Reifezustand, welche Sorte usw. vorliegt.

Der *Flachs* oder Lein (*Linum usitatissimum*) ist eine einjährige Kulturpflanze, blau blühend, und war früher die wichtigste einheimische Gespinstpflanze. Sie wird bei uns in zwei Rassen kultiviert: als *Schließ-Lein* mit bei der Reife geschlossenen Kapseln und *Dresch-Lein* mit aufspringenden Kapseln. Ersterer besitzt höhere Stengeln und wird als *Faserlein* wegen seiner Bastfasern kultiviert, letzterer als *Öllein* wegen seiner ölhaltigen Samen (vgl. S. 114). Die Flachsfaser ist bei jüngeren, nicht zur Samenreife gelangenden

Pflanzen (Faserlein) unverholzt (85% Zellulose, 9% Hemizellulose, 4% Pektin) und steht in dieser Beziehung der Baumwolle nicht viel nach. Ihre Zugfestigkeit und Elastizität ist dementsprechend hoch, und mit *Chlorzinkjod*
ergibt sich eine *blauviolette* Färbung. Bei den besten lichtblonden Flachssorten
erreicht die technische Faser eine Länge von 0,2 bis 1 m und die Einzelfaser
2 bis 4 cm. Die bei der Aufarbeitung als Abfall anfallenden kürzeren und
unvollkommen gereinigten Fasern werden als *Werg* bezeichnet.

Die technische Faser von Flachs, Hanf, Jute und anderen Bastfasern kann
auf chemischem Wege, mit Säuren, Laugen oder Chlor in ihre Einzelfasern zerlegt, mazeriert werden. Durch diese sogenannte *Cotonisierung* werden baumwoll-
ähnliche Gespinstfasern erhalten.

Der *Hanf* (*Cannabis sativa*), eine stattliche Pflanze mit schön gefingerten
Blättern, wurde früher ebenfalls häufig bei uns feldmäßig gebaut. Die Pflanze
ist zweihäusig, d. h. die Pflanzen haben entweder nur männliche oder nur
weibliche Blüten. Auch beim Hanf ist die Gewinnung *ölhaltiger* Samen möglich,
natürlich nur von den weiblichen Pflanzen. Als *Faserhanf* eignen sich beide
Geschlechter, wobei aber der Schnitt vor der Samenreife erfolgen muß, um zu
starke Verholzung der Faser zu vermeiden. Eine Verholzung besonders der
Mittellamellen ist auch bei den besten weißen Hanfsorten nachweisbar und
wird bei Fasern aus dem unteren Stengelteil bzw. älteren Pflanzen schon
recht deutlich. Erst gebleichter Hanf gibt reine Zellulosereaktionen, z. B. blauviolette Färbung mit Chlorzinkjod. Die technischen Fasern erreichen eine Länge
von 1 bis 2 m und sind ein ausgezeichnetes Material für Schnüre, Seile u. dgl.

Die *mikroskopische* Unterscheidung von Flachs- und Hanffaser ist nicht
immer einfach. Sehr charakteristisch für beide Fasern sind zahlreiche feine,
wegen Überlagerung von Vorder- und Rückwand oft V- oder X-förmige *Querlinien*, knotenförmige *Verdickungen* und oft richtige *Stauchungen*, um welche
es sich auch bei den feinen Querlinien handelt (Tafel 5). Diese Unregelmäßig-
keiten, die besonders bei Jodfärbung deutlich sichtbar werden, sind hauptsächlich durch die starke mechanische Beanspruchung bei der Stengelaufberei-
tung verursacht, beeinträchtigen aber im allgemeinen die Faserqualität nicht.

Im Mikroskop erweist sich die Hanffaser meist als gröber und breiter;
die Zellenden laufen beim Flachs spitz zu und sind beim Hanf abgerundet.
Auch im Querschnittsbild zeigen sich im allgemeinen Unterschiede. Im Polari-
sationsmikroskop verhalten sich die Einzelfasern von Flachs und Hanf unter-
schiedlich, indem erstere (und auch Ramie) in O—W-Stellung Additions-
farben, letztere hingegen Subtraktionsfarben ergeben. Erklären kann man diese
Erscheinung aus dem entgegengesetzten Drehsinn der *submikroskopischen
Schraubenstruktur* der optisch wirksamen Zellwände. Auch bei der Flachs- und
Hanffaser treffen wir auf die uns schon bekannte Unterteilung der Zellwand
in S_1-, S_2- und S_3-Schicht (Abb. 52), wobei aber nur beim Hanf die S_1-Schicht
deutlich und verhältnismäßig dick ist. Die Mikrofibrillen der S_1-Schicht sind in
einer Z-Schraube angeordnet (so wird am einfachsten der Drehsinn angegeben,

da die Mikrofibrillen an der Vorderwand entweder die Richtung des Schräg-
balkens im Z oder S haben; vgl. Abb. 41). Beim Flachs hingegen ist die
S_1-Schicht nur sehr schwach entwickelt oder fehlt bei stärker gerösteten Fasern
ganz. Die mächtig entwickelte S_2-Schicht, die wieder den üblichen Schichtenbau aufweist, zeigt in ihren Mikrofibrillen eine steile S-Schraube, die mitunter
fast in Achsenrichtung übergeht. Die nur schwach doppelbrechende S_3-Schicht
ist wahrscheinlich wieder nach einer Z-Schraube gebaut und für unsere Betrachtung belanglos. Das polarisationsoptische Verhalten wird nun am stärksten
durch die äußere proximale Wandschicht beeinflußt, und das ist beim Flachs
die S_2-Schicht mit der S-Schraube und beim Hanf die S_1-Schicht mit der
Z-Schraube!

Eine unserem Hanf sehr ähnliche Faser besitzt der *Sunn* (Sonnenhanf)
oder *Kalkuttahanf* von *Crotalaria juncea*, einer uralten indischen Faserpflanze.
Durch eine auffallend geringe Hygroskopizität ausgezeichnet, eignet sich Sunn
vortrefflich für Taue, Fischernetze u. a.

Ramie oder *Chinagras* ist eine
reine Zellulosefaser (Tafel 5) aus
dem Stengel von *Boehmeria nivea*,
einer ostasiatischen Verwandten
unserer Brennessel, aus der ja in
Kriegszeiten auch Fasern gewonnen worden sind (Nesselfasern).
Die Einzelfaser — Ramie kommt
meist cotonisiert in den Handel —
ähnelt im Mikroskop der Baumwolle, ist aber viel breiter (bis
$80\,\mu$) und länger (bis 22 cm). Sie
hat heute nur mehr lokale Bedeu-

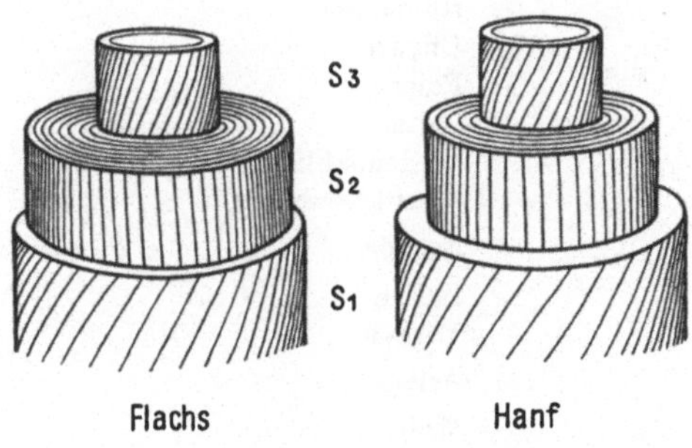

Abb. 52. Strukturschema der Sekundärwand
von Flachs und Hanf (nach ROELOFSEN).
S_1, S_2, S_3 = Sekundärwandschichten.

tung und wird, etwas abweichend von den anderen Stengelfasern, bloß mechanisch gewonnen.

Groß hingegen ist auch heute noch die wirtschaftliche Bedeutung der *Jute*,
welche hauptsächlich aus Indien und Pakistan kommt. Jute wird von der
Tiliacee Corchorus capsularia und der sehr ähnliche *Kenaf* von dem Malven-
gewächs *Hibiscus cannabinus* gewonnen, beide stattliche 2,5 bis 3 m hohe
Pflanzen. Die Röste erfolgt wie beim Hanf oder auf rein mechanischem Wege.
Die Einzelfaser erreicht bis 4,4 mm Länge, die technische Faser 1,5 bis 2,5 m.
Die Jute und Kenaffaser geben bereits deutliche Holzreaktionen, und der durchschnittliche Ligningehalt beträgt 11%. Auch hier ist das Lignin vorwiegend
im Bereich der Mittellamellen lokalisiert. Im Mikroskop zeigen die Jutezellen
einen charakteristischen Wechsel der Lumenbreite (Tafel 5). Jute und Kenaf
eignen sich ohne besondere Behandlung nur für grobe Gewebe (Säcke, Ballen,
Matten), billige Teppiche usw. Jute hat ein besonderes Feuchtigkeitsaufnahme-
vermögen (ohne sich naß anzufühlen!) und wird daher als Verpackungs-

material von überseeischen Waren, die vor Feuchtigkeit geschützt werden
sollen, verwendet (Baumwolle, Kaffee, Tee, Kakao).

Flachsproduktion 1960/61 in 1000 t

Polen	43,0
Frankreich	37,8
Belgien	35,1
Niederlande	31,3
ČSSR	20,1
Ostdeutschland	7,8
Österreich	0,3
Europa	205,0
UdSSR	425,0
Welt	650,0

Hanfproduktion 1960/61 in 1000 t

Jugoslawien	31,2
Rumänien	19,5
Ungarn	14,3
Polen	12,3
Italien	11,9
Ostdeutschland	2,1
Westdeutschland	0,1
Europa	120,0
Indien	77,2[1]
Türkei	12,0
Asien	110,0
Welt	350,0

Juteproduktion 1960/61 in 1000 t

Indien	731	Jute
	208	Kenaf
Pakistan	1071	
Thailand	181	Kenaf
Welt	2600	

Österreichs Produktion von

	Faserlein (Flachs)	Faserhanf
1960	267 t	50 t
1950 bis 1959	2647 t	2988 t

8.1.4. Hartfasern und Baste

Es sind auch dies *Bastfasern*, aber vorwiegend aus den *Blättern* und *Blatt-scheiden* monokotyler Pflanzen, die, entsprechend dem andersartigen Bau der

---

[1] *Cannabis sativa* und *Crotolaria juncea*.

Monokotylen, meist mit dem Gefäßbündel innig verbunden auftreten. Sie bilden besonders in den peripheren Bereichen der Blätter und Blattstengeln ausgeprägte Bastbündelscheiden der Gefäße und können hier und an anderen mechanisch exponierten Stellen auch für sich allein auftreten. Zu ihrer Gewinnung werden sie meist nur mechanisch aus dem umgebenden Parenchym und von den Gefäßbündelresten befreit. Die Hartfasern sind alle, wie der Name schon andeutet, mehr oder weniger verholzt und werden hauptsächlich auf Schnüre, Seilereiwaren, Matten und Flechtwerk verarbeitet.

Bei weitem am wichtigsten sind heute die Sisalfasern, und zwar *Sisal* (hanf) von der grünen Sisalagave (*Agava sisalana*) und *Henequen* von der mexikanischen weißen Sisalagave (*Agava fourcroydes*). Es gibt rund 200 in Südamerika beheimatete Agavenarten, von denen auch mehrere auf Fasern genutzt werden. Die Hauptproduktion von Sisal hat sich indessen nach Afrika verlagert.

Die Fasern werden aus den fleischigen, 1 bis 1,70 m langen Blättern auf maschinellem Weg ohne Röste erhalten. Die technische Faser hat häufig rinnenförmige, im Querschnitt also sichelförmige Gestalt, wobei in der Vertiefung das Gefäßbündel seinen Platz hatte. Sisal und Henequen unterscheiden sich auch im Mikroskop nur wenig. Selbst die besten, hellsten Sorten sind ziemlich stark verholzt. Die technische Faser hat infolge der mechanischen Darstellung, die oft eine Spaltung der Bastbündelscheiden bewirkt, eine sehr variable Länge bis etwa 1,30 m, während die Einzelzelle bis 4,4 mm lang wird.

Eine andere ebenfalls noch weltwirtschaftlich wichtige Hartfaser ist der von den Philippinen stammende *Manilahanf* oder Abaca. Er wird aus einer Bananenart (*Musa textilis*) mit kleinen, nicht eßbaren Früchten gewonnen, und zwar nicht aus den großen Blättern, sondern aus den röhrenförmig zu einem Scheinstamm ineinandergreifenden Blattscheiden. Die Gewinnung erfolgt durch Röste oder auch rein mechanisch. Die technische Faser erreicht die erstaunliche Länge von 2 bis 5 m, ist gelblich bis bräunlich, seidenglänzend und stark hygroskopisch, aber sehr widerstandsfähig. Die feineren Sorten können auch zu Geweben verarbeitet werden. Mehr lokale Bedeutung haben *Palmenhanf* oder Palma istlé, die Faser aus den dachartigen Blättern von *Samuela carnerosana*, und andere faserliefernde *Yucca*-Arten. Gleiches gilt auch vom *Neuseeländer Flachs* oder Formio, der Blattfaser von *Phormium tenax*, einer stattlichen *Liliacee* mit schwertförmigen Blättern, die ebenfalls gelegentlich in unseren Parkanlagen angetroffen wird. Die mächtig entwickelten Bastbündel umhüllen hier die Blattgefäße vollständig und haben eine schienenartige, im Querschnitt I-förmige Gestalt. Dazwischen gibt es aber auch selbständige Bastbündel. Die wieder durch Röste oder mechanisch gewonnene Faser weist eine besonders große Festigkeit auf.

Richtige Hartfasern sind auch die *Piassaven*, welche aus den Gefäßbündeln der Blattscheiden und des Blattstieles verschiedener Palmen bestehen. Durch Wasserröste werden sehr kräftige, elastische und biegsame Fasern von brauner bis schwarzer Farbe gewonnen. Von wirtschaftlicher Bedeutung sind heute nur noch die afrikanischen oder *Raphia*-Piasaven. Sie dienen hauptsächlich zur Fabrikation von Bürsten, Matten und Besen. Bezüglich *Raphia*-Bast vgl. unten.

Zu den bekannteren Hartfasern gehört auch die *Kokosfaser* oder Coir, die aus dem fleischigen Mesokarp der Kokosnuß gewonnen wird (vgl. S. 110) und, streng genommen, ebenfalls eine Blattfaser (Fruchtblatt) darstellt. Die Aufbereitung von Coir gestaltet sich höchst einfach: Die Kokosnüsse werden gespalten und mehrere Monate in Meerwasser gelegt. Die so gewonnene Faser ist bräunlich, stark verholzt, bis 33 cm lang und bis 0,3 mm dick. Im Querschnitt ist sie kreisrund bis oval und hat meist einen kleinen Hohlraum im Inneren, in dem sich vor der Röste das Gefäßbündel befand; die Faser und daraus verfertigte Seile schwimmen auf Wasser. Uns ist die Kokosfaser aus Läufern, Matten, Fußabstreifern u. ä. bekannt.

Das in der Praxis als *Bast* bezeichnete richtig bandförmige Material, wie es in der Gärtnerei zum Aufbinden der Pflanzen und zur Erzeugung von Matten und allerlei Flechtwaren Verwendung findet, besteht aus ganzen Lagen von untereinander noch zusammenhängenden Bastfaserbündeln. Ein brauchbarer Bast kann z. B. aus der heimischen *Lindenrinde* gewonnen werden, indem man die abgeschälte Rinde einer fünfmonatigen Wasserröste unterwirft. Die lagenförmige Anordnung der Bastfasern in der Lindenrinde kann man an Querschnitten durch die Rinde eines Lindenzweiges sehr gut sehen. Hier handelt es sich also um eine Phloemfaser bzw. eine Bastfaser aus der sekundären Rinde einer dikotylen Pflanze.

Bei unserem käuflichen Bast dagegen liegt wieder eine monokotyle Hartfaser vor, die von der Raphia-Palme (*R. ruffia*) stammt. Der *Raphia-Bast* ist die leicht abziehbare Haut der Blätter dieser Palme und kommt hauptsächlich aus Madagaskar. Charakteristisch ist die leichte Zerteilbarkeit in einzelne Fäden, die dann aus den einzelnen subepidermalen Bastbündeln bestehen. Der Verholzungsgrad ist gering und beträgt nur ein Zehntel von dem der Jute.

Weltproduktion 1960/61 in 1000 t

Sisal 590		Henequen 160		Abaca 115	
davon		davon		davon	
Tanganjika	208,2	Mexiko	149,4	Philippinen	109,5
Kenya	63,6	Kuba	10,2	Nordborneo	4,1
Angola	57,9	Palama istlé 13		Formio 10	
Mozambique	28,9	davon		davon	
Afrika	375,0	Mexiko	13,2	Argentinien	4,0
Brasilien	146,0			Neuseeland	3,7
Haiti	23,4			St. Helena	1,3
Venezuela	10,0				
Lateinamerika	179,4				
Indonesien	19,3				

8.2. Tierische Fasern

Die tierischen Haare sind wohl jene Fasern, die der Mensch zunächst als Felle und dann als Wolle am frühesten in seinen Nutzen genommen hat. Und so ist die Schafwolle auch heute noch eine der wertvollsten und unentbehrlichsten Textilfasern überhaupt. Zu den tierischen Fasern zählt auch die Naturseide, deren Kenntnis und Gebrauch ebenfalls weit zurückreicht. Ihnen allen ist gemeinsam, daß sie aus *Proteinen* bestehen, wodurch sie sich von den natürlichen Pflanzenfasern streng unterscheiden. Die tierischen Haargebilde sind von so spezifischem Aufbau, daß sie im Mikroskop mit Pflanzen- oder Kunstfasern nicht verwechselt werden können. Die tierischen Haare haben mit den pflanzlichen Haaren nicht mehr als den Namen gemeinsam, da sie sowohl stofflich als auch in ihrem Aufbau und der Entstehung nach völlig verschieden sind.

Eine gewisse Ähnlichkeit besteht zwischen der echten Seide und Kunstfasern hinsichtlich des Erzeugungsprozesses, war doch die Seide geradezu das Vorbild, das bei der Erzeugung von Kunstfasern (Kunstseide!) nachgeahmt wurde: Eine Spinnlösung wird durch Düsen gepreßt und der entstehende Faden an Luft, im Falle der Kunstfasern meist in einem Fällungsbad, abgesponnen. Trotzdem läßt sich im Mikroskop zumindest die Rohseide leicht von Kunstfasern unterscheiden.

8.2.1. Wolle

Als Ursprungsgebiet feinwolliger Schafe gilt der Kaukasus (das Goldene Vlies aus Kolchis!). Schon bei den Völkern des klassischen Altertums stand die Schafzucht in hoher Blüte, und auch nördlich der Alpen verstand man es seit alters her, Schafwolle zu nützen. Als um 700 n. Chr. die Mauren auf die Iberische Halbinsel vordrangen, brachten sie auch Schafe mit, die in der Folge zu einer bedeutenden Schafzucht auf der spanischen Hochebene Veranlassung gaben. Durch Kreuzung und Auslese konnte hier eine neue Schafrasse, das *Merinoschaf*, gezüchtet werden, das auch heute noch die wertvollste und feinste, stark gekräuselte Wolle liefert. Seit dem Ende des spanischen Erbfolgekrieges (1723) verbreitete sich die Merinozucht über ganz Europa, und um 1870 betrug z. B. in Deutschland die Zahl der Schafe fast 30 Millionen (heute nur mehr einige Millionen), darunter ein beträchtlicher Anteil von Merinoschafen.

Die Merinos und das *deutsche Landschaf*, mit dem vielfach gekreuzt wurde, sind *Höhenschafe*, während die langwolligen englischen und schottischen Schafe (*Cheviotschaf*) zu den *Niederungsschafen* zählen. Die Wollen der Niederungsschafe sind schlicht und nur wenig gewellt bzw. gekräuselt und erreichen eine Länge von 10 bis 32 (50) cm, während die Wolle der Höhenschafe höchstens 10 cm lang wird und gekräuselt ist. Wegen der Kräuselung der feineren Wollsorten unterscheidet man bei der Wolle zwischen Stapellänge des gespannten Haares und der Stapeltiefe des gekräuselten Haares in seiner natürlichen Lage. Bei hochbogigen Wollen verhalten sich diese wie 1,9 : 1.

Außer den Cheviots, zu denen die Langwoll- und Glanzwollschafe, wie Leicester-, Lincolnschafe u. a., gehören, spielen besonders im Überseehandel die *Crossbreds* (Kreuzungsschafe von Langwollböcken mit Merinoschafen) eine hervorragende Rolle. Der Hauptproduzent von Schafwolle ist derzeit Australien (vgl. unten).

Die *tierischen Haare* sind vielzellige, mehrschichtige Produkte der Säugetierhaut, welche, zunächst aus lebenden Zellen aufgebaut, sehr bald absterben und dabei charakteristische Änderungen erleiden. Mit der Hornschicht der Haut, Nägel, Klauen usw. haben sie gemeinsam, daß sie aus Faserproteinen bestehen, die nach postmortaler Verhornung als *Keratin* bezeichnet werden. Die eigentliche Bildungszone des Säugetierhaares befindet sich am Grunde des Haarfollikels, einer röhrenförmigen Einsenkung in die Haut, wo sich die Papille, ein rundliches mehrzelliges Gebilde, befindet. Hier werden die Zellen und in ihnen die Proteine zunächst als wenig geordnete, leicht lösliche Substanz gebildet, die noch keine Röntgenstruktur und Doppelbrechung erkennen läßt. In dem Maße, wie nun die breite Haarzwiebel, d. i. der jüngste der Papille aufsitzende Haaranteil, in den engen, gewissermaßen als Düse wirkenden Follikelkanal übergeht, treten bereits längsgerichtete Polypeptidketten (sogenanntes Präkeratin) auf. Durch seitliche Vernetzung, insbesondere Zystinverknüpfung, d. i. Zusammenschluß freier Schwefelwasserstoffgruppen zu Disulfidgruppen, bildet sich das deutlich doppelbrechende Keratin. Diesen postmortalen Prozeß nennt man *Verhornung*. Das Röntgendiagramm zeigt nunmehr die Interferenzen einer α-Schraube (vgl. S. 6) der Fasereiweiße. Die gestreckte β-Form des Keratins tritt nur an stärker verstreckten (70 bis 100%) Wollhaaren deutlich in Erscheinung und geht nach Entlastung wieder in die α-Schraube zurück. Bei dem differenzierten Bau des Wollhaares muß aber auch an ein gleichzeitiges Nebeneinander beider Zustandsformen gedacht werden. Unter gewissen Bedingungen ist auch Superkontraktion durch Übergang in die flache γ-Schraube möglich (vgl. S. 8). Bei Hydrolyse von Wollkeratin sind bisher 19 Aminosäuren festgestellt worden, unter denen dem schwefelhältigen *Cystein* bzw. *Cystin* (zweimal *Cystein*) wegen seiner häufigen Querbrückenbildung für die Verhornung besondere Bedeutung zukommt. Die das Haar aufbauenden Zellen sterben gleichzeitig ab und im elektronenmikroskopischen Bild treten an Stelle von massenhaften Ribosomen parallel gelagerte Mikrofibrillen (Breite ca. 6 nm), die bald die ganze Zelle erfüllen und, zu dickeren Bündeln vereinigt, als Makrofibrillen und Tonofibrillen in Erscheinung treten.

Das fertige Haar besteht aus zwei, häufig auch aus drei lichtmikroskopisch deutlich unterscheidbaren Schichten. An der äußeren Schuppenschicht (Epidermis) läßt sich ein tierisches Haar im Mikroskop sogleich als solches erkennen. Bei den dünneren Wollhaaren bzw. -sorten (Durchmesser 15 bis 20 μ) liegen die Schuppen ziemlich flach dem Haarkörper an und umgreifen das zylindrische Haar seinem ganzen Umfang nach ringförmig (Tafel 5). Dickere Haare lassen ihre Schuppen deutlich dachziegelförmig abstehen und übereinandergreifen. An

Ultradünnschnitten konnte elektronenmikroskopisch die dachziegelartige Anordnung der Schuppen auch an dünnen Haaren besonders schön gezeigt werden,
wobei im Überlappungsbereich noch gelenkige Verbindungen durch scharnier-
artige Leisten entdeckt wurden. Im Zusammenhang mit der bilateralen Struktur
des Wollhaares (vgl. unten) können auch die Schuppenzellen auf entgegengesetzten Seiten des Haares verschie-
dene Gestalt aufweisen.

Unter der Schuppendecke folgt
die im Mikroskop immer sehr deutlich sichtbare Spindelzellen- oder
Rindenschicht, welche mit ihren
spindelförmig zugespitzten Zellen
den eigentlichen Faserkörper (= Fa-
serstamm) aufbaut. Der Umriß dieser *Spindelzellen* und ihr fibrillärer
Aufbau kann durch geeignete Anquellung lichtmikroskopisch sichtbar
gemacht werden. Zwischen den Spindelzellen befindet sich eine *Kittsubstanz* aus niedermolekularen schwc-
felreichen Eiweißkörpern, die immerhin etwa 16% der Gesamtsubstanz
ausmachen. Diese Kittschichte, die
aus protoplasmatischen Restsubstan-
zen hervorgeht, findet sich auch zwischen den noch lichtmikroskopisch
sichtbaren *Makrofibrillen* (Durchmesser ca. 0,5 μ), die die Spindelzellen aufbauen und deren Zusammenhalt gewährleisten (Abb. 53).
Auch im Elektronenmikroskop ist es
hauptsächlich die interfibrilläre Substanz, welche durch Schwermetalle
kontrastiert wird, so daß der für
Wolle charakteristische Schwefel-
gehalt vielleicht mehr der Kittsubstanz als dem Keratin zukommt.

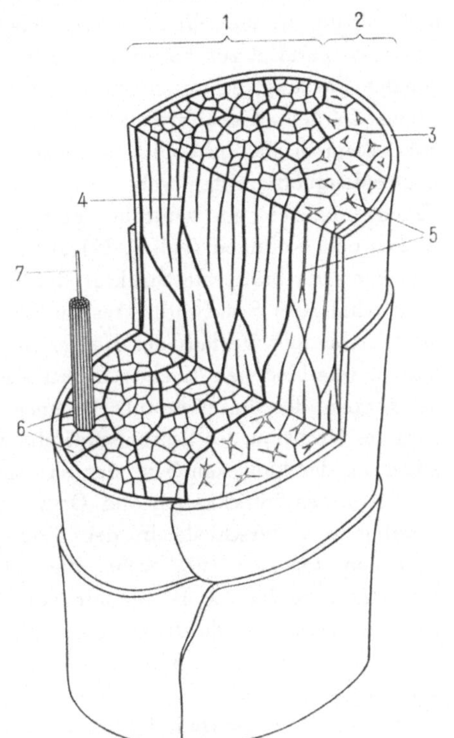

Abb. 53. Strukturschema der Schafwolle
(nach Sikorski und Mitarb.).

1. Orthokortex
2. Parakortex
3. Dreischichtige Kutikula
4. Zellmembranen
5. Protoplasmarest
6. Makrofibrillen
7. Mikrofibrillen

Schon lichtmikroskopisch tritt bei Färbung von Wollquerschnitten mit basischen Farbstoffen oft eine ausgesprochen bilaterale Struktur der Rindenschicht
in Erscheinung. So färbt sich z. B. mit Methylenblau die eine Querschnitthälfte
(Orthocortex) viel stärker als die andere (Paracortex!). Elektronenmikroskopisch zeigt die weichere *Orthocortex* eine stärkere Aufspaltung der Spindelzellen in Makrofibrillen mit bedeutend mehr interfibrillärer Substanz dazwi-

schen (Abb. 53). Die Makrofibrillen lassen hier einen zentral-schichtenförmigen
Aufbau aus *Mikrofibrillen* (Durchmesser ca. 6 nm) erkennen, die möglicherweise schräg (schraubenförmig) zur Faserachse verlaufen. Die Orthocortex entspricht einer Zone raschen Wachstums und weist einen höheren Wassergehalt
auf als die härtere, weniger hydratisierte *Paracortex,* deren Wachstum langsamer erfolgte. Die Paracortex ist viel ärmer an interfibrillärer Kittsubstanz
und läßt die Spindelzellen deutlicher als Einheiten hervortreten. Die hier wahrscheinlich parallel zur Faserachse verlaufenden Mikrofibrillen können in hexa-
gonaler Packung, schichtenförmig oder unregelmäßig die Makrofibrillen aufbauen. In den Mikrofibrillen selbst konnte eine Elfer-Symmetrie elektronenmikroskopisch wahrscheinlich gemacht werden, welche von Geißel-, Cilien- und
Centreolenquerschnitten wohl bekannt ist: Zehn auf einem Kreis angeordnete
Fäden umgeben ein zentrales Fadenpaar. Die *Protofibrillen* selbst sollen
ähnlich dem Kollagen (vgl. S. 72) aus drei miteinander verdrillten α-Schrauben
bestehen. Die bilaterale Struktur der Rindenschicht hat eine charakteristische
Eigenschaft des Schafwollhaares im Gefolge: Wellung und Kräuselung. *Wellung* ist bogiger Verlauf des Haares in einer Ebene, *Kräuselung* bogiger Verlauf in verschiedenen Ebenen bis zu schraubigem Verlauf. Auch komplizierte
Mischtypen des Faserverlaufs kommen vor. Bei Merino wechselt außerdem
noch der Drehsinn der Schraubenwindung ständig. Die Orthocortex liegt immer
außen an der konvexen Seite der Krümmungen.

Die Eigentümlichkeiten von Ortho- und Paracortex sowie eventuelle entsprechende Unterschiede in der Schuppenschicht kehren auch bei anderen
tierischen Haaren wieder, wobei aber meist nur eine der beiden Eigenschaften
hervortritt. So läßt z. B. Mohair (Ziegenhaar, vgl. S. 189) vorwiegend die
Kennzeichen der Orthostruktur, Blackface-Schafwolle dagegen eine ausgesprochene Parastruktur im mikroskopischen und submikroskopischen Aufbau erkennen.

Bei dickeren Haaren, insbesondere den sogenannten *Grannenhaaren,* läßt
sich lichtmikroskopisch noch eine innere Schicht, der *Markstrang,* unterscheiden,
welcher inselförmig unterbrochen oder durchlaufend ausgebildet sein kann.
Der Markstrang baut sich aus großen Zellen auf, wie an manchen Haaren,
z. B. Kaninchenhaaren, besonders eindrucksvoll zu sehen ist. Nach dem Absterben füllen sich die Zellen mit Luft, wobei der Rest aus einer fettähnlichen
körnigen, mehr oder weniger reichlich von Pigmenten durchsetzten Substanz
besteht. Die Haare werden meist in Gruppen angelegt, wobei ein zuerst entstehendes Leithaar (Grannenhaar) von fünf bis zwölf später gebildeten Grup-
penhaaren (Flaum- oder Wollhaaren) umgeben wird (Abb. 31).

In den Haarfollikeln münden Talgdrüsen ein (Abb. 31), welche die Haut
und Haare einfetten. Das *Wollfett,* welches oft in dicker Schicht das Haar
überzieht, besteht in der Hauptsache aus Fettsäuren und Kalisalzen, welche
zusammen mit anhaftenden Schmutz- und Pflanzenteilen bis zu 70% des
Gewichts der *Roh-* oder *Schweißwolle* ausmachen können. Als verwertbare

Nebenprodukte fallen bei der Wollreinigung Lanolin (gereinigtes Wollfett) und Pottasche an. Die Analyse von Merino-Schweißwolle ergibt z. B. 35 % Wollfaser, 25,7 % mineralische Bestandteile, 24,3 % wasserlöslichen Wollschweiß und 5 % ätherlösliche Fette. Von einem Tier gewinnt man in Abhängigkeit von Rasse, Klima, Wartung usw. 1 bis 8 kg Schafwolle jährlich, wobei Böcke 20 bis 40 % mehr als Mutterschafe ergeben. Die Qualität des *Vlieses*, d. i. die abgeschorene, noch zusammenhängende Wolldecke, ist über den Schultern, Flanken und Seiten des Halses am besten. Meist wird nur einmal im Jahr geschoren und die so erhaltene Wolle als Einschur- oder Vollschurwolle bezeichnet. Zum Unterschied von *Schurwolle* heißt die Wolle gesund geschlachteter Tiere *Fell-* oder *Hautwolle*. Dagegen liegt die *Sterblingswolle* von erkrankten und verendeten Tieren gütemäßig schon weit zurück. Von geringerer Qualität ist meist auch die Kalk-, Rauf- oder *Gerberwolle*, die in den Gerbereien von den gekalkten oder geäscherten Fellen abgeschabt wird. Diese Wollen sind oft spröde und von sandigem Griff; bei mikroskopischer Betrachtung werden häufig Haarwurzeln gefunden.

Beim Waschen bzw. Anfeuchten tritt eine für Wolle sehr charakteristische Erscheinung, die *Verfilzung* der Fasermasse, auf. Es ist dies ein sehr komplexer, noch nicht restlos geklärter Vorgang. Wesentlich hiefür ist z. B. die hohe Quellbarkeit der Wolle. Schon an der Luft kann sie bis zu 50 % Wasser aufnehmen, ohne sich naß anzufühlen; die Wolle ist auch sehr gut und besonders im nassen Zustand bis über die Hälfte reversibel dehnbar. In heißem Wasser (bis 100° C) quillt die Wolle und wird plastisch formbar. Neben der großen Oberflächenrauhigkeit, die durch die Schuppendecke bedingt ist, wird die Verfilzung besonders noch durch die Kräuselung des Wollhaares begünstigt. Die verschiedenartige Kräuselung — man unterscheidet über-, hoch- und normalbogige, flache und schlichte Wollsorten — ist ein wertvolles Kennzeichen der feineren Wollsorten und bedingt die Fülligkeit der daraus bereiteten Garne und Gewebe. Die lockeren lufthältigen Wollstoffe halten die Wärme besonders gut.

Eine bemerkenswerte Eigenschaft der Wolle ist ferner die hohe *Biege-* und *Knickfestigkeit*, worin die Wolle, namentlich der feineren Sorten, alle übrigen natürlichen Faserstoffe weit übertrifft. Sie äußert sich außer in der hohen Haltbarkeit feinerer Wollstoffe auch darin, daß sie wenig knittern, Falten sich wieder aushängen und die Bügelform beständig bleibt.

Ein schwacher Punkt der Wolle ist ihre *Alkaliempfindlichkeit*. In verdünnter Kali- oder Natronlauge löst sie sich in 10 bis 15 Minuten vollständig auf, dagegen besteht, in genauem Gegensatz zu den Pflanzenfasern, eine hohe *Säurefestigkeit*. Dieses Umstandes bedient man sich zur Reinigung der Rohwolle von pflanzlichen Bestandteilen, die durch Behandlung mit verdünnter kalter Schwefelsäure entfernt werden (*Karbonisieren*).

Als Eiweißkörper besitzt die Wolle amphotere Eigenschaften (vgl. S. 18) mit einem isoelektrischen Punkt bzw. Bereich im schwach sauren Gebiet (pH 4

allgemeine Bezeichnung	deutsche Bezeichnung	Durchmesser in µ
Feine Merinowolle	AAAA	15—17
	AAA	18—20
	AA	20—22
Merinowolle	A	22—24
	B	24—26
Veredelte Landwolle	C I	26—28
	C II	28—30
Feine Landwolle	D I	30—34
	D II	34—37
Mittlere bis ordinäre Landwolle	E	37—50 bzw. 50—60 und darüber

Weltproduktion von gereinigter Wolle in 1000 t

1960	1486
1948/52	1090

Produktion, Import und Export von gereinigter Wolle 1960 in 1000 t

	Produktion	Import	Export
England	37,4	198,1	21,3
Spanien	14,9	0,2	1,4
Rumänien	13,5	0,3	0,8
Bulgarien	11,6	2,1	—
Frankreich	10,6	102,2	24,3
Ostdeutschland	3,2	9,9	—
Westdeutschland	2,0	62,6	2,9
Österreich	0,3	4,4	—
Schweiz	0,2	4,2	0,1
Europa	146,0	519,0	97,0
UdSSR	218,0	71,0	17,8
USA	66,5	103,3	0,1
Argentinien	112,8	—	91,6
Uruguay	49,1	—	25,5
Brasilien	14,7	0,2	—
Chile	11,4	0,8	3,5
China	43,2	11,5	13,3
Türkei	26,9	2,3	4,7
Japan	1,6	114,5	—
Südafrika	66,6	2,2	58,5
Australien	432,0	2,9	372,5
Neuseeland	195,8	0,3	181,4

bis 5). Im darunterliegenden sauren pH-Bereich wird die Dissoziation der Carboxylgruppen an der Moleküloberfläche zurückgedrängt und die Dissoziation der Aminogruppen $H_3N \cdot R \cdot COO^- + H^+ \rightarrow {}^+H_3N \cdot R \cdot COOH$ gefördert. Deshalb besitzt die Wolle im sauren Bereich eine positive Überschußladung, die von Anionen, insbesondere Farbsäureanionen, abgesättigt werden kann. Diese zunächst elektroadsorptive Bindung nimmt auch den Charakter einer festen Salzbindung an, so daß unter Beteiligung zusätzlicher Färbemechanismen (Wasserstoffbrückenbildung bzw. van der Waalsche Kräfte, Polarität bzw. Oberflächenaktivität der Farbsäuren usw.) bestimmte saure Farbstoffe im sauren Farbbad zur Wollfärbung besonders geeignet erscheinen.

Die *Klassierung* der Wolle ist international nicht einheitlich. Im deutschen Sprachraum ist die Bezeichnung mit Großbuchstaben üblich, die von AAAA (sprich: 4 A) bis E reicht.

8.2.2. Haare

Es gibt einige Ziegenarten mit besonders langen Haaren, die sich auch noch durch Feinheit, Weichheit und Glanz auszeichnen. Hier ist namentlich die Angoraziege zu nennen, die schon um 3000 v. Chr. im Zwischenstromland des Euphrat und Tigris bekannt war und auch heute noch, besonders in der Türkei, in den USA und in Südafrika, gehalten wird. Sie liefert die wertvolle *Mohair-* oder *Angorawolle* von weißer, grauer, brauner oder auch schwarzer Farbe. Die Flaumhaare, mit deren Anteil die Wollqualität steigt, sind völlig markfrei, 40 bis 50 μ dick und nur fein gewellt oder glatt. Türkischer Mohair ist der beste, von höchstem Glanz und im Griff am weichsten; Stapellänge bis 30 cm. Kurdischer Mohair aus Asien greift sich rauher an, da er schon von Grannenhaaren durchsetzt ist. Kap-Mohair aus Südafrika und amerikanischer Mohair haben kürzere Stapellängen, bis 15 cm (Halbjahrsschur), geringere Feinheit und sind ebenfalls von Grannenhaaren durchsetzt. Weniger staubfangend als Schafwolle, dient Mohair hauptsächlich als Polster- und Lüsterstoff, für Pelzersatz und zur Teppicherzeugung.

Die *Kaschmirwolle* stammt von den kleinen, langhaarigen und verschiedenfarbigen Kaschmirziegen. Die Haare werden durch Ausrupfen beim natürlichen Haarwechsel der Tiere gewonnen und dann mühsam in Flaum- und Grannenhaare sortiert. Nur die Flaumhaare geben die außerordentlich feine und wunderschön glänzende Kaschmirwolle für edle Gewebe (Kaschmirschals). Der Durchmesser der markfreien Flaumhaare beträgt an der Basis um 25 μ und verjüngt sich gegen die Spitze auf ein Drittel. Die halb- oder ganzzylindrischen Schuppen sind leicht gezähnt. Die Grannenhaare enthalten einen Markstrang, sind 50 bis 90 μ dick und gleichen den gewöhnlichen Ziegenhaaren.

Der Kaschmirwolle sehr ähnlich ist die *Tibetwolle* von der Tibetziege.

Bekanntlich gibt es auch bei den Kaninchen langhaarige Zuchtrassen, die *Angorakaninchen*, welche gelegentlich auch hierzulande angetroffen werden. In der Zucht der Angorakaninchen ist Frankreich führend, wo geeignete klimatische Bedingungen die Tierhaltung begünstigen. Dort sind auch von der Textilindustrie Verfahren entwickelt worden, die die spinntechnisch wenig günstigen Haare zu verarbeiten gestatten. Während des Haarwechsels im Februar und Oktober werden die Haare durch Kämmen oder Rupfen, sonst auch durch Scheren, gewonnen. Das Ziel der Züchter sind reinweiße Angorakaninchen mit weichen Flaumhaaren und möglichst wenig Grannenhaaren. Die Grannenhaare erreichen eine Dicke von 130 μ und haben einen auffallenden Markstrang, dessen lufthältige Zellen in der Aufsicht quadratisch erscheinen. Die viel kürzeren, etwa 6 cm langen Flaumhaare sind dagegen sehr fein und nur 12 bis 14 μ breit, gerade und mit langzungenförmigen Schuppen versehen.

Das *Kamelhaar* kommt sowohl vom einhöckrigen Dromedar als auch vom zweihöckrigen Trampeltier, das besonders in den steppenartigen Gegenden Asiens zu Hause ist. Die wertvollsten Kamelhaare stammen aus Ländern mit rauhem Klima, z. B. aus China und der Mongolei, wo das dichte Haarkleid die Tiere gegen Wind und Wetter ebenso wie vor der glühenden Wüstensonne schützt. Im Frühjahr fallen die Haare büschelweise aus und werden durch Einsammeln oder Ausrupfen gewonnen. Da die Haare nicht abgeschnitten werden, sondern ausfallen, enthalten sie immer auch noch die Haarzwiebeln an der Basis. Für die Flaumhaare charakteristisch sind die ungezähnten, langzylindrischen Schuppenformen bei einem Durchmesser der Haare von 14 bis 28 μ. Die verhältnismäßig groben, 60 bis 80 μ dicken Grannenhaare enthalten einen unterbrochenen oder fortlaufenden Markkanal. Die feineren, überwiegend aus Flaumhaaren bestehenden Kamelhaarwollen werden meist naturfarben belassen und, mit feiner Schafwolle vermischt, zu Kamelhaarmantelstoffen u. ä. verarbeitet.

Roßhaare, und zwar die langen Schweif- und Mähnenhaare (40 bis 80 cm bzw. 25 bis 45 cm lang), finden in der Textilindustrie für elastische Einlagestoffe, ferner als wertvolles Stopfmaterial für Matratzen u. ä. Verwendung. Die 80 bis 100 μ dicken, mit fein gezähnten dünnen Schuppen versehenen Haare sind sehr elastisch und ungemein haltbar. Ihr Glanz ist höher als der der Kuhhaare, welche letztere auch kürzer sind und hauptsächlich auf Teppiche (Bouclé) verarbeitet werden.

Erwähnt sei schließlich noch das *Menschenhaar*; bei einem Durchmesser von 50 bis 100 μ hat es schmale, unregelmäßig gezähnte Schuppen und manchmal einen schmalen, unterbrochenen Markstrang. Man unterscheidet Schnitthaar und ausgekämmtes Haar. Feine lange Frauenhaare finden für technische und physikalische Instrumente Verwendung.

8.2.3. Seide

Ähnlich wie bei Schafwolle reicht auch die Kenntnis der Seide in vorgeschichtliche Zeit zurück. Sie stammt bekanntlich aus China, von wo die Seidenraupenzucht im 4. Jahrhundert nach Byzanz und mit den Arabern im

10. Jahrhundert nach Sizilien und Unteritalien gelangt ist. Heute sind die wichtigsten europäischen Handelszentren für Seide Mailand, Marseille, Lyon und Zürich.

Die *echte Seide* ist ein Produkt der *Raupe* des Maulbeerspinners (*Bombyx mori*), eines Nachtfalters, der infolge Überzüchtung gar nicht mehr flugfähig ist. Es gibt gegen 20 000 Zuchtformen des Maulbeerspinners. Die sich von Maulbeerblättern nährende Raupe wird während ihrer im Frühjahr ablaufenden 31tägigen Entwicklung gegen 9 cm lang. Sie bekommt gegen Ende ihres Wachstums mächtige Spinndrüsen, die an der Oberlippe in zwei eng benachbarte Düsen ausmünden. Die ausgepreßte zähflüssige Spinnlösung wird durch Kopfbewegungen der Raupe zu einem Faden verstreckt, der an der Luft rasch erstarrt, wobei das entstandene *Fadenpaar* durch einen Klebstoff (*Serizinhülle*) zusammengeleimt wird (Tafel 5). Das Fadenpaar, die eigentliche wert-volle Seide, besteht aus *Fibroin*, einem bei der Verfestigung horn-artig veränderten Eiweiß, das sich aber vom Keratin der Wolle grund-legend durch das Fehlen der schwe-felhältigen Aminosäuren (Cystein, Cystin) unterscheidet. Auch die an der Luft rasch erstarrende und brüchig werdende Serizinhülle be-steht aus Eiweiß, das aber eine andere Zusammensetzung aufweist, insbesondere einen höheren Anteil an sauren und basischen Kompo-nenten. Sie läßt sich daher mit be-stimmten basischen Farbstoffen elektiv anfärben und ist in heißem Wasser zum größten Teil, in kochendem Wasser ganz löslich, während Cuoxam die Fibroinfäden unter Quel-lung auflöst und die geschrumpfte Serizinhülle zurückläßt.

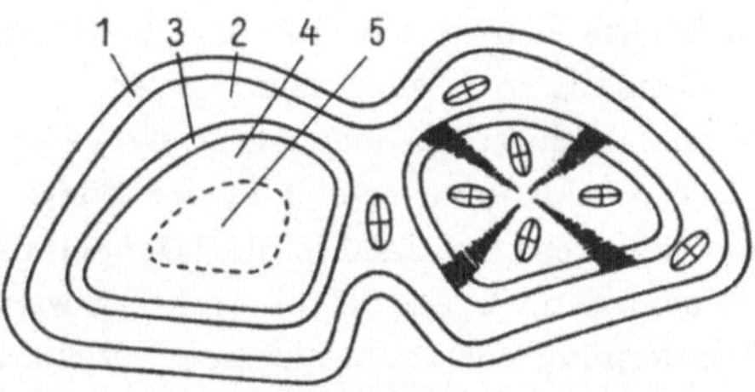

Abb. 54. Querschnittschema der Rohseide (nach OHARA).

1. Haut ⎫ der Serizinhülle
2. Kortex ⎭
3. Mantelzone ⎫
4. Rindenschicht ⎬ des Fibroinfadens
5. Zentrale Zone ⎭

Polarisationsoptisches Verhalten (Indexellipsen, Auslöschungskreuz).

Genauere Untersuchungen zeigen, daß die Serizinhülle aus zwei Schichten (Abb. 54), einer äußeren, leichter löslichen (Haut) und einer inneren, wider-standsfähigeren Schicht (Kortex), mit tangential streuenden *Mikrofibrillen* (Röhrentextur, vgl. S. 140), besteht. Auch die beiden Fibroinfäden lassen einen Aufbau aus einer wenig orientierten Mantelzone, einer Rindenzone mit radial streuender Fibrillentextur und einer Zentralzone mit vorwiegender Fasertextur erkennen. Elektronenmikroskopisch wurden Mikrofibrillen mit Durchmessern um 10 nm gefunden, die zu *Makrofibrillen* von ca. 100 nm Dicke zusammen-treten und in noch nicht genau bekannter Weise den Seiden-Fibroin-Faden aufbauen. Die Längsorientierung der mikrofibrillären Texturen wird in ähn-licher Weise, wie bei Kunstfasern, durch den Druck beim Auspressen der

Spinnlösung durch die Düsen und durch die Spinnbewegung der Raupe und damit verbundene Verstreckung des Fadens (vgl. S. 205) bewirkt. Was die Querschnittsform des Seidenfadens betrifft, so ist diese im äußeren, lockeren Gespinst des Kokons unregelmäßig, nimmt im mittleren, wertvollen Teil des Kokons häufig die Gestalt eines Dreiecks mit abgerundeten Ecken (Tafel 5, Abb. 54) an und wird schließlich in der innersten, unregelmäßig wirren Kokonschicht dünnbandförmig. Gleichsinnig nimmt auch der Durchmesser ab, der noch von der Kokongröße und dem Haspelprozeß beeinflußt wird und zwischen 13 und 25 μ beträgt (ca. $1^1/_3$ den.[1]).

Die äußere, verworrene Kokonschicht wird zerzupft (Flockseide) und zu *Florettseide* oder *Schappe*-Seide versponnen; auch die innere Schicht findet Verwendung (*Bourett*-Seide). Abhaspelbar ist nur die regelmäßige mittlere Schicht des Kokons, d. s. etwa 400 bis 600 m von den ingesamt 3000 bis 4000 m Kokonfaden. Da die Aufbereitung nur nach Erweichung des Kokons in heißem Wasser von 70° bis 100° C möglich ist und dabei die Serizinhülle größtenteils in Lösung geht, bleibt vom Ausgangskokongewicht nur etwa ein Viertel hochwertige sogenannte *Grège-Seide* übrig.

Das Abhaspeln erfolgt in der Weise, daß unter Reinigung und Auflösung der äußeren Serizinhülle die Doppelfäden von 8 bis 10 Kokons zu einem Seidenfaden (Grège-Seide) verklebt werden. Erst jetzt, nach der *Entbastung* (Entfernung der rauhbrüchigen Serizinhülle), tritt der bekannte Seidenglanz an den Fäden in Erscheinung, desgleichen das Knirschen beim Zusammendrücken von Seide, der berühmte „Seidenschrei". Durch das Entbasten erfolgt auch gleich eine weitgehende Entfärbung — in der Regel ist die Naturseide leicht gelblich gefärbt, es kommen aber auch andere Farbnuancen vor —, da die Farbstoffe in der Serizinhülle lokalisiert sind. Durch zusätzliche Bleichung kann reinweiße Seide gewonnen werden.

Im Zuge der weiteren Aufarbeitung werden aus Grège-Seide zwei Sorten von Seidenzwirnen erzeugt: die mehr oder weniger hart gezwirnte *Organzinseide* aus zwei bis drei Grègefäden und die schwächer gezwirnte und daher weichere oder fülligere *Trameseide*, ebenfalls aus zwei bis vier Grègefäden, so daß diese Zwirne also aus 16 bis 40 Rohseiden(doppel)fäden bestehen. Gekochte Seide oder mit Seifenlösungen, kalten verdünnten Alkalien oder kochender verdünnter Essigsäure behandelte Seide ist ihrer Serizinhülle gänzlich beraubt, also völlig entbastet, und besteht nur mehr aus Fibroin-Einzelfäden. Sie kann somit im Mikroskop leicht von den Doppelfäden der Rohseide (Grège) unterschieden werden.

Häufig wird die Seide *beschwert*, d. h. durch Komplexbildung mit Metallsalzen (Zinnchlorid, Kieselsäure, Tonerde, Bleisalzen usw.) oder Gerbstoffen das Gewicht künstlich hinaufgesetzt. Üblich ist eine 100%ige Beschwerung, durch die man die Gewichtsverluste beim Entbasten wieder wettmachen will.

---

[1] den. = Denier, vgl. S. 198.

Mäßige Beschwerung verändert die Mikroskopie der Faser noch nicht, erst bei stärkerer Beschwerung (bis 500%), die dann die Festigkeit und Haltbarkeit beträchtlich herabsetzt, läßt sich im Mikroskop eine Rindenbildung wahrnehmen. Durch Beschwerung wird die Quellung und Auflösung in Cuoxam verzögert bzw. verhindert.

So wie die Wolle ist auch die Seide gut färbbar, gegen Säuren relativ gut, gegen Alkalien aber wieder sehr wenig beständig. Auch ist sie sehr hygroskopisch und nimmt bis zu 30% Wasser auf, ohne sich naß anzufühlen. Zum Unterschied von der Wolle besitzt Seide eine gute Zugfestigkeit (vgl. Tabelle S. 197). Die Elastizität und damit die Knitterfestigkeit der Seide sind ebenfalls ausgezeichnet. Unbeschwerte Seide hat Jahrtausende überstanden, wie in Museen aufbewahrte Reste beweisen.

Von den zahlreichen *Wildseiden* hat die größte Bedeutung die *Tussahseide*. Der in Indien und Südchina vorkommende Tussahspinner ist ein schöner Schmetterling mit einer Flügelspannweite bis zu 20 cm. Die großen, unregelmäßig geformten bis hühnereigroßen Kokons sind meist durch Gerbstoffe braun bis schwarzbraun gefärbt und werden von den Eingeborenen nicht ohne Gefahr auf Eichen, von deren Blättern die Raupe lebt, eingesammelt. Ein Kokon gibt 1200 bis 1400 m Faden von 40 bis 250 μ Breite, der aber nicht abgehaspelt werden kann und daher in kleine Stücke gerissen und so versponnen werden muß. Im Mikroskop zeigt die Tussahseide eine Längsstreifung und eine auffallend wechselnde Faserbreite sowie gelegentliche Schrägstrukturen, die von Prägeabdrücken überkreuzter Fasern stammen und dort auftreten, wo Fäden in noch plastischem Zustand übereinander zu liegen kamen. Zum Unterschied von

Weltproduktion von Rohseide in t

| 1948 bis 1952 | 21 600 |
| 1960 | 29 400 |

Produktion, Import und Export von Rohseide 1960 in t

	Produktion	Import	Export
Italien	892	1 436	55
Bulgarien	187	20	81
Frankreich	10	1 117	20
Schweiz	—	689	76
Westdeutschland	—	319	2
Österreich	—	2	1
Europa	1 330	3 881	316
UdSSR	2 358	1 300	451
USA	—	2 927	—
China	6 225	—	2 298
Japan	18 048	30	5 310
Indien	1 115	52	3

Anteil der Textilfasern am Weltverbrauch in 1 000 000 t

	1930	1940	1950	1959/60
Baumwolle	5,9	6,23	7,22	10,9
Flachs	0,9	0,85	0,78	0,65
Wolle	1,0	1,13	1,09	1,49
Seide	0,059	0,059	0,02	0,029
Kunstfasern	0,21	1,13	1,62	3,10

in %

	1930	1940	1950	1959/60
Baumwolle	71,7	66,2	66,9	67,5
Flachs	11,7	9,04	7,23	4,01
Wolle	13,0	12,02	10,11	9,2
Seide	0,76	0,62	0,185	0,182
Kunstfasern	2,4	12,02	15,4	19,3

Verbrauch verschiedener Textilien 1957 in kg/Kopf

	Natürliche	Kunstfaser	Synthetische	Insgesamt
	Textilien			
USA	11,4	2,9	1,15	15,5
England	8,2	3,0	0,54	11,7
Westdeutschland	7,9	3,3	0,3	11,5
Frankreich	7,4	1,9	0,37	9,7
Osteuropa	6,0	1,5	0,09	7,6
Italien	4,4	1,6	0,28	6,3

der echten Seide gibt es hier nur Einzelfäden von bandförmigem Querschnitt, denn das Serizin durchdringt die Fasern mehr, als es sie umhüllt. Die Tussahseide wird meist ungefärbt zu Kleider-, Hemden- und Badeanzugstoffen verarbeitet.

Zu den *Naturfasern* zählen auch die Asbestfasern, Glasfasern und Metallfäden (vgl. Zusammenstellung S. 206). *Asbest* ist die einzige spinnfähige Faser aus einem *Mineral*. Es handelt sich dabei um ein Verwitterungsprodukt von Serpentin oder Hornblende, das in Form von Adern oder Nestern im Urgestein auftritt und aus feinen, flexiblen, bis 25 cm langen, miteinander verfilzten Kristallnadeln besteht. *Serpentinasbest* schmilzt erst bei 1550° C, *Hornblendenasbest* bei 1150° C. Am wertvollsten ist der Kanada-Asbest, der 75% des Weltbedarfes deckt und aus 6 cm langen, feinen, gekräuselten Fasern besteht. Asbest liefert ein rauhes Gewebe, das hauptsächlich für hitzefeste Handschuhe, Schutzkleidung, Theatervorhänge usw. verwendet wird.

Ähnlichen Zwecken dient vielfach auch die *Glaswolle*, die bei 500° bis 800° C zu erweichen beginnt und bei 1200° bis 1300° C schmilzt. Auch bei ihr ist die thermische und elektrische Leitfähigkeit außerordentlich gering. Aus Glas lassen sich Fäden bis herab zu 2 μ Durchmesser ziehen, so daß sie an Feinheit alle übrigen Fasern übertreffen.

Eine gewisse Rolle spielen schon seit alters und auch neuerdings wieder *Metallfäden* in der Textilerzeugung. Die Edelmetalle Gold und Silber, aber auch Kupfer, Messing, Eisen und Aluminium lassen sich zu dünnen Fäden ausziehen oder walzen. Wichtiger als dünn ausgezogener Runddraht sind die sogenannten *Lahn* oder *Plätten*, worunter feine, bandartig ausgewalzte Drähte verstanden werden. Mit Lahn in engeren oder weiteren Windungen umwickelte Baumwoll- oder Seidenfäden (Garne) nennt man *Metallgespinst*. Für modische Stoffe oder Wirkwaren gelangen auf diese Weise galvanisch vergoldete Messingdrähte, meist aber nur oberflächlich zinklegierte Kupferdrähte, die auch goldähnlich und sehr beständig sind, zur Verarbeitung.

Anhang: **Kunstfasern = Chemiefasern**

Zu Beginn unseres Jahrhunderts nutzte die Menschheit als Fasern für ihren Textilbedarf das Samenhaar der Baumwollstaude, die Wolle der Schafe, die Haare der Kamele und Ziegen, die Bastfasern des Flachses und den Kokonfaden der Seidenraupe. Das edelste Textilgut, das Seidengewebe, mit seinem Glanz, seinen leuchtenden Farben und seinem fließenden Fall, lockte zur künstlichen Nachahmung. Aber erst die Entwicklung der Chemie im 19. Jahrhundert schuf die wissenschaftlichen und technischen Voraussetzungen hiefür.

Der Gedanke, aus einer zähflüssigen Masse auf eine ähnliche Weise wie die Seidenraupe Fäden herzustellen, geht bis auf die „Micrographia" (1665) von Robert HOOKE zurück, der einer der ersten wissenschaftlichen Mikroskopiker war. Es dauerte aber noch lange, bis in den neunziger Jahren des vorigen Jahrhunderts die ersten brauchbaren künstlichen Textilfasern in Form der Nitrat- und Kupferkunstseide industriell erzeugt wurden.

Geeignete *Spinnflüssigkeiten* ergeben sich, wenn makromolekulare Stoffe mit langen fadenförmigen, möglichst unverzweigten, aber zu Querverbindungen neigenden Molekülen in einer dickflüssigen, viskosen, fadenziehenden Lösung vorliegen. Eine solche Spinnflüssigkeit wird unter Druck durch Spinndüsen, d. s. fein perforierte Metallscheiben, gepreßt und der an Luft oder in einem Fällungsbad erstarrende Faden mit mehr oder weniger großer Geschwindigkeit aufgespult, wobei der Faden meist noch eine Verstreckung erfährt.

Als billige *Rohstoffe* für die Kunstfaserindustrie, bei der auch Wirtschaftlichkeit oberste Richtlinie ist, bieten sich vor allem die zellulosische Gerüstsubstanz der pflanzlichen Zellwände, insbesondere *Baumwollabfälle* (Linters) und *Holzzellstoffe*, an. Außer der Zellulose sind auch billige *Proteine*, insbesondere das Casein der Magermilch und auch verschiedene Pflanzeneiweiße, als Rohstoff für Kunstfasern herangezogen worden. Weit wichtiger sind aber in den letzten Jahren gewisse *synthetische* Fasern geworden, deren Kettenmoleküle erst aus Bausteinen aufgebaut werden, die ihrerseits wieder aus billigen anorganischen Stoffen, insbesondere Steinkohle, hergeleitet werden.

Im Mikroskop lassen sich Kunstfasern meist sofort von Naturfasern unterscheiden. Sie haben z. B. keinen durchlaufenden Hohlraum, wie wir ihn als

Lumen bei den Pflanzenfasern ganz allgemein antreffen. Aber auch von den tierischen Fasern sind sie unschwer zu unterscheiden. Manche Kunstfasern täuschen ein Lumen vor, wenn sie bandartig bzw. rinnenförmig entwickelt sind und sich zu einer Röhre einrollen. Überhaupt sind der Durchmesser und die Querschnittsformen recht verschiedenartig, besonders bei den weniger stark verstreckten Fasern, wo der Einfluß des Fällungsbades auf das Querschnittsbild überwiegt. In Längsansicht zeigt sich dann meist eine deutliche Längs-, manchmal auch eine Querfurchung, und der Querschnitt ist gekerbt oder unregelmäßig gelappt. Die glatten, stabartigen Zellulosefasern besitzen einen starken Glanz (Kunstseidenglanz!), der aber nicht immer erwünscht ist. Sehr häufig sind daher die Zellulosefasern *spinnmattiert,* indem der Spinnflüssigkeit Metallsalze (z. B. Titanoxyd) zugesetzt werden, die, einen feinkörnigen Niederschlag bildend, die ganze Faser gleichmäßig durchsetzen.

Alle Kunstfasern, auch die Protein- und Synthesefasern, lassen elektronenmikroskopisch einen Aufbau aus *längsorientierten Fibrillen* erkennen, die an die Mikrofibrillen der pflanzlichen Zellwand erinnern. Auch in Stoffen aus tierischem Fasereiweiß, wie Sehnen, Muskeln usw., treten ähnliche Strukturelemente auf. Ferner besteht hinsichtlich der mit Jod oder Phosphorwolframsäure elektronenmikroskopisch nachgewiesenen periodischen Lockerstellen der Mikrofibrillen in Richtung der Faserachse große Ähnlichkeit zwischen chemisch ganz verschiedenem Fasermaterial. Aber der Fibrillendurchmesser in Kunstfasern beträgt etwa 4 nm, ist also geringer und nicht von so strenger Einheitlichkeit wie bei den Mikrofibrillen der Zellwand. Auch ist die Kristallinität und damit die innere Ordnung der Mikrofibrillen geringer bzw. der parakristalline (ungeordnete) Bereich derselben größer.

Prozentgehalt an kristalliner Substanz

beurteilt nach der	Baumwolle	Zellstoff	mercerisierte Baumwolle	hochfestes Reyon
Röntgenstruktur	69	65	47	39
Jodadsorption	97	95	90	73

Bei Röntgenuntersuchungen kann der kristalline Anteil durch seine selektive Beugung erkannt werden, während der amorphe Anteil eine diffuse Streuung hervorruft. Mit dem amorphen Anteil nimmt u. a. auch die Jodadsorption zu, weshalb die Zellulosekunstfasern mit Jod eine auffallend kräftige Blaufärbung ergeben.

Bezüglich des Unterschiedes im Kristallgitter von negativer und regenerierter Zellulose vergleiche S. 136.

In den Kunstfasern besteht besonders nach Verstreckung eine ausgesprochene Längsorientierung der Mikrofibrillen, doch fehlt jener hohe Grad von struktureller Überordnung so gut wie vollständig, wie er sich besonders in dem komplizierten Schichtenbau der pflanzlichen Naturfasern manifestiert. Lediglich eine mehr oder weniger ausgesprochene *Mantelbildung* tritt bei Kunstfasern nicht selten als Folge der Fällungsvorgänge auf. Sie ist um so geringer, je rascher und stärker eine Verstreckung erfolgt. In der Mantelschicht, die kontinuierlich in den *Faserkörper* übergeht, ist eine geringere Orientierung der Strukturelemente bei höherem spezifischen Gewicht nachgewiesen.

Spezifisches Gewicht von Viskosefasern

Faserart	Gesamtfaser	Fasermantel
Cuprama	1,510	1,510
Duraflox	1,512	1,525
Lenzing	1,507	1,530

Abweichend strukturierte Außenhäute sind auch bei Nylon und Perlon nachgewiesen worden, wo eine dünne, wenig orientierte Außenhaut den deutlich längs orientierten Faserstrang umschließt. Die strukturellen Unterschiede zwischen Naturfasern und vergleichbaren Kunstfasern äußern sich z. B. in verschiedener *Zugfestigkeit* und Doppelbrechung.

Zugfestigkeit von Textilfasern in kg/mm²

Natürliche Pflanzenfasern		Zellulosekunstfasern	
Baumwolle	26—80	Kupferreyon	23—33
Flachs	84	Normalviskosereyon	20—40
Hanf	90	Spezialviskosereyon	62
Ramie	91—95		
Jute	80—85		
Tierische Fasern		*Synthesefasern*	
Schafwolle	16—19	Orlon	43—53
Echte Seide	32—56	Nylon	47—70
		Perlon	52—63
Proteinkunstfasern		Terylen	40—88
Lanital	8—10		
Tiolan	11		

Doppelbrechung $(n_\gamma - n_\alpha)$ *von Textilfaserstoffen in bezug auf die Faserachse*

Baumwolle	0,046 0,068*	Ardil (Proteinfaser)	0,004
Flachs	0,067	Nylon	0,060
Ramie	0,068	Perlon	0,060
		Terylen	0,025
Kupferkunstseide	0,021		
Viskosefaser	0,024		
Azetatseide	0,004		

* In bezug auf die Schraubenneigung von 30° (vgl. S. 172).

Zur Größe der *Doppelbrechung* ist noch zu bemerken, daß diese nicht nur von der Orientierung der Mikrofibrillen (Formdoppelbrechung), sondern sehr wesentlich auch von der Gestalt der Fadenmoleküle, d. h. von der Substitution mit bestimmten, auf den Lichtvektor wirksamen Seitenketter abhängt. So ist z. B. die Azetatseide schon fast isotrop und das natürliche Chitin (Baustoff der Pilzmembranen und Insekten) sogar negativ doppelbrechend (— 0,003) in bezug auf die Molekülachse.

Der Homogenität im strukturellen Aufbau entspricht eine solche im Stofflichen, wenn man von etwaigen Fremdstoffeinlagerungen (Spinnmattierung) oder -auflagerungen, z. B. von wasserabstoßenden Kunstharzen, absieht. Die Abmessungen, d. h. Durchmesser und Stapellänge, werden den Naturfasern angepaßt, mit denen sie häufig zu Mischgarnen verarbeitet werden. In der Textilpraxis vielgebrauchte Kennzahlen sind der *Titer* und die Reißlänge (vgl. S. 174). Die Meßzahl des (Einzel-)Titers ist das *Denier* (den.), welche angibt, wieviel Gramm ein Faden von 9 km Länge wiegt, und stellt somit ein Maß für die Feinheit des Fadens dar[1]. Feinstfädige Kunstseiden und feinstfaserige Zellwollen haben einen Titer unter 1 den., feinfädige Kunstseiden und baumwollfeine Zellwollen 1 bis 3 den., mittelfädige Kunstseiden und normalfaserige Zellwollen 3 bis 5 den., während die grobfädigen und -faserigen Sorten über 5 den. erreichen. Neuerdings wird statt Denier meist die *metrische Nummer* (Nm) von Fäden und auch von Garnen angegeben, welche besagt, wieviel Meter auf ein Gramm des Fadens oder Garns kommen.

Weltproduktion an Kunstfasern in 1000 t

	13	1939	1959
USA	0,9	172	822
Japan	3,5	278	277
Westdeutschland	—	245	465
England	1,8	77	233
Italien	0,1	138	181
UdSSR	—	12	179
Ostdeutschland	—	—	146
Frankreich	1,5	32	143
Welt	11	1017	3097

Zellulosefasern

Die auf *Zellulosebasis* erzeugten Kunstfasern sind die ältesten, deren Produktion mengenmäßig auch heute noch bei weitem überwiegt. Man unterscheidet zwischen Kunstseide und Zellwolle. Bei *Kunstseide* (= Reyon) handelt es sich, wie bei der echten Seide, um einen endlosen, hochglänzenden Faden, während die *Zellwolle* meist aus mattierten Fäden mit gerillter Oberfläche besteht, die in Stücke bestimmter Länge (= Stapellänge) geschnitten sind und verspinnbar

---

[1] Diese Maßzahl wurde im Jahre 1900 metrisch festgelegt und geht auf den alten französischen Seidentiter zurück. Denier (vom lat. denarius) ist eine alte Gewichtseinheit (ca. 1,27 g) für einen Seidenfaden von ursprünglich 9600 Ellen. Gewogen wurden aber nur 400 Ellen (475,2 m) gleichbedeutend mit 400 Haspelumdrehungen.

sein müssen. Es gibt ungefähr so viel Typen von Kunstseiden und Zellwollen, als es Fabriken gibt, die ihre Produktion auch mit geschütztem Warennamen versehen.

Weltproduktion von Kunstseide und Zellwolle in 1000 t

	1949	1959
Kunstseide	743	1098
Zellwolle	501	1424

Die älteste Kunstseide ist die *Nitro-* oder *Nitratkunstseide* von 1891 (Graf Hilaire de Chardonnet). Durch Behandlung mit Salpetersäure (Nitrierung) war es erstmals gelungen, native Zellulose (Baumwoll-Linters) in einem Gemisch von Alkohol und Äther aufzulösen, welche Lösung heute noch als *Kollodium* (Christian Friedrich Schönbein, 1845) bekannt ist. Die Nitratseide wird heute kaum mehr hergestellt. Dagegen spielt *Zelloidin* (= Sprenggelatine) und *Zelluloid* (Nitrozellulose mit 23 bis 33% Kampfer), aus dem bis 1950 allgemein das Filmmaterial für Photo und Kino bestand, immer noch eine Rolle; heute bestehen die Filme aus nicht brennbarem Zelluloseazetat.

Der nächste erfolgreiche Versuch bestand in der Anwendung von Cuoxam (Kupferoxydammoniak) als Lösungsmittel für Zellulose (vgl. S. 173), auf welcher Basis in Deutschland seit 1896 *Kupferkunstseide* und *-zellwolle* erzeugt wird. Ausgangsmaterial sind meist Baumwollabfälle (Linters), in neuerer Zeit auch Edelzellstoff. Nach Beuchen (= oberflächlicher Reinigung und Auflockerung) und Bleichen durch Kochen mit verdünnter Natronlauge erfolgt eine Behandlung mit Kupfersulfat und Natronlauge und zuletzt mit Ammoniak. Die zähflüssige Spinnlösung wird entlüftet und filtriert und durch brauseförmige Spinndüsen in warmes (50° C), strömendes Wasser gepreßt und schnell unter Verstreckung des Fadens aufgespult. Die Verstreckung wird schon durch die gleichsinnige Wasserströmung bewirkt, welche man durch Verengung des Strömungsquerschnitts kontinuierlich erhöht. Die Spinndüsen bzw. -brausen bestehen aus hochlegierten Chrom-Nickel-Stählen, für Viskose aus dem Edelmetall Tantal, und weisen verschiedene, dem Verwendungszweck angepaßte Abmessungen auf.

Spinndüsen für	Düsendurchmesser in mm	Lochzahl	Lochweite in mm
Kunstseide	15—20	15—72	0,06—0,09
Kunstseide, Streckspinnverfahren	15—40		0,05—1,0
Zellwolle	60,2—74,0	9000—12 000	0,08—0,7

Der jetzt noch kupferblaue Faden muß in einem Schwefelsäurebad entfärbt werden. Im Mikroskop erscheint Kupferreyon als stabartiger, glatter, glänzender Faden mit rundem Querschnitt (Tafel 5). Beispiel: *Bemberg-Matesa*

(spinnmattierte Kupferkunstseide) und *Cuprama* (halbmattierte Kupferzell-
wolle) der IP Bemberg, Wuppertal-Barmen.

Baumwollinters sind auch der Rohstoff für die *Azetatkunstseide*. Nach dem
Bleichen wird hier mit Essigsäureanhydrid, Essigsäure und Schwefelsäure
behandelt. Es entsteht ein chloroformlösliches Zellulose-Triazetat; als Spinnlösung wird jedoch meist das sekundäre Azetat in Azeton-Alkohol gelöst verwendet. Nach Entlüftung wird meist trocken versponnen, wobei der Faden mit
großer Geschwindigkeit (150 bis 300 m/sec) aufgenommen und das Lösungsmittel durch einen gegenläufigen warmen Luftstrom entfernt wird. Die Azetat-
kunstfaser besteht nicht wie die anderen Zellulosefasern aus Zellulose, sondern
aus Azetylzellulose, was sich besonders in der Färbbarkeit — große Affinität zu
basischen Farbstoffen — äußert. Im Mikroskop zeigt die Azetat-Faser Längsstreifung und gekerbte Querschnittform. Beispiel: *Azeta* (Azetatkunstseide)
und *Azeta-Faser* (Azetatzellwolle) der IG Farben, Werk Aceta, Berlin-Lichten-
berg.

Die Hauptmasse der Zellulosekunstfasern wird aber aus *Natronzellulose*
bzw. Xanthogenat (= *Viskose*) hergestellt. Ausgangsstoff ist Holzzellstoff, der,
in Tauchpressen mit Natronlauge behandelt, in Natronzellulose übergeführt
wird. Die Alkalizellulose wird zwei bis drei Tage gelagert, sogenannte Vorreife.
Hierauf wird sie in Sulfidiertrommeln mit Schwefelkohlenstoff in Xanthogenat,
eine orangegelbe Masse, umgewandelt, die, in verdünnter Natronlauge gelöst,
die zähe Spinnflüssigkeit, Viskose genannt, darstellt. Viskose ist also eine
Natronverbindung des Zellulose-Dithiokohlensäureesters, aus dem die Zellulose
nach dem Spinnvorgang im Säurebad (hochprozentige Schwefelsäure und
Glaubersalz) wieder ausgefällt wird (regenerierte Zellulose!). Vorher muß
aber die Viskose im Unterdruck entlüftet werden, und meistens wird sie auch
noch einer Nachreife unterworfen. Das Schneiden auf Stapellänge kann entweder sofort nach dem Verlassen des Fällungsbades („Frühschnitt") oder erst
nach dem Entsäuern erfolgen („Spät- oder Neutralschnitt"). Bei letzterem wird
das von der Spinnmaschine kommende Kabel, das bis zu einer Million Zellu-
losefäden enthält, durch rotierende Messer auf Stapellänge zerschnitten und
gleichzeitig *aviviert*, d. h. durch Behandlung mit geeigneten Seifenlösungen
das Zusammenkleben im nachfolgenden Trockenprozeß verhindert. Doch werden gerade im Viskoseverfahren die technischen Einzelheiten vielfach abgewandelt und die Viskosefasern in zahlreichen Sonderformen erzeugt. Diese
Sonderformen, die zur Erzeugung von Mischgarnen mit Naturfasern von großer
Bedeutung sind, bezeichnet man durch angehängte Buchstaben: B Baumwolltyp
(leichte Kräuselung und Drehung), W Wolltyp (Kräuselung, schuppenförmige
Oberfläche), h hydrophobierter Typ (Anlagerung von Kunstharzen!), A animalisierter Typ (vgl. S. 201), F Festtyp (stärker verstreckt, entwässert), T Tep-
pichtyp (!) usw. Kräuselung kann man z. B. durch abwechselndes Quellen und
Schrumpfen oder durch Bearbeiten des noch plastischen Fadens mit geriffelten
Walzen erreichen. Eine schuppenförmige Oberfläche kann nach dem Zweibad-

verfahren mit Ammonbisulfit und Säure erhalten werden, wie überhaupt die Querschnittsform eine Resultierende aus der Zusammensetzung des Fällungsbades und der Verstreckung ist. Eine Verfestigung der Faser wird durch Wasserentzug im stark sauren oder wasserfreien Fällungsbad erhalten usw.

Die *Viskosefasern* zeigen im Mikroskop meist eine ausgesprochene Längsstreifung, der ein mehr oder weniger gekerbtes oder gelapptes Querschnittsbild entspricht (Tafel 5). Beispiele: *Flox-Zellwollen* und *Glanzstoff* der Vereinigten Glanzstoff AG Wuppertal, *Lanusa* der IG Farben Oppau, *Phrix BR* usw. der Phrix GmbH Hirschberg, *Schwarza-Zellwolle* der VEB Schwarza, Thüringen, *Vistra-Zellwolle* der IG Farben Premnitz-Wolfen usw.

Proteinfasern

Die Bemühungen, aus Eiweißlösungen verspinnbare Fäden herzustellen, reichen ebenfalls schon bis zu Beginn des Jahrhunderts zurück. Den ersten Erfolg hatte man mit dem *Casein* der Milch, das mit verdünnter Schwefelsäure aus Magermilch ausgefällt und in Natronlauge gelöst wurde. Dabei werden die globulären Proteine entknäuelt, d. h. zu faserigen Produkten denaturiert. Diese Spinnlösung unterwirft man nach Filterung und Entlüftung einem Reifeprozeß. Durch Zusatz von Viskose zur Proteinlösung gelangt man zu animalisierter Zellwolle, die sich wie Schafwolle färben läßt und daher für Wollmischgarne besonders geeignet ist. Das Fällungsbad, das wegen der schweren Gerinnbarkeit auf eine größere Strecke durchlaufen werden muß, ist schwefel-, mitunter auch ameisensauer. Nach dem Schneiden auf Stapellänge wird mit 40% Formaldehyd nachgehärtet, wobei zwischen den Proteinketten Methylen- und Oxymethylenbrücken ausgebildet werden. Der Gehalt an Formaldehyd macht die Faser mottensicher. Gegen Seife, Soda, höhere Temperaturen und Schweiß ist die Caseinfaser empfindlich. Ein Nachteil ist auch die geringe Zugfestigkeit (vgl. Tabelle S. 197). Vorteil: Filzbarkeit!

Auch *pflanzliche* Eiweiße sind zur Erzeugung animalisierter Fasern oder reiner Proteinfasern mit Erfolg herangezogen worden. So z. B. das Zein, ein alkohollöslicher Eiweißkörper (Prolamin) des Maisklebers (*Vicarafaser*), oder das Sameneiweiß der Erdnuß (*Ardilfaser*), von Soja, Sesam u. a. m.

Im Mikroskop zeigen die an sich gelblichen Proteinfasern eine geringe Längsstreifung, das Querschnittsbild ist rund bis rundlich, auch schwach gekerbt. Beispiel: *Lanital*, die italienische Caseinfaser der Snia-Vicosa, und *Tiolan* der Schwarza-Spinnstoffges., Thüringen.

Synthesefasern

Mit diesem Abschnitt verlassen wir das Gebiet der natürlichen Rohstoffe und gelangen zu den *hochmolekularen Kunststoffen*, die besonders auf dem Gebiete der Filme und Folien, der Schlichten und Appreturen, der Bindemittel, der Lacke, Preßmassen und des synthetischen Kautschuks überragende wirtschaftliche Bedeutung gewonnen haben. Die chemischen Grundreaktionen, die zu langen kettenförmigen Makromolekülen führen, sind:

1. *Polymerisation:* Verknüpfung gleicher oder gleichartiger niedermolekularer Monomeren, ohne daß sich Spaltprodukte bilden. Als Bausteine dienen vor allem ungesättigte Verbindungen, die sich unter Verlust der Doppelbindung aneinanderlegen können.

2. *Polykondensation:* Der schrittweise Aufbau zu Makromolekülen aus niedermolekularen Verbindungen erfolgt unter Abspaltung von Wasser, Halogenwasserstoffen u. a.

3. *Polyaddition:* Es treten verschiedenartige Komponenten zu Makromolekülen zusammen, ohne daß Spaltprodukte entstehen; dabei können innere Verschiebungen von Atomen, z. B. Wasserstoffatomen, auftreten.

Als Bausteine für die Synthesefasern kommen verschiedene, auch zur Erzeugung anderer Kunststoffe verwendete organische Verbindungen in Frage. Hervorragende wirtschaftliche Bedeutung haben im letzten Jahrzehnt vor allem drei Fasertypen erlangt: die *Polyacrylnitrilfasern* Orlon, Dralon, Wollcrylon usw., dann die *Polyesterfasern* vom Typ des Terylen, Trevira, Diolen u. a. und schließlich die *Polyamidfasern* Nylon und Perlon.

Azetylen, dieser wohlfeile Ausgangsstoff für so viele Kunststoffe, wird nach einem grundlegenden Verfahren in Deutschland seit 1939 (H. REIN) durch Anlagerung von Zyanwasserstoff in wäßriger Phase in das *Akrylnitril* (Vinylzyanid) übergeführt. Diese Verbindung polymerisiert sehr leicht zu einer

$$CH\!=\!CH + HCN \rightarrow CH_2\!=\!CHCN \qquad \cdots CH_2\!-\!CH\!-\!CH_2\!-\!CH\!-\!CH_2\!-\!CH \cdots$$
$$\underset{\textstyle CN}{\mid} \qquad\quad \underset{\textstyle CN}{\mid} \qquad\quad \underset{\textstyle CN}{\mid}$$

Azetylen $+$ Blausäure $\rightarrow$ Akrylnitril   Polymerisat

unlöslichen und nicht schmelzbaren Masse, für die man aber dann doch im Dimethylformamid $HC\!\!\diagdown\!\!\begin{smallmatrix} N(CH_3)_2 \\ \\ O \end{smallmatrix}$ ein Lösungsmittel fand. Diese Spinnmasse wird gegen einen Heißluftstrom von mehr als 200° C versponnen und der Faden noch heiß auf das Zehnfache verstreckt. Daraus resultieren eine hohe Kristallinität und gute Festigkeitseigenschaften. Die hervorstechendsten Merkmale dieses Fasertyps sind die gute Chemikalienbeständigkeit, die Resistenz gegen Bakterien- und Insektenfraß, hervorragende Licht- und Wetterbeständigkeit und eine sehr hohe Hitzeresistenz (praktisch bis 180° C). Die Fasern sind unlöslich in den üblichen organischen Lösungsmitteln, kochfest und schrumpfen wenig. Es besteht nämlich in der verstreckten Faser ein rein linearer Molekülaufbau o h n e Querbrückenbildung.

Da die Faser ausgesprochen hydrophob ist, läßt sie sich nur schwer färben. Eine Färbung gelingt nur mit ausgewählten Azetat- und basischen Stoffen, durch Abbindung von Pigmentfarben mit Kunstharz oder mit speziellen, für die Faser nicht ganz ungefährlichen Färbungsverfahren.

Noch während des Krieges brachte Du Pont, Cambden, Waynesboro, USA, die *Orlonfaser* auf den Markt; *Redon* ist ein ähnliches Produkt der Phrix GmbH, Hamburg, ebenso *Wollcrylon* der Agfa, Wolfen, und 1959 hat Bayer, Dormagen, die Produktion von *Dralon* aufgenommen.

Zur *Mikroskopie* der Polyacrylnitrilfasern ist zu bemerken, daß sie in Längsansicht meist eine mehr oder weniger ausgeprägte Querstreifung erkennen lassen, die durch Schrumpfungsvorgänge, oberflächliche Gaseinschlüsse oder mechanische Einwirkungen entstanden sein kann. Immer sind auch einige deutlich sichtbare Längsstreifen zu sehen, denen gekerbte Querschnittsformen entsprechen. Redon und Dralon erweisen sich außerdem im Querschnitt als flachbandartig, und Wollcrylon besitzt einen ausgesprochenen Drall, der den Wollcrylon-Textilien einen sehr wollähnlichen Charakter verleiht.

Als Beispiel für eine *Polyesterfaser* nennen wir die englische *Terylenfaser* der Imp. Che. Ind. Ltd., Wilton, Nord-Yorkshire, die seit 1947 erzeugt wird. Ausgangsprodukt sind die zyklische Dikarbonsäure *Terephtalsäure* und der zweiwertige Alkohol *Äthylenglycol*.

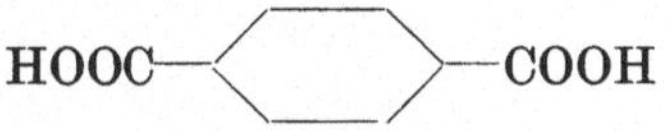

$$HOOC-\langle\!=\!\rangle-COOH \qquad\qquad OH\cdot CH_2\cdot CH_2\cdot OH$$

Terephtalsäure   Äthylenglycol

Als Reaktionsprodukt dieser beiden Stoffe entsteht durch Polykondensation ein zähflüssiger Polyester.

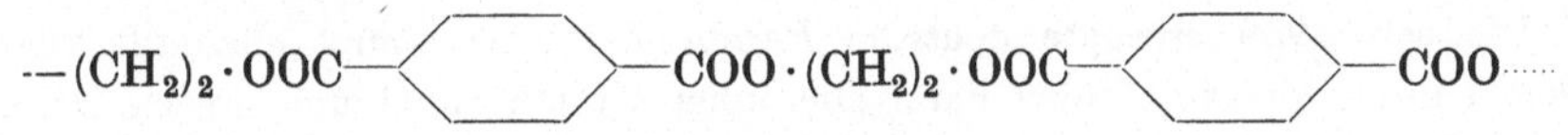

$$-(CH_2)_2\cdot OOC-\langle\!=\!\rangle-COO\cdot(CH_2)_2\cdot OOC-\langle\!=\!\rangle-COO\cdots$$

Terylen-Polyester

Die Makromoleküle dieses Polyesters sind in ihrem Aufbau mit der Zellulose vergleichbar: Eine gewisse Starrheit der Moleküle ist mit hoher Kristallinität (nach der Verstreckung) verbunden. Die Fäden werden aus der Schmelze gezogen und einer acht- bis zehnfachen Kaltverstreckung unterworfen. Es entsteht eine hohe innere Ordnung, aus der sich gute textiltechnische Eigenschaften, z. B. Zugfestigkeit (vgl. Tab. S. 197), bei allerdings geringer Dehnbarkeit herleiten. Unter allen Textilfasern weist Terylen die geringste Feuchtigkeitsaufnahme auf, brennt schwer und schmilzt in der Flamme. Die Beständigkeit gegen Säuren, Oxydationsmittel, Bakterien usw. ist gut, gegenüber Alkalien aber wegen der Verseifbarkeit des Säureesters nicht besonders. Die Färbbarkeit dieser Fasern ist wieder sehr gering, und man ist daher auf Färbung in der Masse bzw. auf Spezialverfahren angewiesen.

Die Faser wird hauptsächlich als Kunstseide hergestellt und dient für technische Gewebe und in zunehmendem Maße auch für formbeständige Kleidung. In Deutschland wird dieser Fasertyp seit 1945 als *Trevira* durch die Farbwerke Hoechst in Bobingen und als *Diolen* durch Glanzstoff in Obernburg hergestellt.

Zu den wichtigsten Synthesefasern sind bisher die *Polyamidfasern* Nylon und Perlon geworden. Die amerikanische *Nylonfaser* wird seit 1938 industriell erzeugt. Der Ausgangsstoff ist Phenol (Steinkohlenteer), aus dem über Cyclohexanol *Adipinsäure*, eine offene Dikarbonsäure, gewonnen wird. Diese kann über das Diamid und Dinitril durch katalytische Hydrierung in *Hexamethylendiamin* übergeführt werden.

Das Diamin und die Dikarbonsäure gehen nun bei Temperaturen über 175° C durch stufenweise Polykondensation in das fadenziehende Polyamid über. Dieses wird nach dem Schmelzspinnverfahren unter hohem Druck (70 atü)

$$\text{Phenol} + 3\,H_2 \longrightarrow \text{Cyclohexanol} + 2\,O_2 \longrightarrow HOOC-(CH_2)_4-COOH$$

Phenol   Cyclohexanol   Adipinsäure

$$H_2N-(CH_2)_6-NH_2 \qquad\qquad \ldots HN-(CH_2)_6-NH\text{-}CO-(CH_2)_4-CO\ldots$$

Hexamethylendiamin   Polyamid

mit Abzugsgeschwindigkeiten von 400 bis 1000 m/sec versponnen. Hierauf erfolgt noch eine Kaltverstreckung auf das Vier- bis Fünffache, wodurch der Nylonfaser eine hohe Orientierung (vgl. Tab. S. 197) gegeben wird. Der Schmelzpunkt von Nylon liegt bei 265° C.

Die seit 1939 erzeugte deutsche *Perlon-(L-)*Faser nimmt ebenfalls vom Phenol ihren Ausgang, führt dann aber über Cyclohexanol und dessen Oxim zum ε-Caprolactam, welches unter Öffnung des Ringes zu einem Polyamid polymerisiert. Die Rohmasse des Polyamids wird im zähflüssigen Zustand zunächst zu Bändern ausgezogen und nach dem Erstarren zu Schnitzeln zerkleinert, aus

ε-Caprolactam

$$\ldots HN-(CH_2)_5-CO-HN-(CH_2)_5-CO\ldots$$

Polyamid

denen dann mit kochendem Wasser die monomeren Laktamreste entfernt werden. Erst dann wird aus der Schmelze bei 260° C trocken versponnen und kalt nachverstreckt. Dadurch wird die hohe Festigkeit und Elastizität der Perlonfaser erreicht. Nylon und Perlon werden als Kunstseide und Stapelfaser z. B. auch mit Kräuselung nach Behandlung mit Säuren oder Salzlösungen verarbeitet. In der Strumpferzeugung ist durch diese Fasern Natur- und Kunstseide bekanntlich vollständig verdrängt worden. Die Polyamidfasern sind sehr gut gegen Alkali, Bakterien usw., auch relativ gut gegen Säuren beständig und werden nur in Wollmischgarnen von Motten angegriffen.

Das zuerst von Du Pont, Orange, Texas, herausgebrachte Nylon wird jetzt nicht nur von mehreren amerikanischen Firmen, sondern auch in zahlreichen anderen Ländern, z. B. in Italien von der Electrochimica del Toce, in Deutschland von der Rhodiaceta, Freiburg/Breisgau, und von der Glanzstoff AG, in der Schweiz von Société de la Viscose, Emmenbrücke, und in Österreich von Büchele & Co., Weiler, Vorarlberg, erzeugt. Perlon ist von IG-Farben, Ludwigshafen, und

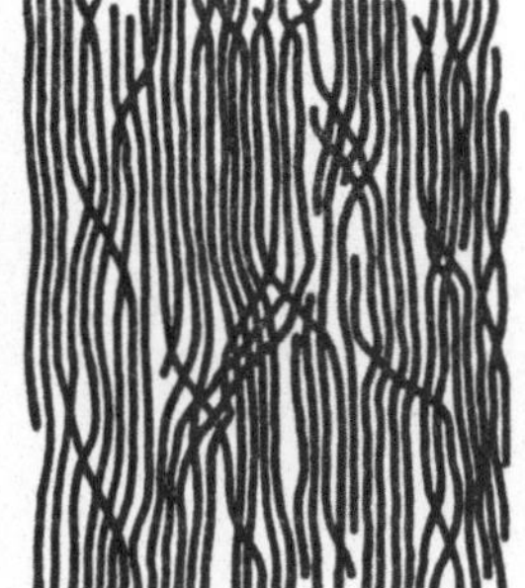

Abb. 55. Micellarer Faserbereich bei Verstreckung (nach HELD). Links: Vor der Verstreckung. Rechts: nach der Verstreckung.

Agfa, Wolfen, ausgegangen und wird heute auch von der Glanzstoff AG, der VEB Schwarza in Thüringen u. a., ferner in Japan hergestellt.

Im *Mikroskop* erweisen sich die Polyamidfasern als stabförmig mit rundem Querschnitt. Die Oberfläche ist glatt, bei gewollter und ungewollter Oberflächenmattierung auch mit feinen Poren, Längsspalten oder Einschüssen versehen (Tafel 5).

Alle genannten *Synthesefasern* erfahren, wie schon gesagt, eine starke *Nachverstreckung,* wodurch sie erst ihre hohen Faserqualitäten erhalten. In diesem Arbeitsgang werden nämlich die in der Schmelze bzw. Spinnlösung noch mehr oder weniger ungeordneten kristallinen Feinbereiche (Micellen) in der Faserachse weitgehend ausgerichtet (Abb. 55) und so eine hohe innere Ordnung im Faserstand geschaffen. Bei Fasern mit häufigeren oder stärkeren intermolekularen Querbrückenbildungen hat das latente Spannungen zur Folge, die nach Ausgleich streben. Dies kann über längere Zeiten zu unliebsamen Formänderungen konfektionierter Ware führen. Man versucht diesem Übelstand durch *Thermofixierung* zu begegnen, indem durch eine kurzzeitige Nachbehandlung mit trockener oder feuchter Wärme die Fasern vorübergehend thermoplastisch gemacht werden. In diesem Zustand können die Fadenmoleküle in eine neue, den Spannungsverhältnissen angepaßte stabile Lage gleiten.

Natürliche Fasern (Zusammenstellung nach SCHUSTER)

Pflanzenfasern				Tierische Fasern		Mineral. Fasern
Samenfaser	Stengelfasern	Blattfasern	Fruchtfasern	Wollen	Seiden	
*Baumwolle	*Flachs, Hanf	*Neuseeländerhanf	*Kokosfaser	*Schafwolle, Ziegen-	*Echte (Maulbeer-)	*Asbest
*Pflanzendaunen	*Jute, Ramie	*Manilahanf		haar, Kamelhaar	Seide	*Glasfasern
(Kapok, Bombax)	*Kenaf, Brennessel	*Sisalhanf		*Altwolle, Gerber-	Wilde Seiden:	*Metallfäden
*Pflanzenseide	Ginster, Typha	*Juccafaser		wolle, Kamelziegen-	*Tussahseide	
(Asclepiaswolle)	Hopfenfaser	*Raphia, Istlé		haar (Paco, Vicuna,	Jamamaiseide	
Sonstige Samen-	Lupinenfaser	Mauritiushanf		Lama)	Eriaseide	
fasern (Rohr-	Torffaser	Waldwolle, Ananas-		Sonstige Haare:	Fagara	
kolben-, Pappel-,	Weidenbastfaser	hanf, Sanseveria-		*Angorakanin	Anaphe	
Wollgraswolle)	*Sonnenhanf	hanf, Carvafaser		*Roßhaar	Spinnenseide	
				*Menschenhaar	Muschelseide	

Kunstfasern = Chemiefasern

Natürliche Polymeren				Synthetische Polymeren					
Zellulosebasis		Eiweißbasis		Polymerisationsprodukte			Polykondensationsprodukte		Polyadditionsprodukte
Regene- rierte Zellulosen	Zellulose- derivate	Tierisches Eiweiß	Pflanz- liches Eiweiß	Polyvinyl- fasern	Polyacryl- nitrilfasern	Mischpoly- merisate	Polyester	Polyamide	
*Kupfer- Reyon	*Acetat- reyon	*Lanital	*Vicara	PeCe	*Orlon	PeCe 120	*Terylen	*Nylon,	Perlon U
*Viscose- Reyon	*Acetat- Zell- wolle	*Tiolan	*Ardil	PCU	*Redon	Vinyon	*Trevira	Perlon	
*Kupfer- Zell- wolle		Thiozell	Sarelon	Rhovyl	*Dralon	Dynel	*Diolen	Phrilon,	
*Viscose- Zell- wolle		Azlon	Alginat- faser	usw.	*Woll- crylon	Saran	Dacron	Amilon	
		Caslon			PAN	Acrilan		Enkalon,	
		Casolana			Dolan	Velon		Kapron	
		Fibrolan				Permalon		Mirlon, Silon,	
						Dorid		Steelon	
								Polymer R	
								Rilsan	

* In diesem Buch angeführt bzw. behandelt.

Erzeugung vollsynthetischer Fasern in 1000 t

	1950	1959	1962
USA	55,5	292,7	456
Japan	0,5	80,4	—
England	4,4	38,7	—
Westdeutschland	0,9	38,6	—
Frankreich	1,7	32,7	—
Italien	0,6	25,1	—
Welt	69,4	575,0	1070

Zusammenfassende Literatur zu 8.

BROWN, J. C., D. B. STEVENS und C. S. WHEWELL, Veränderungen in naßbehandelter Wolle. CIBA-Rundschau, 1962/2, 2-27.

Fibre Structure. Ed. J. W. S. HEARLE and R. H. PETERS. Manchester and London: The Textile Institute Butterworths, 1963.

FILSHIE, B. K., and G. E. ROGERS, The Fine Structure of α-Keratin. Journ. Moleculare Biology 3, 784—786 (1961).

FREY-WYSSLING, A., Die pflanzliche Zellwand. Berlin-Göttingen-Heidelberg: Springer-Verlag, 1959.

GESSNER, W., Naturfasern — Chemiefasern. Leipzig: Fachbuchverlag, 1955.

Glanzstoff-Chemiefasern. Hrg. v. Vorstand d. Vereinigten Glanzstoff-Fabriken A. G., Wuppertal-Elberfeld, 2. Aufl., 1960.

HAUPTMANN, B., Angewandte Textilmikroskopie. Leipzig: Fachbuchverlag, 1951.

HAUSSNER, W., Faseratlas. 2. Aufl., Berlin: Volk und Wissen, VEB, 1952.

HERZOG, A., Mikrophotographischer Atlas der technisch wichtigen Pflanzenfasern. Text- und Atlasteil. Berlin: Akademie-Verlag, 1955.

OPITZ, H., Faserkunde. Stuttgart: Franckh'sche Verlagshandlung, 1940.

ROELOFSEN, P. A., The plant cell wall. LINSFAUER/Handbuch der Pflanzenanatomie, 2. Aufl., Bd. III, Teil 4, Abt. Cytologie. Berlin-Nikolasee: Gebr. Bornträger, 1959.

ROGERS, G. E., Electron Microscopy of Woll. J. Ultrastr. Research 2, 309—330 (1959).

SAECHTLING, H., Werkstoffe aus Menschenhand, Technik und Wirtschaftsgeschichte 1910—1960. München: Carl Hanser Verl., 1961.

SCHUSTER, K., Die Rohstoffe für die Textilindustrie. Stuttgart: R. Kohlhammer, 1953.

SCHUY, J., Hanf- und Flachsbau und Verwertung. Salzburg: Buchverl. d. Salzburger Landw.-Kammer, 1950.

SCHWERDTNER, H., Chemische und physikalische Grundlagen textiler Faserstoffe. Berlin: VEB-Verl. Technik, 1954.

STOVES, J. L., Fibre Microscopy. London: National Trade Press Ltd., 1957.

Textile Faserstoffe. Autorenkollektiv. Leipzig: VEB-Fachbuchverl., 1963.

TOELER-WOLF, F., und Gertrud, Mikroskopische Untersuchung pflanzlicher Faserstoffe. Leipzig: S. Hirzel, 1951.

WERNER, A. J., Chronik der Chemiefasern in der Welt. Leverkusen-Bayerwerk, 1956.

Wollkunde. Hrg. v. H. DOEHNER u. H. REUMUTH. 2. Aufl. Berlin u. Hamburg: P. Parey, 1964.

Nachwort

Am Ende unseres Weges durch die Vielfalt organischer Rohstoffe aus dem Pflanzen- und Tierreich sei noch ein abschließendes Wort zum Verhältnis natürlicher und künstlicher Rohstoffe gestattet. Wie in der Natur selbst, so gilt auch im Bereiche ihrer Anwendung und Nutzbarmachung das πάντα ῥετ des Demokrit. Manche ehedem marktbeherrschende Naturstoffe, wie etwa gewisse Pflanzenfarbstoffe und manche andere, gehören der Vergangenheit an und sind durch Erzeugnisse der chemischen Industrie verdrängt worden. Die vielen synthetischen Farbstoffe sind längst vom Odium des „Ersatzstoffes" befreit, und gleiches gilt auch für andere Kunststoffe, wie etwa die verschiedenen Arten künstlichen Kautschuks. Es gibt aber auch Beispiele dafür, daß die Qualität eines Naturstoffs nicht so leicht zu erreichen oder gar zu übertreffen ist, wie z. B. beim Leder, dessen Ersatz zwar schätzbare Eigenschaften haben kann, im ganzen genommen aber doch hinter dem echten Naturprodukt zurückbleiben muß.

Bei Kunstprodukten (Kautschuk, Kunststoffen, Fasern usw.) hat man es vielfach in der Hand, dem Rohstoff und damit auch dem Endprodukt spezielle Eigenschaften für spezifische Zwecke zu verleihen, für die es dann das Naturprodukt übertreffen kann, das selbst immer allgemeinere und breiter streuende Eigenschaften aufweist; denn ein Naturstoff ist niemals primär für den Menschen und seine heute so differenziert gewordenen technischen Absichten und Zwecke gebildet worden. Das ist auch der Grund, warum die Naturstoffe einer immer intensiveren Bearbeitung im Sinne einer Veredelung unterworfen werden. Hier sei z. B. auf die gerade in den letzten Dezennien so rasch emporgekommene holzveredelnde Industrie oder auf die Veredlung von Naturfasern (No-iron-Hemden aus Baumwolle!) hingewiesen.

Immer aber wird neben der Qualitätsfrage letzten Endes die Preisfrage im Wettstreit zwischen Natur- und Kunstprodukt entscheiden. Die Land- und Forstwirtschaft der Industrieländer und auch die Tropenwirtschaft der Überseeländer haben schon bedeutende Fortschritte zur Rationalisierung ihrer weitverzweigten Tätigkeiten erzielt und tragen so das Ihre dazu bei, die natürlichen Rohstoffe marktfähig zu erhalten. Häufig genug ist allerdings aus der Konkurrenz ein einträchtiges Zusammenwirken, oft geradezu wörtlich (z. B. bei Fasern, Holz-Kunststoffen), geworden.

Auf einem großen Gebiet stehen die Naturstoffe allerdings noch konkurrenzlos da; wir meinen den Kohlenhydrat-, Eiweiß-, Speisefettsektor. Unser „tägliches Brot" kann zwar aus Fabriken kommen, dort aber nicht synthetisiert werden. Wird endlich die Frage nach Qualität zu einer Sache des Geschmacks- und Kunsturteils, so wird überall mit Vorliebe und mit Recht auf das im höheren Sinne unersetzliche Naturerzeugnis zurückgegriffen.

Es besteht daher keineswegs die Gefahr, daß die Naturstoffe durch Kunststoffe überall verdrängt werden könnten. Im Gegenteil, es sind heute manche

Naturstoffe stärker gefragt als je zuvor, doch sowohl ihre Anwendungsgebiete wie auch ihre Verarbeitung haben sich geändert. Es bleibt die Natur nach wie vor die unerschöpfliche und unerreichbare Erzeugerin unserer *edelsten* Rohstoffe, die in ihren vielseitigen Verwendungsmöglichkeiten durch k e i n von Menschenhand geschaffenes Produkt übertroffen werden können. Vor allem aber wohl ist die Natur in mehr als einem Belange die g r o ß e L e h r - m e i s t e r i n des Menschen geblieben.

Allgemeine Literatur

Nutzpflanzen — Rohstoffe

CAMPESE, O., Colture tropicale e lavorazione dei podotti, Vol. 1—7. Milano: U. Hoepli, 1937/38.

ERDMANN-KÖNIG's Warenkunde. 16. Aufl. v. E. REMANOVSKY. Leipzig: A. Barth, 1921.

ESDORN, Ilse, Die Nutzpflanzen der Tropen und Subtropen der Weltwirtschaft. Stuttgart: G. Fischer, 1961.

GISTL, R., Naturgeschichte pflanzlicher Rohstoffe. München-Berlin: J. F. Lehmann, 1938.

GRÜNSTEIDL, E., et al., Warenkunde mit Einschluß der Technologie. Wien: F. Deuticke, 1959.

GUTTMANN, H., Die Weltwirtschaft und ihre Rohstoffe. Unter Mitwirkung v. M. JUNG. Berlin: Safari-Verl., 1956.

Handbuch der Pflanzenzüchtung. Hrg. v. H. KAPPERT und W. RUDORF. Berlin-Hamburg: P. Parey, 1958.

Handbuch der tropischen und subtropischen Landwirtschaft. Hrg. v. G. A. SCHMIDT u. A. MARCUS, 2 Bde. Berlin: Mittler, 1943.

HILL, A. F., Economic Botany. A Textbook of useful Plants and Plant Products. New York-Toronto-London: Mc-Graw Hill, 1952.

Kulturpflanzen der Weltwirtschaft. Hrg. v. O. WARTEURG und J. E. VAN SOMEREN-BRAND. Leipzig: R. Voigtländer, ohne Jz.

NEGER, F. W., Grundriß der botanischen Rohstofflehre. Stuttgart: F. Enke, 1922.

RAUH, W., Morphologie der Nutzpflanzen. Heidelberg: Quelle u. Meyer, 1950.

SCHRÖDER, R., Die Wirtschaftspflanzen der warmen Zonen. Kosmosbibl. 229. Stuttgart: Franckh'sche Verlagshandlung, 1961.

Tropische und subtropische Weltwirtschaftspflanzen. Hrg. von A. SPRECHER VON BERNEGG. 2. Aufl. Stuttgart: F. Enke, 1961.

ULERICHT, H., Grundriß der pflanzlichen Rohstoffkunde. Leipzig: S. Hirzel, 1952.

WIESENER, J., Die Rohstoffe des Pflanzenreichs. 4. Aufl., 2 Bde. Hrg. v. P. KRAIS u. W. VON BREHMER. Leipzig: W. Engelmann, 1927/28; 5. Aufl. Hrg. v. C. VON REGEL. Weinheim: J. Cramer, 1962.

Chemie — Mikrochemie

BEYTHIEN, A., und W. HEINMANN, Einführung in die Lebensmittelchemie. Dresden u. Leipzig: Th. Steinkopff, 1961.

Biochemisches Taschenbuch. Hrg. v. H. M. RAUEN. Berlin-Göttingen-Heidelberg: Springer-Verlag, 1956. 2. Aufl. 1964.

Chemie der Pflanzenzellwand. Hrg. v. E. TREIBER. Berlin-Göttingen-Heidelberg: Springer-Verlag, 1957.

FIESER, L. F., u. Mary FIESER, Lehrbuch der organischen Chemie, 3. Aufl. Weinheim/Bergstraße: Verlag Chemie, 1957.

Grundlagen der allgemeinen Vitalchemie in Einzeldarstellungen. Hrg. v. H. LINSER, 7 Bde. Wien-Innsbruck: Urban-Schwarzenberg, 1955.

HARRISON, K., Kurzer Abriß der Biochemie. Wien: F. Deuticke, 1961.

HEGNAUER, R., Chemotaxonomie der Pflanzen. Eine Übersicht über die Verbreitung und systematische Bedeutung der Pflanzenstoffe I—III. Basel-Stuttgart: Birk-häuser, 1962—1964.

HOPPE, H. A., Drogenkunde. Handbuch der pflanzlichen und tierischen Rohstoffe. Hamburg: De Gruyter, 1958.

JENSEN, A. W., Botanical Histochemistry. San Francisco and London: Freeman, 1962.

KANER, W., Konstitution und Vorkommen der organischen Pflanzenstoffe (mit Aus-nahme der Alkaloide). Basel u. Stuttgart: Birkhäuser, 1958.

KARLSON, P., Kurzes Lehrbuch der Biochemie für Mediziner und Naturwissenschaftler. Stuttgart: Georg Thieme Verl., 1961. 2. Aufl. 1964.

KINZEL, H., Biochemische Ergebnisse von pflanzenphysiologischer Bedeutung. Proto-plasma *50*, 644—665 (1959).

Moderne Methoden der Pflanzenanalyse. Hrg. v. K. PAECH und M. V. TRACEY, 6 Bde. Berlin-Göttingen-Heidelberg: Springer-Verlag, 1955—1964.

MOLISCH, H., Mikrochemie der Pflanze. 2. Aufl. Jena: G. Fischer, 1921.

NERDEL, F., und B. SCHRADER, Organische Chemie. 2. Aufl., Berlin: W. de Gruyter, 1964.

PAECH, K., Biochemie und Physiologie der sekundären Pflanzenstoffe. Berlin-Göttin-gen-Heidelberg: Springer-Verlag, 1955.

SCHORMÜLLER, J., Lehrbuch der Lebensmittelchemie. Berlin-Göttingen-Heidelberg: Springer-Verlag, 1961.

TUNMANN, O., und L. ROSENTHALER, Pflanzenmikrochemie. 2. Aufl. Berlin: Born-traeger, 1931.

WEHMER, C., Die Pflanzenstoffe. 2. Aufl. 2 Bde. Jena, 1929, 1931.

Mikroskopie — Submikroskopie

Biological Structure and Function. Proceedings of the First IUB/UIBS International Symposium Stockholm, September 1960. Ed. T. W. GOODWIN and O. LINDEERG, Vol. I, II. London and New York: Academic Press, 1961.

CLAYEDEN, E. C., Practical Section Cutting and Staining, 4. Aufl. London: J. a. A. Churchill Ltd., 1962.

ENGSTRÖM, A., and J. B. FINEAN, Biological Ultrastructure. New York: Academic Press, 1958.

FREY-WYSSLING, A., Submicroscopic Morphology of Protoplasm. 2nd English Ed. Amsterdam and New York: Elsivier Publ., 1953.

GASSNER, G., Mikroskopische Untersuchung pflanzlicher Nahrungs- und Genußmittel. 2. Aufl. Jena: G. Fischer, 1951.

HERZOG, A., Mikrophotographischer Atlas der technisch wichtigen Pflanzenfasern. Berlin: Akademie-Verlag, 1955.

The Interpretation of Ultrastructure (Sympos. intern. Soc. Cell Biology. Vol. 1). Ed. J. C. HARRIS. New York-London: Academic Press, 1962.

KÜSTER, E., Die Pflanzenzelle. 3. Aufl. unter Mitwirkung v. K. HÖFLER. Hrg. v. Gertrud KÜSTER-WINKELMANN. Jena: VEB G. Fischer, 1956.

Modern Developments in Electron Microscopy. Ed. B. J. M. SIEGEL. New York-Lon-don: Academic Press, 1964.

MOELLER, J., Mikroskopie der Nahrungs- und Genußmittel aus dem Pflanzenreiche. 3. Aufl., neu bearbeitet v. C. GRIEFEL. Berlin: J. Springer, 1928.

Proceedings of 5th Intern. Congr. Electron Microscopy, Philadelphia 1962. New York-London: Academic Press, 1962.

Verhandlungen des 4. intern. Kongr. f. Elektronenmikroskopie, Berlin 1958. Berlin-Göttingen-Heidelberg: Springer-Verlag, 1960.

Statistik

Ergebnisse der Landwirtschaftlichen Statistik im Jahre 1961. Hrg. v. Österr. Statist. Zentralamt, Wien, 1962, Heft 74.

Statistik des Außenhandels Österreichs 1960. Hrg. v. Österr. Statist. Zentralamt, Wien, 1961.

Statistisches Jahrbuch über Ernährung, Landwirtschaft und Forsten der Bundesrepublik Deutschland 1960. Hrg. v. Bundesminister für Ernährung, Landw. u. Forsten. Hamburg-Berlin: P. Parey, 1960.

Statistisches Jahrbuch für die Bundesrepublik Deutschland 1960. Hrg. v. Statist. Bundesamt. Stuttgart-Mainz: W. Kohlhammer, 1960.

Statistical Abstracts of the United States 1960. U.S. Bureau of the Census 81st. Ed. Washington C.D., 1960.

Production Yearbook 1961. Food and Agriculture Organization of the United Nations (FAO), Vol. 15. Rome, 1962.

Trade Yearbook 1961. Food and Agriculture Organization of the United Nations (FAO), Vol. 15. Rome, 1962.

Yearbook of Forest Products Statistics 1961 (FAO). Rome, 1961.

Tafel 1. Cerealien-Stärken, Vergr. 360×.

Weizen	Hafer
Roggen	Reis
Gerste	Mais

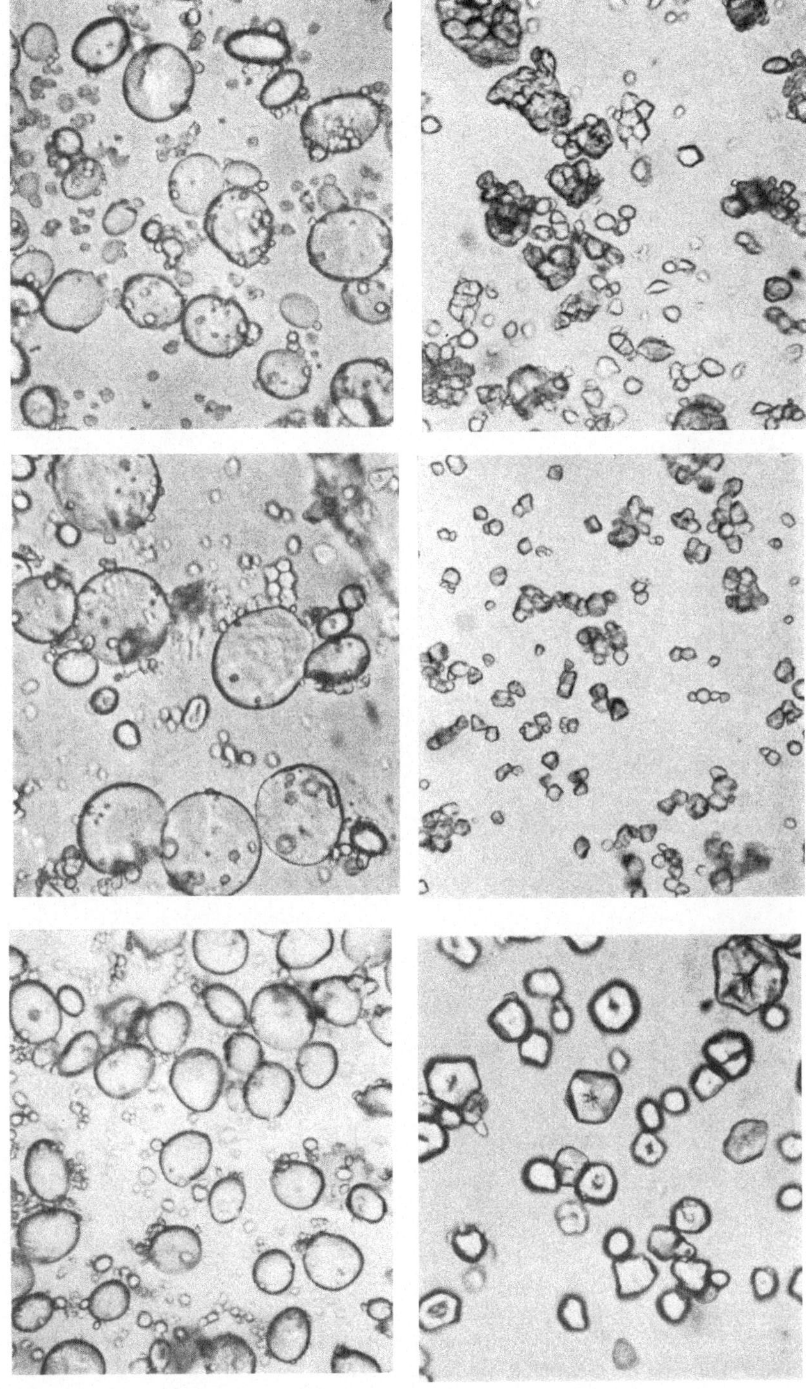

Tafel 2. Hülsenfrucht- und Knollenstärken, Vergr. 360×.

Bohne	Kartoffel
Batate	Yams (*Dioscorea*)
Cassave (Maniok)	*Canna*

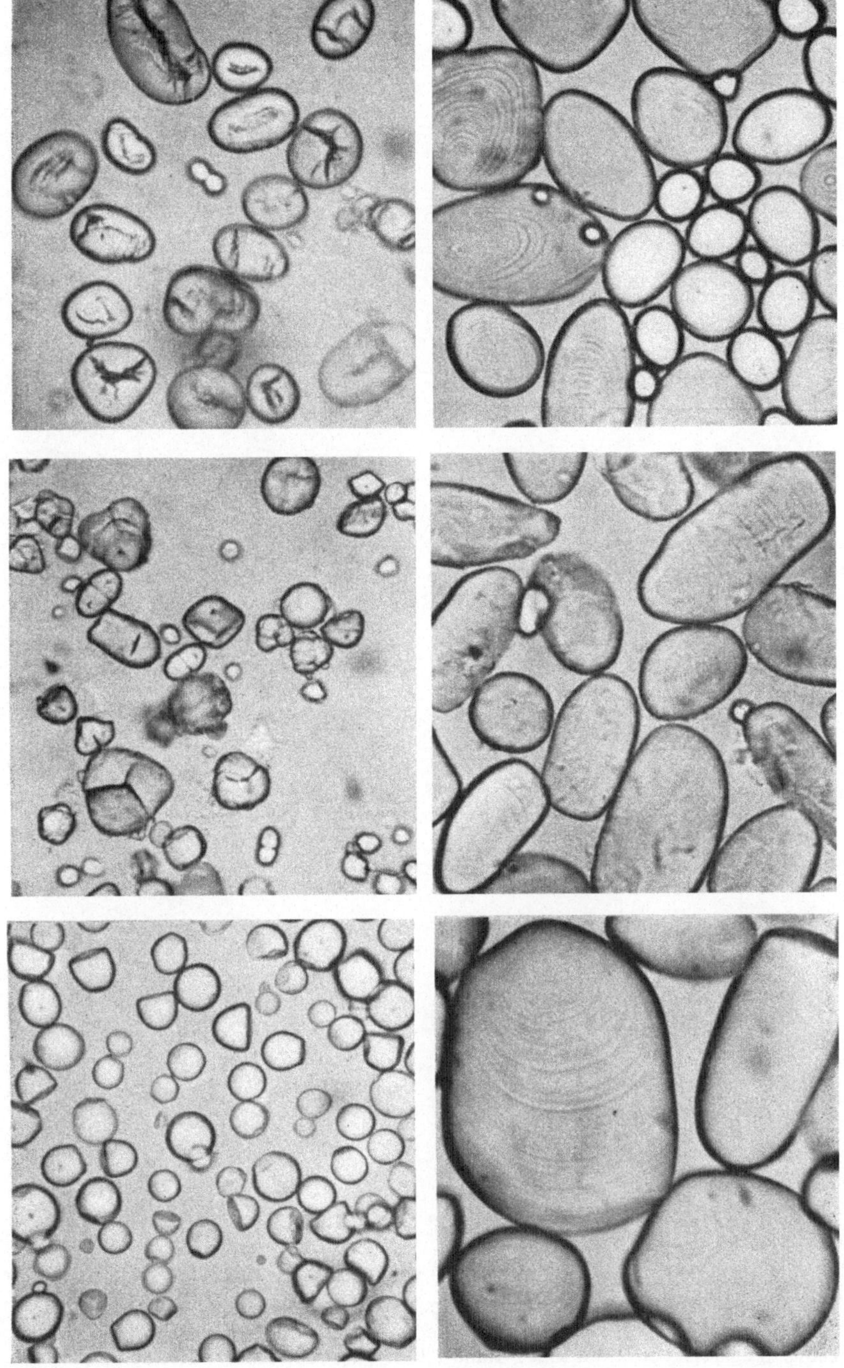

Tafel 3. Nadelholz.

Tanne quer, 30×   radiale Überkreuzungsfelder, 200×
                       Tanne: alle Markstrahlzellen = einfache Tüpfel
Tanne tangential, 30× Fichte: Randzellen (Quertracheiden) = Hoftüpfel
                       Föhre: Randzellen (Quertracheiden) = gezackte Zellwände
                              Innenzellen (Querparenchym) = große Fenstertüpfel

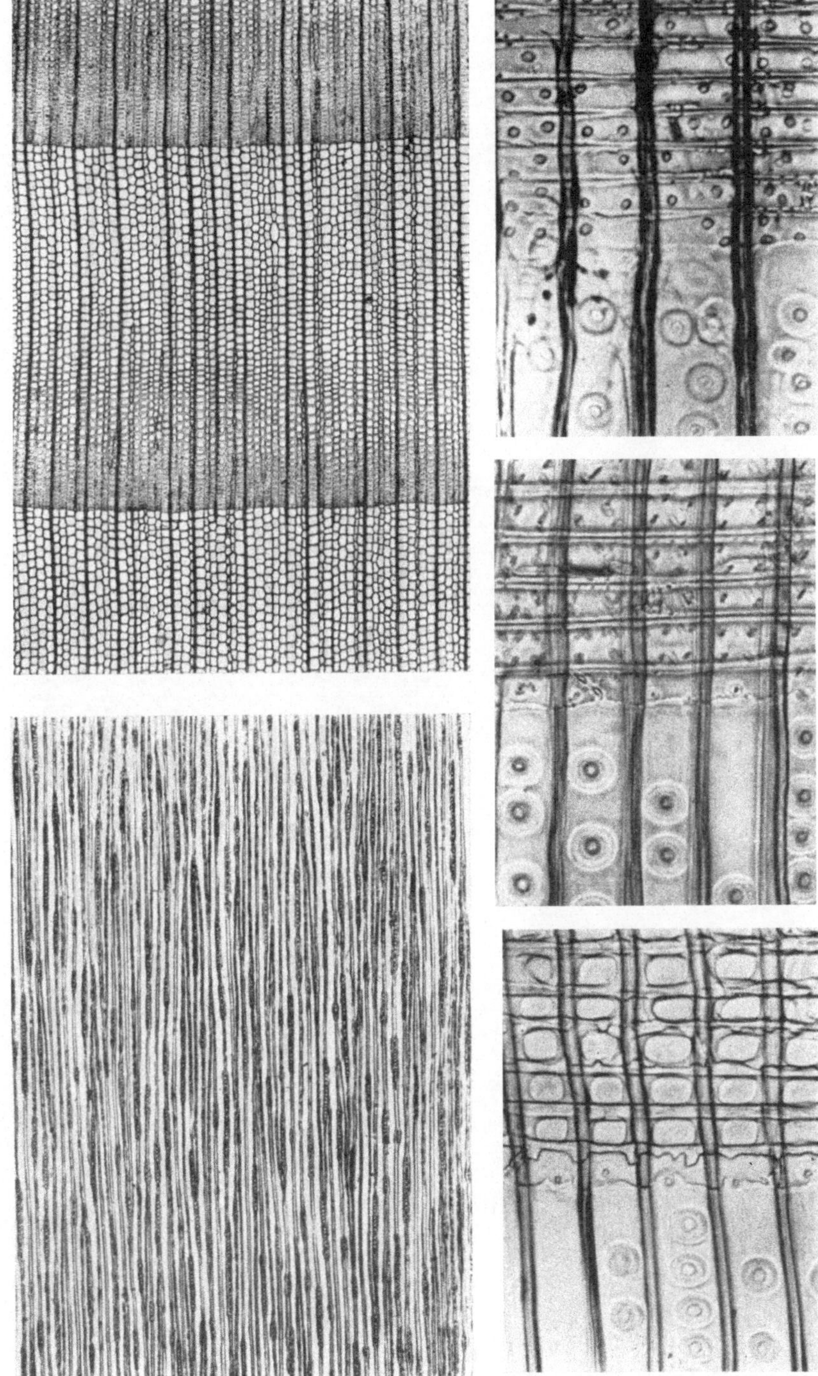

Tafel 4. Laubholz.
Esche quer, Vergr. 30× (ringporig)   Silberpappel quer, Vergr. 30× (zerstreutporig)
Esche radial, Vergr. 70×   Esche tangential, Vergr. 70×

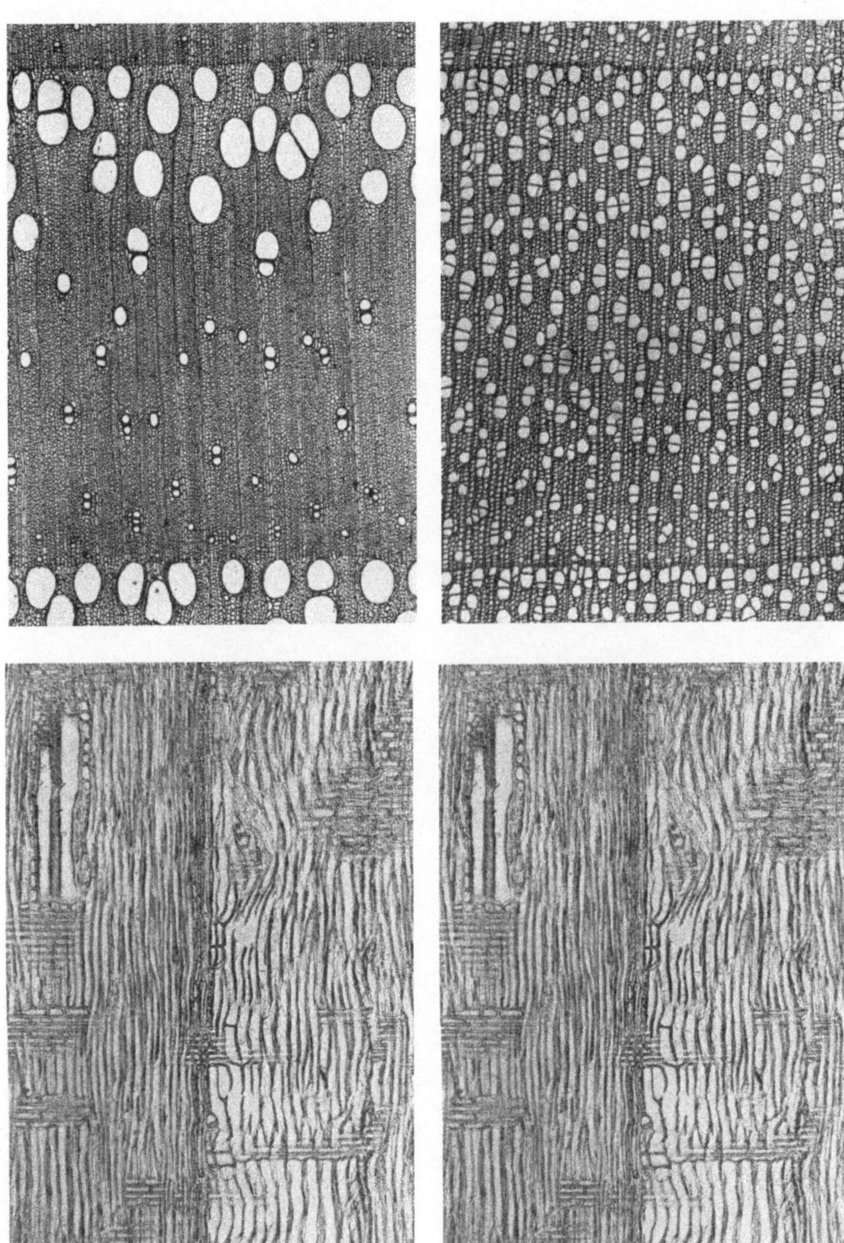

Tafel 5. Natur- und Kunstfasern, Längsansichten und Handquerschnitte, Vergr. 340×.

Baumwolle	Kapok (Luftblasen)	Flachs (Chlorzink- jodfärbung)	Ramie	Jute
Schafwolle	echte Seide	Zellwolle (spinnmattiert)	Kupfer- kunstseide	Nylon

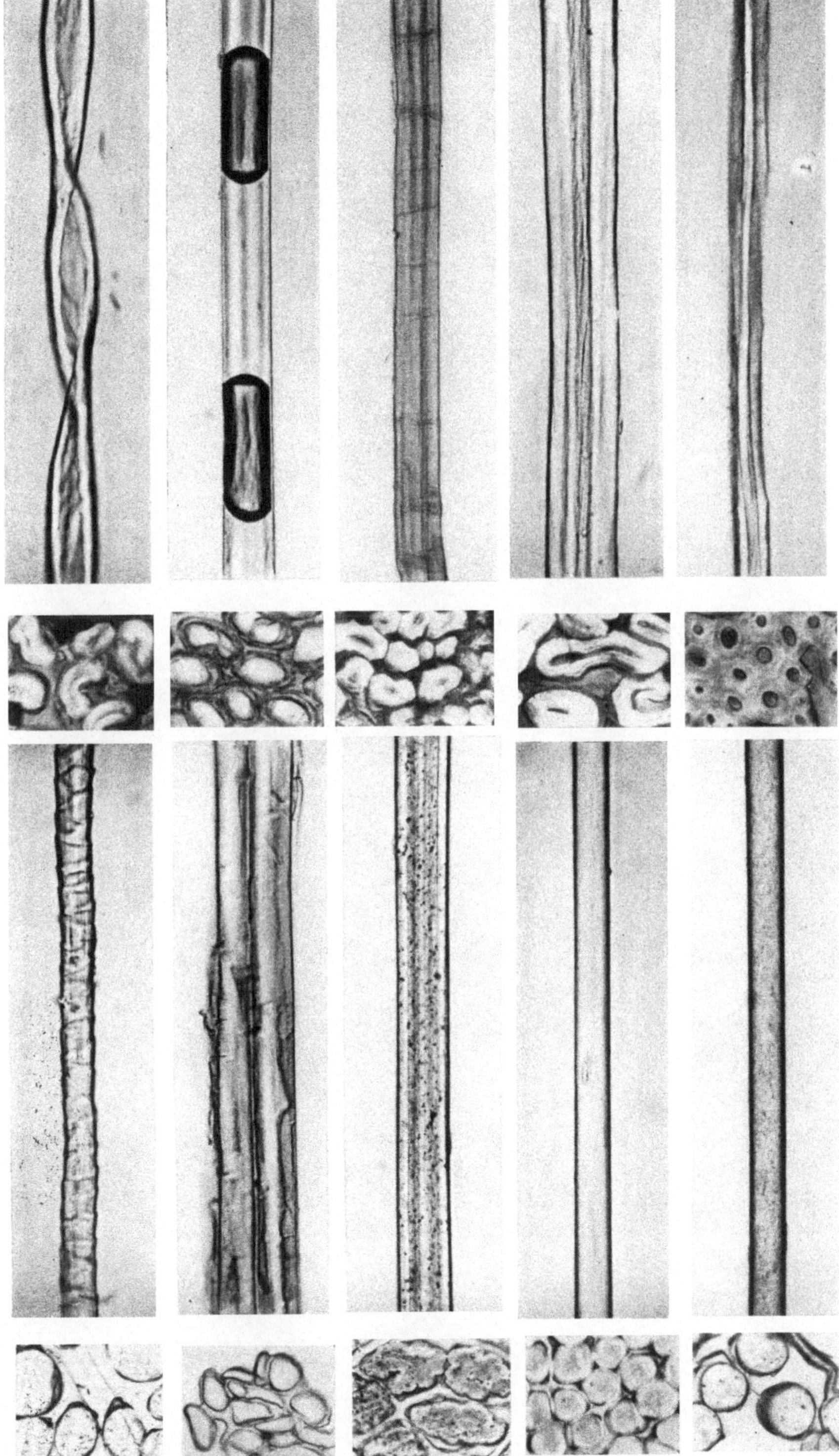

Verzeichnis der lateinischen Namen

Sachverzeichnis